건축의 발명

건축을 있게 한
작지만 위대한 시작

김예상 지음

건 축 의 발 명

MiD

들어가면서

햇살이 아주 편안하던 어느 봄날, 모처럼 산책을 하다 살짝 가파른 언덕길에서 계단을 만났습니다. 그때 문득 이런 생각이 떠올랐습니다.

"계단이 없었다면 이 언덕길에서 얼마나 불편했을까? 그러고 보니 우리 아파트에, 우리 연구실에 계단이 없었다면 어쩔 뻔했지? 언제나 당연히 우리 주변에 있었던 것인데, 계단은 누가, 언제부터 만든 것일까?"

그리고 주변을 둘러보니 계단뿐만이 아니었습니다. 특히 우리가 살고, 일하는 건축물 안에는 작지만 위대한 발명품들이 곳곳에 숨어 있었습니다.

우리는 누군가가 발명한 벽돌을 쌓아 집을 짓고, 누군가 발명한 콘크리트로 빌딩을 올리며 누군가 발명한 문과 창을 열어 신선한 바람을 맞으며 누군가의 덕택에 따뜻한 방 안에서 삶을 즐기고 있습니다. 그러나 그 모든 것에 대해 눈을 돌리고 고마워한 적이 있던가요?

있는 것도 의식하지 못했고 궁금하지도 않았던 이런 발명품들이 없었다면 우리가 누리고 있는 건축물과 도시는 존재하지 않았을 것입니다. 그래서 하나둘씩 그 기원을 찾아보니 필자가 몰랐던 사실과 재미난 역사들이 속속 나타나기 시작했습니다. 이 책은 이렇게 시작됐습니다.

이 책은 건축을 전혀 다른 시각에서 바라보고 있습니다. 사람들이 '건축'하면 설계를 생각하듯이, 많은 건축서적들은 건축물들의 뛰어난 디자인과 그 모습이 시대에 따라 어떻게 변화했는지, 어떤 건축가들이 있었는지를 설명하고 있습니다. 아니면 기술적, 공학적 내용을 다루고 있어서 전문가가 아니면 접근하기 쉽지 않습니다.

하지만 건축은 눈에 보이는 것만이 아니고, 건축기술은 어느 날 갑자기 생겨난 것이 아닙니다. 건축의 역사가 인류의 역사와 함께 하고 있는 것처럼, 아주 옛날 작은 것에서부터 시작해서 지금에 이르렀고, 그 작은 씨앗들은 현대의 건축, 그리고 미래의 건축까지 이어져 갈 것입니다. 이 책을 보셨다면 한 번쯤 주변을 둘러보시기 바랍니다. 건축을 있게 한 작지만 위대한 발명품들이 여러분 주변에 항상 있어 왔음을 깨닫게 될 것입니다.

이 책을 계기로 좀더 다양한 주제의 건축 책들이 만들어지고 더 많은 정보들이 생겨났으면 좋겠습니다. 특히 우리나라의 경우, 한 단계만 더 깊이 파보려 해도 원하는 정보에 한계가 있음을 이 책을 집필하는 과정에서 절실하게 느꼈기 때문입니다. 그래서 몇몇 궁금 증은 풀리지 않은 상태로 남아 있기도 합니다. 처음에는 더 많은 주제들을 계획했지만, 다 다루지 못한 아쉬움도 있습니다. 그래도 남다른 시각에서 건축에 접근할 수 있었다는 자부심에 뿌듯함을 느낍니다. 아무쪼록 독자 여러분도 이 책을 통해 건축을 새롭게 볼 수 있었으면 좋겠습니다.

2020. 12.

김 예 상

차례

튼튼한 집, 더 넓고, 더 높게

집 속의 기계, 집을 짓는 기계

인류, 집을 짓다

집의 탄생

Home! Home! sweet, sweet Home!
나의 집 나의 집, 즐거운 나의 집
There's no place like Home!
나의 집 같은 곳은 어디에도 없네.

영국 가곡 <즐거운 나의 집> 中

노래에서도 나오듯이 '집'은 항상 우리의 안식처이다. 뜨거운 여름에도, 얼어붙는 겨울에도, 시원하고 따뜻한 집이 너무 좋다. 그리고 편하다.

그런데 인간은 언제부터 이런 집을 짓고 살았을까? 인류가 처음 만든 집은 어떤 모양이었을까? '오래된 건축물'하면 떠오르는 이집트의 피라미드가 BC 2660년경 만들어지기 시작해서 가장 유명한 기자Giza의 대피라미드Great Pyramid of Giza 또는 Pyramid of Khufu가 BC 2500년대쯤 완성되었다고 하니, 인류가 지은 최초의 집은 그보다 훨씬 오래전부터 존재했을 것이다. 그 오랜 옛날 피라미드와 같은 거대한 규모의 건축물을 만든 인간의 지혜와 기술이 그저 놀라울 뿐인데, 더 옛날이라면 언제까지 시간을 거슬러 올라가야 할까?

최초의 집, 최초의 건축

인류는 왜 집을 짓기 시작했을까? 사실 인간 외에도 집을 짓고 사는 동물들은 많다. 천재 건축가로 알려진 비버는 자신이 살 집은 물론, 개울 한가운데에 댐을 만들 정도로 건축기술이 뛰어나고, 아프리카 초원에 사는 흰개미는 자연 통풍 시스템을 갖춘 거대한 성을 만들어 놓기도 한다. 동물들이 집을 짓는 가장 큰 이유는 외부의 적이나 열악한 자연 조건으로부터 자신을 보호하기 위해서인데, 인간이 집을 지은 이유도 이와 크게 다르지 않다. 특히 인간이란 동물은 다른 야생동물에 비해 힘도 세지 않고, 강력한 이빨이나 발톱과 같은 타고난 무기도 없으며, 추운 날씨로부터 체온을 유지해 줄 두툼한 털도 없으니 어느 동물보다도 '집'이 필요했을 것이다. 거기다 현명한 두뇌와 손재주를 갖췄으니 우리가 집을 만들게 된 것은 자연스러운 일이 아니었을까. 하지만, 인간이 맨 처음 지은 집에서부터 오늘날 우리 주변에 빼곡히 들어선 고층빌딩을 짓게 되기까지는 어마어마한 시간이 필요했다.

인류 최초의 집에 대한 질문에 답하려면 우선 인간, 인류의 역사부터 살펴보는 것이 좋을 듯하다. 원시인류의 존재는 아득히 먼 4~5백만 년 전으로 거슬러 올라간다. '남방 원숭이'라는 뜻을 가진

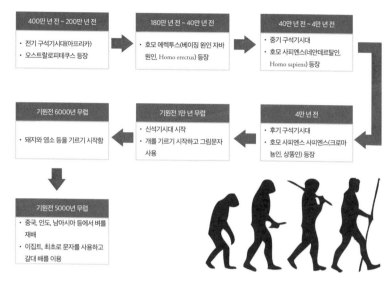

인류 탄생의 연대기

오스트랄로피테쿠스Australopithecus는 이후 베이징원인, 자바원인,
네안데르탈인, 크로마뇽인 등으로 진화했고, 진화의 연속성에 의문
이 남아 있기는 하지만, 현대 인류의 조상이라 여겨지는 호모 사피
엔스 사피엔스Homo sapiens sapiens ('아주 현명한 사람'이라는 뜻)가 나
타난 것이 약 4만 년 전이라고 한다.[1] 인류의 건축은 이때부터 시작
되었을까? 아니면 그 전부터 '집'이 존재했을까?

　영어로 원시인을 'caveman'이라 하는데, 원시인들이 주로 동굴에
서 살았기 때문에 생긴 말일 것이다. 하지만 동굴이 그들의 주거지
였을지는 몰라도 어디까지나 자연이 만들어 낸 지형이기 때문에,
손으로 직접 만든 집이라고는 볼 수 없다. 게다가 원시인들이 동굴
에 일 년 내내 머물렀던 것도 아니다. 여름에는 주로 사냥과 채집

을 위해 이동생활을 하고, 추운 겨울에나 동굴 안에 머물렀다. 이동생활 중인 여름철에 만드는 집이라고 해봐야 나뭇잎과 가지를 엮어 강력한 햇빛과 비를 막는 정도였다. 그렇다면 인류가 구조적으로 안정된 집을 짓고 또한 이를 지을 수 있게 된 요인에는 어떤 것들이 있을까?

우선 집을 짓는 데 필요한 연장이나 도구의 발명을 생각할 수 있다. 고고학자들은 에티오피아에서 발견된 340만 년 전의 동물 화석에서 오스트랄로피테쿠스가 사용한 돌연장의 흔적을 찾아냈고, 케냐에서는 약 330만 년 전의 것으로 추정되는 돌연장이 실제로 출토됐다.[2] 하지만, 전기 구석기시대에 해당되는 이 시기의 도구와 연장들은 대부분 사냥을 목적으로 하거나 간단한 생활도구였으므로 집을 짓는 데 직접적으로 사용했다고 보기에는 어렵다.*

이어 160만 년 전부터 25만 년 전까지 존재했던 것으로 알려진 호모 에렉투스Homo erectus(베이징원인이나 자바원인 등)나 그 뒤를 이은 호모 사피엔스Homo sapiens는 그들이 살았던 여러 지역에서 돌이나 동물의 뼈, 뿔 등으로 만든 간단한, 그러나 좀더 세련된 도구의 흔적을 남겼다. 그리고 이런 신형 연장 덕분인지 30만~40만 년 전의 원시인들은 드디어 '집'을 짓고 살게 된다. 구체적으로 어느 인류의 작품인지는 고고학자마다 견해가 갈리지만, 대표적인 흔적 중 하나가 프랑스 니스의 테라 아마타Terra Amata에서 발견된 집터다.

---

* 석기시대, 청동기시대, 철기시대 등 인류 역사의 시대별 구분은 전 세계 모든 나라가 같은 연도를 기점으로 하는 것은 아니다. 즉, 각 지역별로 어떤 생활양식과 문화가 존재했는지에 따라 달라지며, 그 구분 방법 역시 고고학자, 역사학자마다 이견이 존재한다.

이곳에서 원시인들은 타원형의 움막hut을 만들어 살았으며, 그 외에도 '집'의 모양은 린-투형lean-to (한쪽 면에 기둥을 세우고 두 기둥에 얹은 나무에 지붕을 경사지게 기대어 만든 구조), 천막형tent, 수혈형 竪穴, pit 등이 있었다고 한다.**[3] 이 시기는 구석기시대 중에서도 중기에 해당되는데, 그만큼 도구의 발전도 집을 짓는 데 도움을 주었을 것임에 틀림없다.

인간이 집을 짓게 된 데에는 도구의 진화도 중요했지만, 무엇보다도 큰 영향을 미친 것은 생활 패턴의 변화였다. 약 1만 년 전부터 인류는 농경과 가축을 기르는 방법을 터득하면서 구석기시대 때처럼 사냥과 채집을 위해 이리저리 돌아다니지 않아도 생활이 가능해졌다. 음식물을 저장하는 것은 물론이고 이를 익혀 먹기 위한 토기까지 발명해 냈으며, 드디어, 원시적이긴 하지만, 인간다운 생활을 위한 '건축기술'이 발전하기 시작한다. 머무를 수 있게 되었으니 머물 곳이 필요해진 것이다. 마침내 인류는 정착생활을 시작하면서 집을 짓고 나아가 마을을 형성하기에 이른다.

후기 구석기시대에서 신석기시대에 접어들면서 원시인계를 정복한 호모 사피엔스 사피엔스가 바로 그 주인공으로, 약 3만 년 전 그들의 작품이라 추정되는 집터가 여러 곳에서 발견되었다. 그중 대표적인 유적이 체코 돌니 베스토니체Dolni Vestonice의 집터로, 당시 인류의 생활에 대한 많은 정보를 전해주고 있다.[4]

1924년부터 발굴되기 시작한 이 유적지는 각종 원시 토기와 '검

** 수십만 년 전의 일을 다뤄야 하는 고고학의 특성상 일부 학자들은 이 흔적이 자연 현상 때문이라고 주장하기도 한다.

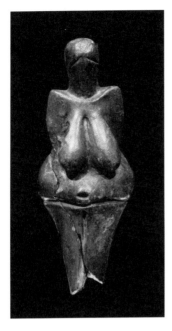

돌니 베스토니체에서 발견된 돌조각 비너스 상

은 비너스black venus'라 불리는 돌 조각상이 출토된 곳으로도 유명한데, 여기서 발견된 원시 오두막은, 비록 천막형에 불과했을 것으로 추정되지만, 기초 역할을 하는 돌덩어리 위에 나무 기둥을 세우고 기둥 사이에는 동물의 가죽을 붙여 대거나 나뭇가지를 엮은 후 진흙을 발라 벽을 만든 발전된 것이었다. 심지어 오두막 속에는 음식을 익혀 먹을 때 사용한 화로의 흔적까지 발견되었고, 오두막 외부에는 매머드mammoth의 뼈로 울타리를 만들어서 거주공간과 아닌 곳을 구분했다고 한다. '우리집'의 개념? 아니면 '우리집 마당'의 개념이 생긴 것이라고나 할까?

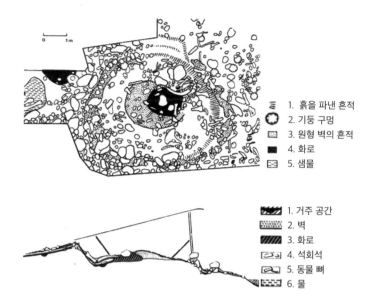

1. 흙을 파낸 흔적
2. 기둥 구멍
3. 원형 벽의 흔적
4. 화로
5. 샘물

1. 거주 공간
2. 벽
3. 화로
4. 석회석
5. 동물 뼈
6. 물

돌니 베스토니체 오두막 유적

텐트에서 '집'으로

옹기종기 모여 정착생활을 이뤘던 고대 인류는 주민들의 숫자가 더 많아지면서 마을과 도시를 만들게 된다. 성서에도 등장할 뿐만 아니라 역사상 가장 오래된 도시로 알려진 '예리코Jericho'*가 대표적인 예로, 이 도시의 실체는 1868년 영국의 왕실 엔지니어이자 고고학자였던 찰스 워렌Charles Warren(1840~1927)의 발굴로 세상에 알려지게 되었다. 이 도시에서 발견된 가장 오래된 집은 약 11,000년 전의 것으로, BC 8000년경에는 이런 집들이 모여 10에이커 규모의 마을을 형성했을 것이라 추측된다.

---

* 성경에서는 '여리고'로 표기되며 이 도시 유적은 지금의 예루살렘 북동쪽 36km에 위치하고 있다.

이 시대 예리코의 건축가들은 새로운 건축기술을 선보이게 되는데, 이들은 진흙과 짚으로 빚어 햇볕에 말린 벽돌을 사용했으며, 더 놀라운 것은 둥근 모양으로 된 주거의 경우, 평면에 맞추어 벽돌의 모양도 원형을 이룰 수 있도록 제작한 것이다. 이 원형의 집들은 대개 반경 5m 정도의 원룸 형태였는데, 시간이 흘러 부자와 가난한 자가 생겨나고 '경제'의 개념이 등장해서인지 간혹 방 세 개짜리인 집도 발견되었다. 실내의 바닥면은 바깥 지면보다 약간 낮게 파서 만들었고 벽돌 벽은 진흙을 발라 마감처리를 했으며, 그 위에 나뭇가지를 엮어 고깔 모양으로 만든 지붕을 덮었다.[56] 지붕만큼은 아직 텐트 수준에 머물렀던 것 같다.

당시 예리코에는 약 70여 가구가 모여 살았던 것으로 추정되는데, 마을 외곽은 높이 3.6m, 폭 1.8m의 육중한 돌담으로 둘러싸여 있었고 마을 가운데에는 역시 높이 3.6m, 하단 지름 9m의 원통형 타워Tower of Jericho가 자리 잡고 있다. 내부에 돌로 된 계단이 설치되어 있는 이 타워는 무엇인가를 기념하기 위한 목적으로, 돌담은 홍수나 외적을 막기 위해서 만들어졌다고 한다.[7] 재미있는 것은 이 타워의 규모가 주변의 벽체까지 포함해서 100여 명이 약 100여 일에 걸쳐 만들어야 할 정도라는데, 그 시대의 생산성까지 고고학자들은 어떻게 계산해냈는지 참으로 존경스러운 일이다.

신석기시대는 BC 7600년대를 전후해서 전기와 후기로 나누어지는데, 후기 신석기시대에는 가축의 종류와 개체수도 많아지고 인간이 사용하는 도구의 형태와 농경 방식에도 큰 변화가 일어났다. 예리코 지역은 오랜 역사에 걸쳐 여러 번의 부침이 있었지만, 아직

예리코의 고대 주거 유적

까지도 사람이 살고 있는 만큼, 후기 신석기시대의 유적들도 고스란히 남아 있다. 건축물들은 돌로 만든 기초 위에 진흙 벽돌을 사용해 만들어졌고, 그 형태는 원형에서 사각형으로 변화했다. 일반적으로 건물의 형태는 중정中庭을 중심으로 여러 개의 방들이 배치되는 평면으로 구성되는데, 중간에 칸막이를 놓고 각각 6.5m×4m, 7m×3m인 두 개의 방을 하나의 큰 방으로 합쳐 사용하는 구조도 발견되었다. 또 실내 바닥은 석회와 대리석을 이용한 붉은색 또는 핑크색의 테라초 바닥*으로 꾸미고 그 위에 갈대나 나뭇잎으로 만

---

* 현대의 테라초(terrazzo)는 대리석이나 돌 조각을 백색 시멘트를 섞어 견고하게 굳힌 후 기계로 갈아 광택을 내는 마감 방식을 말한다. 하지만, 예리코의 주택의 경우, 바닥을 갈아 평탄하게 하고 시멘트 대신 석회를 사용해 바닥 마감의 내구성을 높인 정도의 것으로 보인다.

예리코의 타워 유적

든 매트를 깔았다고 한다. 『아라비안나이트』의 한 장면 같이 익숙한 느낌이 드는 대목이다.

다양한 건축재료와 건축양식의 발전

예리코의 고대 유적이 지금까지 발견된 가장 오래된 도시의 흔적이라고는 하지만, 그곳과는 전혀 다른 건축양식이 지구 어디에선가 발전하고 있었음을 쉽게 추측할 수 있다. 현대 인류의 조상이 지구 어느 곳에서 탄생했는가에 대해서는 아프리카라는 설과 160만 년 전에 나타난 호모 에렉투스가 아프리카를 떠나 유럽, 아시아, 중국까지 퍼져나가면서 여러 지역에서 인류가 독자적으로 발전해 왔다는 설이 있다. 그러니 신석기시대 후반쯤이면 인류는 세계 곳곳에 퍼져 군락을 이루고 마을이나 도시를 만들어 살고 있었을 것이다. 예를 들어, BC 7000년경 파키스탄의 메르가르Mehrgarh[8], BC 6700년경 터키의 차탈 휘위크Catal Huyuk[9] 등은 예리코보다 훨씬 동

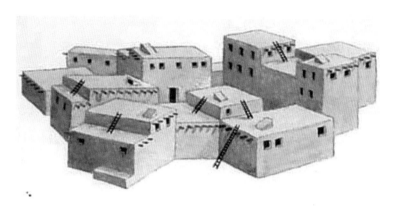

차탈 휘위크 주거의 상상도

방에 위치한 신석기시대의 도시들로, 이 지역의 규모나 건축기술의 흔적은 예리코 못지않은 것으로 평가되고 있다.

다양한 건축양식의 시발점은 뭐니 뭐니 해도 벽돌의 발명이라 할 수 있다. 메소포타미아와 이집트에서 시작된 흙벽돌과 구워 만든 소성벽돌燒成煉瓦의 발명은 집과 건축의 역사를 획기적으로 발전시키는 전환점이 된다. 이 어마어마한 발명품, 벽돌에 대해서는 뒤에서 다시 다뤄보기로 한다.

문명의 발전은 마침내 거대 건축물을 등장시키게 되는데, 인류는 벽돌은 물론이고 석재까지 다루기 시작한다. 이집트 고왕국(1~10왕조, BC 3000~BC 2160) 시대부터 건설된 거대한 피라미드가 대표적인 예로, 쿠푸Khufu 왕 때 축조된 기자의 피라미드(BC 2590~BC 2560년경)의 경우, 석재의 평균 무게가 2.5톤, 최대 15톤이나 나간다고 한다. 뿐만 아니라, 고대 이집트인들은 석재를 쌓아 올리는 것에 그치지 않고 거대한 성전에 기둥과 보로 구성된 가구식 구조架構式構造, post-and-lintel structure를 사용했으며, 석재를 운반할 때는 굴림대와 썰매를, 기둥에 문양을 새기거나 석재 조각을 만들 때는 송곳이나 톱, 끌 등을 도구로 사용했다. 이들은 또, 피라미드 건설 시기보다 훨씬 더 오래전부터 도구용 청동기를 만들어 사용했다고 하니, 이런 건축구조와 양식이 가능했던 것은 석기시대와는 비교도 안 되는 건축도구의 발전 때문이기도 하다.

이쯤 되면 '집'은 자연으로부터 인간 스스로를 보호하기 위해 만들어야 했던 그런 존재 이상의 것으로 진화했다 할 수 있다. 그들이 지은 집과 건물이 세계사와 예술사의 중심에 서게 된 것이다. 고대 메소포타미아나 이집트의 뒤를 이은 고대 그리스 문명, 알렉산더 대왕 Alexander the Great(BC 356~BC 323)에 의한 헬레니즘Hellenism 그리고 고대 로마에 이르기까지 이제 인간이 만들어 낸 '집'은 서양건축이라는 이름으로 꽃피우게 된다.

우리나라 선사시대의 건축

우리나라, 즉 한반도에서는 언제부터 '건축'이란 것이 시작되었을까? 한반도에 인류가 살기 시작한 것은 전기 구석기시대 또는 약 70만 년 전으로 추정된다. 그러니 우리나라에서도 구석기시대 유물이 발견되곤 하는데, 제천 점말동굴 유적 등이 대표적인 증거다.[10] 고고학자들은 이 시대 사람들이 나뭇가지나 가죽을 이용해 만든 '막집'이나 '한뎃집(한데에 허술하게 지어 놓은 집)'을 지어 살았을 것이라 한다.[11][12] 하지만 이런 집은 지붕과 드나드는 개구부만 뚫려

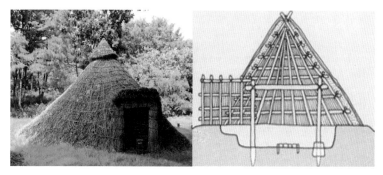

서울 암사동 유적지의 움집 모형과 단면도

있을 뿐, '집'이라하기에는 너무나 원시적인 형태였다.

반면, 본격적으로 한반도에 인류가 유입된 시기는 신석기시대에 해당하는 BC 6000년경으로, 이때 발해만을 따라 빗살무늬토기 문화를 가진 '고아시아족古Asia族'이 한반도로 이동해 서해안 쪽에 정착하기 시작했고, 그 뒤를 이어 민무늬토기, 청동기 문화의 '예맥 퉁구스족濊貊族, Tungus people'이 나타나 우리 민족을 형성했다고 한다 (한민족의 유래에 대해서는 여러 이설이 많으니 감안해야 할 부분이다). 어쨌든 청원 두루봉 동굴의 움막 유적, 공주 석장리의 주거 유적 등이 구석기시대 사람들의 흔적이라면, 신석기시대 때 사람들이 살았던 흔적은 한반도 전역에 걸쳐 넓게 퍼져 있다. 그중 대표적인 것으로 서울 암사동과 양양 어산리의 움집(BC 6000년경)이 있다.

이후 우리나라의 청동기시대는 우리 민족이 활동했던 현재 중국의 요동지방까지 포함할 때 약 BC 15~16세기부터 시작되었다. 이때쯤이면 이미 고조선(BC 2333~BC 108)이 존재했던 시기이니, 도시의 형태가 갖추어지기 시작했을 것이고, 이후 고조선에 뒤를 이은 부여, 옥저, 마한, 진한, 변한 등의 고대 국가에서 인구의 증가, 농경 기술의 발달 등으로 건축기술 역시 크게 발전했을 것으로 보인다. 주거의 기본 형태였던 움집은 초기 청동기시대 이후 시간이 지나면서 규모가 더 커져 기둥과 도리, 보, 서까래, 등의 구조적 요소들이 생겨났고 평면도 원형에서 타원형, 장방형 등 다양한 형태가 나타났으며 바야흐로 목조 건축이라 할 수 있는 건축형태가 만들어졌다.

특히 철기문화를 바탕으로 탄생한 부여(BC 200~AD 494)에는 성곽과 궁궐, 그리고 종교시설까지 있었다고 하니, 제대로 된 건축물들이 도시를 채웠을 것으로 상상할 수 있다. 그러나 안타깝게도 삼국시대 이전의 우리나라 고시대 건축물들은 그 주재료가 목재여서인지, 원형 그대로의 존재를 확인할 길이 없다. 다만, '집'의 발전과 건축의 발전은 인류의 역사와 함께 우리 한반도에서도 같이 진행되고 있었음은 충분히 짐작할 수 있다.

이렇게 수만, 수천 년에 걸쳐 인간이 만들어 온 '집'과 건축물들은 때로는 흔적만으로, 때로는 원형 그대로 남아 전해 내려오고 있다. 일반 사람들에게는 그저 오래된 유적이고 관광지에 불과할 수 있겠지만, 그 오랜 동안 축적된 기술 하나하나가 오늘의 첨단 건축물들을 완성하는 토대가 되었으니 건축에 대한 인간의 지혜는 그야말로 놀라운 것이 아닐 수 없다.

높이를 극복하는 건축의 방법 ... 계단

　　인류가 집을 짓고 살기 시작한 이래, 그 형태가 변하지 않은 건축 요소를 찾는다면 그중 하나가 바로 '계단'이다. 우리가 아는 어떤 고대 건축에도 어딘가에 계단이 존재한다. 반드시 높은 곳을 올라가는 용도가 아니더라도, 꼭 2층이 넘는 건물이 아니더라도, 1~2단 짜리의 계단은 어렵지 않게 볼 수 있다.

　　때론 이런 계단을 오르는 일이 고역이기도 하다. 몇 층을 오르다 보면 숨도 차고 다리가 후들거리는가 하면, 한없이 뻗어 있는 계단을 마주할 땐 한숨이 나오기도 한다. 하지만 집에서, 사무실에서, 또는 지하철에서 하루에도 몇 번씩 오르내리는 이 계단이 없었다면?

　　방법이 없는 것은 아니다. 좀 우스운 상상이긴 하지만, 사다리나 긴 비탈길이 해결책이 될 수 있다. 그러나 높은 곳을 올라가기에 사다리는 매우 위험한 도구이고, 요즘 근사한 말로 램프웨이rampway라 불리는 비탈길은 길이와 공간을 꽤나 차지해서 건축물의 규모가 엄청 커지게 된다. 그러니 단층 건물만 짓고 살 것이 아니라면, 또는 계단의 두세 배 되는 공간을 램프웨이에 내어줄 것이 아니라면 아래층, 위층을 오르내릴 때에는 계단만한 것이 없다.

우리는 이런 계단의 고마움을 인식하지 못하고 지낸다. 계단이 태어났을 때부터 항상 우리 곁에 있었고 너무 당연한 존재였기 때문일까? 엘리베이터에 너무 익숙해져있기 때문일까? 새삼스레 계단 앞에서 머리 숙여 고마움을 표할 필요까지는 없겠지만, 궁금증이 하나 생긴다. 도대체 이 계단은 언제부터 어떻게 만들어진 것일까?

계단은 어쩌다 생겼을까?

"누가 계단을 맨 처음 발명했는가?"라는 질문으로 인터넷을 검색해 보면, 뜬금없이 스위스 건축가 베르너 뵈젠도르퍼Werner Bösendörfer가 등장한다.[1] 그것도 1948년이라는 연도와 함께 말이다. "그 전부터 있었던 계단은 뭐지?" 누구나 의아해할 질문이다. 여기서 '그'는 아파트나 오피스 빌딩에서처럼 별도의 공간으로 분리된 'staircase' 즉 '계단실'이라는 개념을 처음으로 건축에 적용한 사람으로 이해해야 한다. 계단은 당연히 상상도 못할 오래전부터 있었으니 혼동할 필요는 없다.

그러면 우리가 늘 당연하게 여기던 계단은 언제 탄생됐을까? 그에 대한 답은 정확히 내놓기 어렵다. 어쩌면 계단은 우연적으로 발명되었을 수 있다. 즉, 비탈지고 미끄러운 길을 오르다 보면 나무뿌리든 바위든 발을 디디고 올라서게 되는데 이런 자연스러운 움직임이 계단의 모양을 만들어 낸 것이 아닐까? 그러나 발자국만으로 만들어진 계단은 눈에 잘 안 띄거나 무너지기 쉬웠을 테니 거기에 나무토막이나 돌멩이를 놓아 더 단단하게 만들고 그 결과 인공적인 구조물, 이른바, 제대로 된 계단의 형태가 탄생한 것이 아닐까? 발자국 계단까진 몰라도, 나무토막과 돌멩이로 디딤판을 만들었다는 것은 많은 사람들이 인정하는 계단의 탄생설이다.[2]

'건물'이나 '집'이란 것이 등장한 다음에는? 이때부터 계단은 그저 높은 곳을 오르기 위한 수단으로서의 의미뿐 아니라, 여러 가지 존재의 이유를 갖게 된다. 실내와 실외의 영역을 구분하기 위한 건축적인 목적, 빗물이나 곤충 등의 침입을 막기 위한 실용적인 목적, 그리고 이유는 모르겠지만, 높은 곳을 향하고자 하는 인간의 속성 등이 그것이다. '왜 계단인가?'라는 질문에 여러 흥미로운 상상의 나래를 펼칠 순 있겠지만, 그 역시 정답을 찾긴 어려울 것 같다.

오늘날 사람들은 계단의 모양이 거기서 거기일 것이라고 생각할 수도 있지만 건축물에 적용된 최초의 계단은 지금의 것과 사뭇 달랐을 수도 있다. 예를 들어, 현대 문명과 떨어져 살고 있는 밀림 속 원시부족들이 만들어 놓은 통나무 계단이 가장 오래된 계단의 형태라는 주장도 있다.[3] 인류가 도구를 사용하기 시작하면서 커다란 통나무를 깎아 발 디딤판을 만들고 계단으로 썼다는 것인데, 재료와 도구의 선택, 계단의 디자인과 기능, 심지어 계단의 '공간 효율성'까지 생각하면 계단을 처음으로 고안한 인류의 지혜가 대단하다는 것을 새삼 느끼게 한다.

한편, 인류가 번듯한 집을 짓고 살기 시작했을 때는 우리가 아는

원시 형태의 통나무 계단

모양의 계단이 이미 존재했던 것으로 보인다. 그 예로 세계 최초의 도시 '예리코'에서 발굴된 계단을 들 수 있는데, 'AICE American-Israeli Cooperative Enterprise'가 운영하는 온라인 백과사전 'Jewish Virtual Library'에서는 이 계단이 건축물의 일부로서 현존하는 가장 오래된 것이라 주장하고 있다.[4] 그들은 이 계단이 7,000년 이상 된 것이라 하는데, 예리코가 BC 8000년경부터 도시의 모습을 갖추었음을 감안할 때 오히려 더 오래전부터 계단이 있었을 것이라 추측해도 무리가 아니다.

오래된 계단은 종교적인 건축물에서도 쉽게 찾아볼 수 있다. 동서고금을 막론하고 높은 곳, 즉 '하늘'과 가까운 곳은 '신성함'을 의미해서 신을 숭배할 목적으로 높은 건축물을 건설하거나 높은 곳에 사원을 짓곤 했으며, 그곳까지 올라가려면 계단이 필수적이었다. 지금 생각해 보면 굳이 엄청난 노동력을 소비하면서까지 그렇게까지 해야 했을까 의문스럽기도 하고, 제사를 지내러 계단을 올라가던 제사장들이 남몰래 숨을 헐떡거렸을 것을 상상하면 실소가 나오기도 한다.

그중 대표적인 예로 고대 메소포타미아 지역 곳곳에서 수세기 (BC 2200~BC 500)[5] 동안 건설되었던 지구라트Ziggurat를 들 수 있다. 현재까지 25개가 발견된 지구라트는 신들과 지상을 연결시키는 일종의 성탑聖塔으로, 3층에서 높게는 7층짜리 구조물로 건축되었으며 계단을 통해 맨 위층까지 올라갈 수 있었다.

동양으로 눈을 돌려보면, 중국 산둥성 타이산泰山('갈수록 태산'의 그 산이다)의 계단이 단연 압권이다. 11개의 관문, 14개의 아치길archway을 거쳐 옥황상제를 모시는 옥황정玉皇頂까지 오르려면 무려 6,600개의 계단을 올라야 한다.[*6] 그 산세의 위용과 상징성은 물론이고 진시황제를 비롯한 여러 황제들이 하늘을 향한 제사를 지내기 위해 이 계단을 올랐다하여 중국의 대표적인 명소로 손꼽힌다. 2,000년의 역사를 가지고 있는 이 계단과 옥황정은 1987년 유네스코에 세계유산으로 등재되었고 세계 최초의 화강석 계단으로도 유명하다.

그런가 하면, 옛날이라고 해서 직선으로 곧게 뻗은 계단만 있었던 것은 아닌 것 같다. 다시 말해, 화려하고 다양한 형태의 계단이 오래전부터 존재했다는 것인데, 구약성경(열왕기상 6:7~6:8)에도 솔

---

* 계단의 개수는 세는 방법에 따라 차이가 있어서인지 7,412개라는 자료들이 있으나 유네스코의 기록에는 6,600개라 나와 있다.

로몬의 왕궁에 나선형 계단을 묘사하는 글이 나오는 것을 보면 이미 이런 형태의 계단이 적어도 3,000년 전에 존재했음을 의미한다.

(6:7) 이 성전은 건축할 때에 돌을 그 뜨는 곳에서 다듬고 가져다가 건축하였으므로 건축하는 동안에 성전 속에서는 방망이나 도끼나 모든 철 연장 소리가 들리지 아니하였으며 (6:8) 중층 골방의 문은 성전 오른쪽에 있는데 나사 모양 층계로 말미암아 하층에서 중층에 오르고 중층에서 셋째 층에 오르게 하였더라...

계단도 계단 나름

앞서 예로 든 건축물의 계단은 주로 옥외에 있는 것들인데, 고대 건물 내부에도 계단이 설치되었던 것을 어렵지 않게 발견할 수 있다. 그런데 실외 계단과 실내 계단에는 큰 차이가 있다. 계단이 그 형태를 갖추어 가는 과정에는 과학적인 지식과 공학 기술이 함께 했기 때문이다.

계단은 기본적으로 발을 올려놓는 '디딤판tread'과 한 단의 수직면인 '챌판raiser'이 연속적으로 이어져 있는 구조로 만들어지고, 계단의 길이가 길어지면 중간에 평편한 부분, 즉, '계단참stair landin'에서 한 번쯤 쉬었다 가게 된다.

잘 살펴보면 비탈길이나 건물 주변 등 옥외에 있는 계단에서는 디딤판 밑, 또는 챌판 뒤가 흙이나 돌로 메워져 있는 경우가 많다. 반면 건물 속의 계단들은 대부분 그 밑 공간이 비어있어서 연속된 계단만으로 별도의 공간을 구성하거나(이런 계단만으로 이루어진 공간을 '계단실'이라 한다) 다른 용도로 계단의 아래 부분을 사용하기도 한다.

하지만 디딤판과 챌판만으로는 그 위를 오르내리는 사람이나 물건의 무게, 즉 하중을 견딜 수가 없다. 어떻게 해서든지 그 하중을 건물의 바닥이나 힘을 받는 기둥, 벽 등에 전달해서 계단의 모양을 유지하고 구조적으로 튼튼하게 만들어줘야 한다. 여기에는 몇 가지 방법이 있는데, 계단의 양 옆면이나 뒷면 중앙부에 '보'를 만들고 여기에 디딤판과 챌판을 고정시키거나 올려놓는 방법(계단보식 계단), 벽체나 기둥에 계단의 한쪽 단만을 고정시켜 하중을 전달하는 방법(켄틸레버식 계단), 또는 계단의 구조를 아예 '바닥판slab'처럼 만들어 버리는 방법(슬래브식 계단) 등이 그것이다. 이런 방법들은 건물이나 구조체, 그리고 계단의 재료가 무엇인가에 따라 달라진다. 예를 들어, 비교적 가벼운 목재나 철재 계단의 경우에는 계단보식이나 켄틸레버식을 사용할 수 있고, 철근콘크리트 건물에서는 계단의 뒤쪽 아랫면에 철근을 배근하고 콘크리트를 타설하는 슬래브식 계단이 주로 사용된다.

이상의 구분이 구조방식에 따른 것이라면, 계단의 생김새로 그

계단보식 계단

켄틸레버식 계단

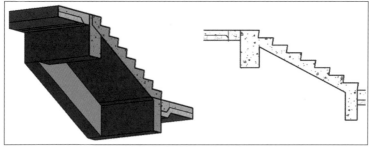

슬래브식 계단 (철근콘크리트 구조)

계단의 구조적 유형

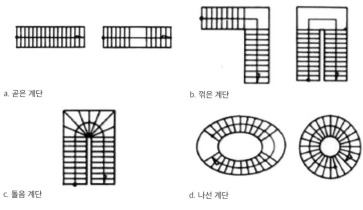

a. 곧은 계단

b. 꺾은 계단

c. 돌음 계단

d. 나선 계단

계단의 모양과 그 종류

형식을 구분하기도 한다. 아래층에서 위층까지 일직선으로 놓인 '곧은 계단', 계단을 올라가다가 계단참을 기준으로 90°~180° 방향을 틀어 올라가는 '꺾은 계단', 계단참 없이 단을 연속적으로 설치해 돌아 올라가는 '돌음 계단', 원통형의 공간을 연속해서 돌아 올라가는 '나선 계단' 등이 있다.

건축물의 설계자는 이런 계단의 형식 중 의장적인 측면이나 공간 사용의 효율 측면에서 가장 효과적인 것을 선택하게 된다. 예를 들어, 디딤판의 폭이나 챌판의 높이는 계단에 발을 디딜 때 편리성과 안전성, 그리고 층고 또는 계단의 구배에 따라 결정되는데, 일정한 층고의 건물에 '곧은 계단'을 놓게 되면 '꺾은 계단'보다 전체적인 길이에서 손해를 보게 되고, 그 대신 계단의 폭이 문제가 된다면 '곧은 계단'이 유리할 수 있다. 최근에는 공법과 구조공학의 발전,

그리고 무엇보다 새로운 건축재료의 개발과 발전으로 종래에는 볼 수 없었던 새로운 형태의 계단들이 나타나곤 한다. 천정에 매달린 계단, 유리로 된 계단, 화려한 조명과 조화를 이룬 계단 등 이제 계단은 높은 곳과 낮은 곳을 이어주는 통로로서뿐만 아니라 건축의 미적 요소로서 한 자리를 차지하고 있다.

때로는 무서운 계단

누구나 한 번쯤 계단에서 발을 헛디디며 넘어질 뻔했던 아찔한 경험을 가지고 있을 것이다. 사실 계단에서 넘어지거나 떨어져 발생하는 사고는 생각보다 심각하다. 2000년도에 발표된 영국 BBC 뉴스 보도와 관련 자료를 보면,[7][8] 영국에서만 매 90초마다 한 번꼴로 계단사고가 발생하고 그 결과 연간 1,000명이 사망에 이르며 특히 노인층에서는 매년 100,000명 이상이 계단에서 넘어져 병원 신세를 진다고 한다. 노인의 낙상사고는 60% 이상이 사망할 정도로 치명적이다. 이런 상황은 미국도 마찬가지여서 2017년을 기준으로 매년 12,000명 정도가 계단에서 넘어져 사망하고 있으며, 실내에서 일어나는 낙상은 자동차 사고 다음으로 가장 많이 일어나는 사고여서[9] 소송의 천국답게 '계단사고' 전문 변호사가 있을 정도다. 우리나라도 예외는 아니어서, 좀 오래된 데이터이긴 하지만 2009년부터 2011년 6월까지 발생한 계단 낙상사고가 총 3,461건에 달하며, 이는 매년 증가하고 있는 추세다.[10]

이렇게 계단에서 발생하는 안전사고의 위험성 때문에 오늘날 모든 나라들은 여러 법규를 만들어 계단의 설계나 설치에 적용하고 있다. 그 시초 격으로 1899년 영국의 한 조례에서는 "계단의 디딤판은 최소 8인치(20.3cm) 이상으로 하고 챌판은 최대 9인치(22.9cm)를 넘으면 안 된다"라는 규정이 처음으로 만들어졌고,[11] 1934년에는 목조 계단에 대한 표준 시방British Standard Specification for Wooden Stairs 이 마련되었다고 하니[12] 계단의 안전과 관련된 법규의 역사는 계단의 긴 역사에 비하면 그리 길다고는 할 수 없을 것 같다.

어쨌든 계단 안전의 핵심은 디딤판의 깊이와 챌판의 높이, 전체적인 계단의 구배와 폭, 계단 난간, 계단의 재료 등으로 이 요소들은 일정한 기준을 충족해야 한다. 또 이 기준들은 해당 공간과 건물이 어떤 용도로 사용되는가에 따라서 달라지기도 한다. 사람들의 통행량이 많은 곳에는 더 넓은 계단이 필요하고, 아이들이 사용하는 계단은 그들의 신체 사이즈에 맞게 설계돼야 한다는 것이다.

우리나라에서는 '건축법'을 중심으로 계단에 대한 기준을 정해 놓고 있는데,[13] 특히 화재나 사고로 인해 사람들이 건축물 내부에서, 또는 밖으로 피난할 때 사용하는 계단은 철저하게 이 기준을 따라야 한다. 예를 들어, 특정 용도와 규모 이상의 건축물에서는 계단의 높이가 3m를 넘을 때 높이 3m 이내마다 너비 120cm 이상의 계단참을 설치해야 하고, 높이가 1m만 넘어도 난간을 설치해야 한다. 이러한 계단은 경사도가 1:8을 넘지 말아야 하고, 표면을 거친 면으로 하거나 미끄러지지 않는 재료로 마감해야 한다. 사람들이 많이 모이는 공연장 등에서는 계단 폭이 120cm를 넘어야 하고, 초등학교 계단은 어린이들의 안전을 고려해 계단 폭은 더 넓게 150cm 이

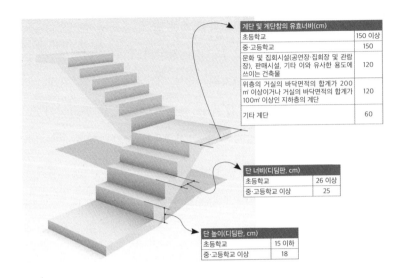

계단 및 계단참의 유효너비(cm)	
초등학교	150 이상
중·고등학교	150
문화 및 집회시설(공연장·집회장 및 관람장), 판매시설, 기타 이와 유사한 용도에 쓰이는 건축물	120
위층의 거실의 바닥면적의 합계가 200㎡ 이상이거나 거실의 바닥면적의 합계가 100㎡ 이상인 지하층의 계단	120
기타 계단	60

단 너비(디딤판, cm)	
초등학교	26 이상
중·고등학교 이상	25

단 높이(디딤판, cm)	
초등학교	15 이하
중·고등학교 이상	18

건물 용도에 따른 계단 부위의 기준

상, 단 높이는 16cm 이하, 단 너비는 26cm 이상으로 해야 한다. 사실 대부분의 사람들은 계단에 이런 비밀이 숨겨져 있었는지 잘 모른다. 그러니 애용하는 계단이 뭔가 불편하고 불안하다면 한 번쯤 줄자를 들고 출동해 보는 것도 괜찮을 것 같다.

경이로운 계단들

세상에서 가장 긴 계단과 높은 계단은 어디에 있을까? 계단의 연장 길이만 놓고 보면 모든 빌딩들에 맨 아래층부터 꼭대기 층까지 연속된 계단이 설치되어 있을 테니 세계에서 가장 높은 빌딩 기록이 경신될 때마다 가장 긴 계단의 기록도 같이 바뀔 것이다. 그렇다면 세상에서 가장 긴 계단은 두바이의 부르즈 할리파Burj Khalifa 에 설치된 계단이 아닐까? 2010년에 완공된 이 건물은 지상 163층에 828m의 높이로, 현존하는 최고 높이의 빌딩이다. 공식적인 기록은 찾을 수 없었지만, 1:8의 구배로 단순 계산해 보았을 때 계단 길이 가 약 6,676m가 나온다. 하지만 층마다 계단참으로 계단이 끊겨 있 어서 '연속성'에 시비가 있을 수 있고, 계단의 길이보다는 건물의 높이 경쟁이 사람들의 주목을 끌게 되니 이런 식으로 가장 긴 계단 을 따지는 것은 큰 의미가 없을 것 같다.

반면, 기네스북에 등재된 세계에서 가장 긴 직선 계단은 스위스 의 니센반 케이블 철로Niesenbahn funicular railway 에 설치된 계단이다. 이곳에는 연장길이 1,669m에 총 11,674개의 단이 설치되어 있다. 하지만 일반인들이 사용하는 것은 아니고 철로 유지관리용으로만 사용되며, 그 대신 매년 계단 오르기 대회를 열어 일반인들에게 세

스위스 니센반 케이블 철로의 계단과 계단 오르기 대회 전경

세인트헬레나 섬 제임스타운의 제이콥스 래더

계에서 가장 긴 계단을 오르는 경험을 선사한다고 한다.[14]

그렇다 보니 계단참 하나 없이 직선으로 만들어진 최장 계단의 영예는 나폴레옹의 유배지로 잘 알려진 세인트헬레나Saint Helena 섬의 제이콥스 래더Jaccob's Ladder(1829)에게 양보해야 할 것 같다. 경사도가 39°~41°에 699개의 단으로 이루어진 이 아찔한 계단은 애당초 해안가의 작은 마을에서 높은 절벽 위까지 물품을 나르기 위해 호어J. W. Hoar라는 엔지니어가 설계한 운반 장치의 일부였다. 하지만 1871년, 흰개미 떼로 인한 운반차량의 부식문제로 케이블과 레일, 도르레 등을 걷어내면서 레일 가운데 설치되었던 계단만이 남게 된 것이다. 그 후 이 계단은 영국이 지정한 역사적 구조물Grade

광저우 캔턴 타워와 스파이더 워크

I-listed staircase 에 등재되는가 하면,*15 지금은 이 섬에 방문한 관광객들과 니센반 케이블 철로의 계단처럼 매년 열리는 '계단 오르기 페스티벌 Festival of Running' 참가자들에게 유명한 관광명소가 되었다. 사실 처음부터 사람만을 위해 만들어진 계단이 아니므로 최장 직선 계단으로 인정하는 데 시비가 있을 수는 있겠지만, 지금 있는 대로 가치를 인정해 주도록 하자.

한편, 중국 광저우에 위치한 캔턴 타워 Canton Tower 의 스파이더 워크 Spider Walk 는 건물 내 설치된 세계 최장 나선형 계단으로 유명하다.16 600m 높이의 이 방송 전파용 타워에는 33층부터 잘록한 허리 부분인 67층까지 1,028개의 계단이 설치되어 있고 이 계단부의 높이는 166.4m, 연장 길이는 약 1km에 이른다. 이 구조물은 철재 기

---

*   세인트헬레나는 현재 영국의 해외 영토이다.

둥이 뒤틀려 올라가는 외부구조와 엘리베이터, 기계실, 전망대, 레스토랑 등이 배치된 철근콘크리트의 내부구조로 나누어지며, 관광객들은 이 계단을 걸어 올라가며 독특한 타워의 건축미를 가까이서 감상할 수 있다.

최고, 최장의 기록을 따져 보았으니, 이제 아름다운 계단을 살펴보자. 예부터 사람들은 건축양식의 하나로 예술의 경지에 이르는 아름다운 계단들을 만들어 왔다. 그중 대표적인 예로 인도 아바네리Abhaneri에 있는 계단식 우물, 찬드 바오리Chand Baori를 들 수 있다. 9세기 찬다 왕King Chanda 때 만들어진 이 우물은 본래 건조하고 물이 귀한 지역적 특성 때문에 가능한 한 많은 물을 보존하려고 만든 것으로 목욕탕이나 공연장으로도 사용됐고, 행복의 여신 하샤트 마타Hashat Mata에게 바쳐졌다고도 하니 종교적인 목적도 있었던 것 같다. 지하 13층의 구조에 지상 면에서부터 우물 면까지 깊이가 약 30m에 달하는 이 우물에는 돌 벽돌로 만들어진 3,500여 개의 단들이 환상적으로 얽혀있다. 이 우물을 보면 1,200여 년 전 고대 인도 사람들의 놀라운 건축기술에 입이 다물어지지 않을 정도인데, 재미있는 것은 규모로 보나 아름다움으로 보나 경이로운 이 우물을 단 하루 만에 건설했다는 전설도 내려오고 있단다.[17] 하지만 현대적 건축법규를 적용했다면 아마도 안전 설계가 되어 있지 않다는 이유로 하루 만에 폐쇄됐을지도 모를 일이다.

우리는 옛날이나 지금이나 하루에도 몇 번씩 계단을 밟으며 살아간다. 하지만 이를 누가 처음 만들었는지 한 번도 궁금해 본 적이 없고 에스컬레이터가 없는 지하철역 계단 앞에선 투덜대기 일쑤다.

인도의 계단식 우물, 찬드 바오리

여기서 잠깐 멈춰 열심히 일하느라, 공부하느라, 살아가느라 오르 내렸던 수많은 계단들을 생각해 보자. 깊은 지하도 아래서 계단 끝 에 걸려있는 환한 하늘을 생각해 보자. 계단은 우리가 다다르고 싶 은 곳까지 인도해주는 오랜 친구 같은 존재가 아니었을까? 우리 삶 에서 든든한 디딤돌이자 밑받침이 되었던 계단에게 잠깐 고마운 마음을 가져보는 것은 어떨까?

인류의 손이 만든 최초의 건축재료 ... 벽돌

엄마는 아기 돼지 삼형제에게 집을 지으라고 했어요.

첫째 돼지는 짚으로 집을 지었고,

둘째 돼지는 나무로 집을 지었어요.

막내 돼지는 벽돌로 집을 지어요.

늑대가 나타나 돼지 형제에게 말해요.

"아기돼지야, 아기돼지야, 문 좀 열어주렴. 안 그러면 훅훅 불
어서 네 집을 날려 버릴 테다!"

바람을 불자 짚이 날아가고 나무가 날아가요.

늑대가 바람을 불어도 막내 돼지의 벽돌집은 날아가지 않아요.

아기 돼지 삼형제는 막내 돼지 집에서 행복하게 살았어요.

James Orchard Halliwell-Phillipps, 아기 돼지 삼형제

인류가 집을 짓고 살면서 가장 먼저 사용한 건축재료는 무엇이
었을까? 가장 먼저 떠오르는 것은 나뭇가지와 나뭇잎 정도다. 원

시인들이 동굴 밖으로 나왔을 때 가장 쉽게 구할 수 있는 재료였고 자연환경으로부터 어느 정도 그들을 보호할 수 있었을 것 같다. 하지만 이 재료들은 쉬이 부러지고 비도 샜을 것이며 바람에 날아가기도 했을 테니 정착생활을 하려면 보다 튼튼하고 오래가는 재료가 필요했을 것이다.

그런 점에서 벽돌은 훌륭한 성능을 갖춘 재료였다. 뿐만 아니라 인류 최초의 '인공' 건축자재였다. 나뭇가지의 경우 원하는 길이만큼 잘라 서로를 엮을 수 있는 무언가를 이용해 벽과 울타리를 만들고 지붕을 덮었겠지만, 벽돌은 사람이 직접 흙의 모양을 변형시켜서 지푸라기와 같은 첨가물을 넣기도 하고 햇볕에 말리거나 가마에 구워 전혀 다른 형태의 재료로 탄생시켰기 때문이다.

지구상에 널려 있는 것이 흙이니 나뭇가지 못지않게 재료를 구하기가 용이하고, 물만 있으면 반죽이 가능해서 만들기도 쉽다. 게다가 돌보다 훨씬 가벼워 사용하기도 편리한 벽돌. 누가 어떻게 벽돌이란 재료를 만들 생각을 했을까? 우연한 발견이었을까, 의도된 발명이었을까? 수천 년 전에 만들어진 것이지만, 벽돌은 현대의 컴퓨터나 스마트폰 못지않은 어마어마한 발명품임에 틀림없다. 벽돌은 집과 건물의 형태를 바꿔놓았고, 당연히 그 안에서 일어나는 인간의 생활양식도 바꿔놓았다. 좀더 안정된 공간에서 거주하고 생산 활동을 펼칠 수 있게 된 인류는 벽돌이 있었기에 비로소 인간다운 삶을 만들어 갈 수 있지 않았을까?

벽돌, 가장 친숙한 건축 재료

오랜 역사를 가진 벽돌이지만, 지금도 우리 주변에는 많은 건축물들이 벽돌로 지어지고 있다. 건축이론에서는 벽돌구조가 구조적으로 매우 효율적이고 무엇보다 다양한 형태의 평면과 입면을 만들 수 있는 장점이 있다고 배운다. 작은 벽돌 하나하나를 옮겨다 일일이 쌓아서 형태를 만드는 것이 좀 성가신 일이지만, 손쉽게 나를 수 있고 각이 진 건물도, 원형으로 휘어진 건물도, 심지어 돔^{dome} 구조도 만들 수 있다. 벽돌로 벽체를 쌓아올리면 2~3층, 또는 그 이상 높이의 건물도 어렵지 않게 지을 수 있다. 그러니 벽돌이 없었다면 인류는 또 다른 건축재료가 발명되기 전까지 아주 오랫동안 얼기설기 엮어진 나뭇가지 단층집에서 바람이 불면 넘어질까, 틈새로 부는 겨울바람에는 얼어 죽을까 걱정해야만 했을 것이다. 벽돌이란 아이디어가 없었더라면 레고^{Lego} 장난감도 영영 탄생하지 못했을 것이다.*

벽돌의 또 다른 장점은, 아주 오랫동안 사용해 온 재료여서 우리에게 친숙하고 정감을 준다는 것이다. 단, 우리 주변에서 벽돌건물로 보이는 것들이 모두 '벽돌구조'라 할 수는 없다. '벽돌구조'라고 하면, 벽돌을 쌓아 올려 만든 벽체가 건물의 하중을 직접 지지하도록 만든, 즉, '조적造積 구조' 중 한 방식을 뜻하는데, 현대 건축에서는 건물의 뼈대는 철근콘크리트로 만들어 놓고 겉보기에는 벽돌건물처럼 보이도록 '치장治粧 벽돌'을 덧붙여 놓은 경우가 많고, 특히

---

* 실제로 1949년 레고(Lego)사는 지금 형태의 레고 장난감을 생산하면서 'Automatic Binding Bricks' 라는 이름을 붙였었다.

그 건물이 높은 고층빌딩이라면 반드시 다른 재료로 만든 뼈대가 존재한다고 봐야 한다. 그럼에도 이렇게 벽돌건물처럼 보이는 건물이 많다는 것은 그만큼 그 재료가 주는 느낌이 남다르기 때문이다.

겉은 벽돌인데 속은 철근콘크리트나 철골구조라니. 여기에 바로 벽돌구조의 단점이 숨어 있다. 바로 건물을 높이 짓는 데 한계가 있다는 것이다.

현대 건축기술로는 순전히 벽돌 벽체로 된 건물을 지을 때 연결 철물이나 철근 등을 보조적 수단으로 사용하면 대략 5~6층은 올릴 수 있다. 하지만 몇 가지 문제점이 발생한다. 먼저, 높이 올리면 올릴수록 하부의 벽체가 두꺼워져야 한다. 벽돌 한 장 한 장이 아무리 단단하다 해도 철근콘크리트나 철골 부재에 비할 것이 못 되고, 건물이 높아지면 위에서 내려오는 하중이 커지니 저층부의 벽 두께가 커질 수밖에 없다. 그러면 사용면적은 줄어들고 집주인이 좋아할 리 없다.

가장 결정적인 단점은 대부분의 조적식 구조가 측면에서 작용하는 횡력橫力에 취약하다는 것이다. 땅이 옆으로 흔들리는 '지진'이 횡력의 대표적인 예인데, 지진이 발생하면 조적조 건물들은 맥을 못 춘다. 2015년 네팔에서 발생한 지진은 최소 8,000명의 사망자와 18,000명 가량의 부상자를 발생시켰는데,[1] 이렇게 피해가 컸던 이유 중 하나가 지진 발생 지역의 주택들이 별다른 보강 재료 없이 벽돌만 쌓아 만든 벽돌집이었기 때문이다.

진흙을 벽돌로

현대적인 개념에서 '벽돌'이라 하면 '직육면체 또는 그와 유사한 형태로 만들어진 비교적 작은 크기의 블록'으로, '모르타르나 기타 접착재료를 사용해 쌓기 형태로 구조물을 만들 때 사용하는 건축 재료'쯤으로 정의할 수 있다.[2] 모두 다 아는 벽돌을 굳이 정의해 본 데에는 요즘 벽돌의 경우, 그 형태나 크기가 다양하고 접착재의 종류도 많기 때문이다. 또 벽돌이라고 해서 흔히 알고 있듯이 흙이나 진흙으로 만든 것만을 지칭하지는 않는다. '시멘트 벽돌'이 대표적인 예인데, 이 벽돌은 진흙은 전혀 들어가지 않고 시멘트와 모래를 반죽해 만든다. 진흙벽돌이라 해도 어떤 재료를 첨가하는가에 따라 기능이 달라지고 단순히 건축용뿐만 아니라 고온에 견딜 수 있도록 만든 내화耐火 벽돌과 같이 다양한 용도의 벽돌이 생산되고 있다.

물론 최초의 벽돌은 많은 사람들의 예상대로 진흙이나 점토로 만들어졌다.* 가장 오래된 벽돌은 무려 BC 7500년경의 것으로 시라아의 수도 다마스쿠스Damascus에서 약 50km 떨어진 곳인 '텔 아스워드Tell Aswad'에서 발견되었다.[3] 여기서 '텔tell' 또는 '탈tall'이란 고대 메소포타미아 지역에서 주로 발견되는 인공의 넓고 얕은 구릉지로, 이 당시 사람들이 집이나 신전을 벽돌로 만들었다가 새로

---

* 흔히 점토(clay)와 진흙(mud)은 서로 구분하기 어렵거나 용어를 혼용해 쓰기도 한다. 국내에서는 '점토벽돌'이란 용어를 주로 쓰고 영어로는 'mud brick'이란 표현을 많이 쓴다. 점토와 진흙의 차이는 기본적으로 입자의 크기와 구성에 있다. 전문기관마다 분류에 약간씩 차이는 있지만 보통 점토는 지름 0.002mm 이하인 토양입자를 말하며 실트(silt)는 입자의 크기가 약 0.02~0.002mm 정도, 진흙은 실트 입자와 점토 입자, 그리고 모래의 혼합으로 이루어진 퇴적물로 일반적으로는 물과 섞인 액상의 흙을 말한다. 그러니까 일반적으로 점토가 진흙보다 더 고운 입자의 흙이다. 모래 입자의 크기는 2~0.02mm 정도로 본다.

건물을 세울 때 예전 것을 부수어 평평하게 깔고 그 위에 건축을 하면서 만들어졌다고 한다.[4] 그렇기 때문에 이 '텔'은 그냥 봐서는 지나치기 쉽지만, 고고학적으로 상당한 의미를 가지고 있는 건축재료들의 무덤인 셈으로, 여기서 진흙으로 된 건조 벽돌이 출토된 것이다. 이때 발견된 가장 오래된 벽돌은 약 9,500년 전의 것이라 하는데, 학자들은 거기에 500년을 더해 10,000년 전부터 벽돌이 사용되었을 것이라 추측하기도 한다.

이 외에 이스라엘의 예리코, 터키 남부의 차탈 휘위크, 지금은 수단공화국 북부이지만 고대 이집트에 속해 있던 부헨Buhen, 인더스 문명의 유적 중 하나인 파키스탄 남부에 있는 모헨조-다로Mohenjo-Daro 등의 지역에서 메소포타미아보다 500~1,000년쯤 뒤인 BC 7000년에서 BC 6500년경의 것으로 추정되는 비슷한 건조 벽돌이 발견되었다.

그런데 이중에서 특히 이집트의 경우, 지금까지 남아 있는 유적들과 많은 연구로 당시 벽돌 제조기술에 대한 이모저모를 잘 파악할 수 있다. 우선 고대 이집트인들에게 나일강은 비옥한 농경지를 가져다 주었지만 잦은 범람으로 피해를 입히기도 했는데, 아이러니하게도 나일강의 범람은 벽돌 만들기에 최적의 재료를 남겨주었다. 나일강 주변에서는 점토와 모래가 적당히 섞여 있으면서 물과 만나면 점착성이 커지는 로움loam질의 진흙을 쉽게 구할 수 있었던 것이다.[5]

재료만 좋았던 것이 아니라, 그들은 머리도 좋았다. 벽돌을 규격화하여 생산할 생각을 해냈으니 말이다. 이집트인들은 벽돌을 만들 때 나무로 만든 형틀을 사용했으며 짚을 잘라 넣어 강도를 높였다. 형틀의 크기는 길이가 45~30cm, 폭이 20~15cm 정도로, 중왕조 (BC 2040~BC 1567) 때는 길이 30cm, 폭 15cm, 높이 7.5cm의 크기로 규격화되었으며, 중왕조에서 신왕조(BC 1550~BC 1075) 시기까지의 카르나크Karnak 신전이나 BC 6세기 중반의 명품도시 나우크라티스Naukratis (현지명 콤 기에이프Kom Gi'ief) 등에서는 이보다 조금 큰, 길이 40cm, 폭 20cm, 높이 15cm의 벽돌이 발견되었다. 특히 카르나크 신전은 그 규모자체로도 놀랍지만 벽체가 벽돌 구조로 되어 있다는 점으로도 유명하다.[6]

　벽화를 통해 모든 것을 얘기해 주었던 고대 이집트인들은 벽돌에 관해서도 예외가 아니어서, 벽돌을 만드는 방법과 쌓는 방법까지 친절하게 그림으로 남겨 놓았다.[7] 신왕조 제18왕조 시대의 귀족 레크미르의 묘Rekhmire (BC 1450년경)에서 발굴된 벽화에서는 진흙 채취에서부터 형틀로 벽돌 원형을 만드는 모습, 그리고 운반과 쌓기까지 상세한 장면이 묘사되어 있다. 게다가 흥미로운 것은 지금까지 형체가 남아 있는 벽돌의 경우, 그 생산 시기까지 정확하게 알 수 있다는 것이다. 바로 '카르투슈cartouche' 덕분인데, 이는 직사각형이나 타원의 도형 안에 당대 파라오의 이름을 상형문자로 새겨넣은 일종의 명패로, 의도했던 바는 아니었겠지만 제조일자 표시의 역할을 톡톡히 해주고 있다. 원래의 목적은 죽은 사람의 영혼이 환생할 수 있도록 시체를 미라로 만들었듯이, 죽었던 파라오가 다시 살아올 때 자신의 묘지나 관을 쉽게 찾을 수 있도록 도와주는 이름표였다고 한다. 이집트인들은 중요한 건물이나 물건에도 이 '카르

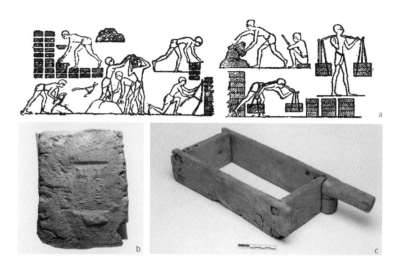

고대 이집트의 벽돌 제조와 공사 장면 벽화(a), 파라오 아멘호텝 3세의 카르투슈가 찍힌 벽돌(b), 이집트인들이 사용한 벽돌 제조 형틀(c)

투슈'를 마치 직인처럼 그리거나 조각해 넣곤 했다.[8]

한편 벽돌을 만들 때 짚을 잘게 자른 여물을 함께 넣는 것은 기막힌 아이디어였다. 햇볕에 벽돌을 자연 상태로 말리면, 이 과정에서 표면이 트고 균열이 생기기 십상이었을 텐데 짚여물은 진흙 반죽을 잡아주는 역할을 해서 이런 문제를 해결해준다. 벽돌의 강도도 짚을 넣었을 때가 그렇지 않았을 때보다 세 배는 더 강해진다. 이집트인들은 이 원리를 알고 처음부터 의도적으로 짚여물을 넣었던 것일까? 아니면 강변에 우거졌던 갈대가 날아와 우연히 진흙 반죽에 섞이고, 이렇게 만들어진 벽돌이 더 쓸 만하다는 것을 깨우쳤던 것일까?

또 고대 이집트인들은 여물 외에도 종종 동물의 배설물까지 벽돌 반죽에 넣었다.[9] 요즘은 아예 친환경 공법이라고 해서 소똥으로 만든 벽돌을 생산하기도 하는데, 동물의 배설물은 굳으면 진흙 못지않은 강도를 내고 그 속의 섬유질은 짚여물과 같은 역할을 했을 것이다. 이건 또 어떻게 알았을까? 의도된 발명이든, 우연에서 얻은 발상이든 이를 놓치지 않고 기술로 만들어 낸 이집트인들의 지혜가 경이로울 뿐이다.

그런데 벽돌 제조에 관한 확실한 증거가 벽화뿐만 아니라 글로도 남아 있다. 구약성경이 바로 그것이다. 이집트인들 손으로 남긴 글은 아니었지만, 이집트를 배경으로 하는 구약성경 출애굽기 1장과 5장에는 '벽돌 제조공'과 '벽돌의 재료'에 대한 언급이 나온다.

"이집트 사람들은 이스라엘 민족에게 회반죽과 벽돌 굽기와 온갖 밭일 등의 고된 노동을 시켜 그들의 삶을 고달프게 만들었습니다..."

(출애굽기 1장 14절)

"바로 그날 바로Pharaoh는 그 백성들의 감독관들과 반장들에게 다음과 같은 명령을 내렸습니다. '너희는 백성들에게 벽돌 굽기에 필요한 짚을 더 이상 공급하지 말고 그들 스스로 가서 짚을 모아 오게 하라'..."

(출애굽기 5장 6~7절)

이스라엘 민족의 이집트 탈출을 의미하는 '출애굽'은 BC 1400년에서 1200년경, 또는 람세스 2세^{Ramesses II}(BC 1303~BC 1213) 때 일어난 사건이라는 설이 있는데, 이 성경 구절로 미루어보아 비록 노예 신분이었겠지만 적어도 이 무렵부터 벽돌을 만드는 전문 직종이 따로 있었고, 벽돌의 성능을 높일 수 있는 방법, 즉 짚여물이 필수였다는 것이 확실해진다.

여기서 한 가지 의문스러운 점이 있다. 바로 '벽돌 굽기', 즉 벽돌을 굽는다는 표현이다. 이집트에선 주로 자연건조로 벽돌을 만들었다 했는데, 이 표현은 어디서 온 것일까? 사실 성경마다, 또 시대마다 번역 성경의 내용이 조금씩 달라서, 영어 성경에는 '회반죽과 벽돌 굽기'라는 대목이 'mortar and bricks'라고만 표현되어 있다. 그러면 성경을 우리말로 번역할 때 햇볕에 말리는 과정도 넓은 의미의 '굽기'라 보았던 걸까? 아니면 벽돌은 무조건 가마에서 구워야 한다고 생각해 '벽돌 굽기'로 오역한 것일까? 오역이라면 단순히 'bricks'라고 표현한 것이 오히려 히브리어로 쓰인 원본을 영어로 번역할 때 생긴 실수일 수도 있다. 이 궁금증을 풀어줄 실마리가 있긴 한데, 드문 경우이긴 하지만 이집트 제19왕조 시대(BC 1293~BC 1185)의 것으로 추정되는 묘지에서 구운 벽돌이 발견된 것이다.[10] 그러면 출애굽의 시기와 엇비슷한 연결도 가능하니 이집트도 자연건조 벽돌에서 구운 벽돌로 서서히 넘어가는 단계였다고 볼 여지가 있다.

벽돌을 굽다!

자연건조 벽돌을 사용했느냐, 아니면 구운 벽돌, 즉 소성벽돌燒成煉瓦을 주로 사용했느냐는 그 지역에 땔감이 풍부했는지 아닌지에 달려있다는 주장도 있다. 이집트의 경우, 지역적으로 우거진 산림이 없어서 벽돌을 굽는 데 쓸 땔감이 부족했고 자연스레 자연건조에 의지할 수밖에 없었다는 것이다. 게다가 이집트인들은 굳이 벽돌을 구워 만들 필요가 없었을 지도 모른다. 이집트의 햇볕은 아주 강렬했고 벽돌을 건조시키는 데 2~3일이면 충분했기 때문이다. 오히려 이런 자연조건이 따라주지 못한 지역, 즉 햇볕도 부족하고 기온도 선선한 지역에서 벽돌이라는 신기술과 신제품을 사용하기 위해 '가마kiln'라는 대책이 발명된 것일 수 있다. 소성벽돌로 벽돌 건축을 번성시킨 고대 로마가 바로 이 경우에 해당될 것 같다.

벽돌을 굽는 것은 자연건조 벽돌의 단점을 보완하기 위한 방법이기도 했다. 건조 벽돌이 아무리 단단하고 짚여물로 보강했다 해도, 습한 곳에 놓이면 물기를 흡수하게 되고 강도가 약해진다. 특히 지하수위地下水位가 높아 지반면에 자주 습기가 차는 지역이라면 밖에서 보기엔 멀쩡한 건물이라도 건조 벽돌에 나쁜 영향을 미칠 수밖에 없다. 이때 옛 사람들이 떠올린 것이 '세라믹ceramic'의 원리였으니, 고온에 구워 만든 도자기가 물과 습기에 강하다는 것을 벽돌에 적용한 것이다.

이유야 어찌됐든, 고대 메소포타미아인들이 처음으로 벽돌을 가마에 구워 만들기 시작했다는 데에는 이견이 없는 것 같다. 앞에서 얘기한 것과 같이 메소포타미아는 벽돌 제조의 원조 나라로, 초기에는 이집트와 같이 자연건조 벽돌을 사용했었다. 벽돌 탄생의 초창기라 할 수 있는 BC 9000~BC 8000년경에는 벽돌의 크기나 모양이 들쑥날쑥하고 정형화되어 있지 않았지만, 점차 그 틀이 잡혀가고 짚여물과 동물의 배설물을 사용하는 등 벽돌의 본격적인 사용에 있어서 이집트와 크게 다르지 않았다. '중동 지역'하면 강렬한 햇볕이 떠오르듯이 이 지역의 기후 역시 이집트와 마찬가지로 자연건조 벽돌에 적합했을 것이다. 그런데 앞에서 얘기한 '높은 지하수위'가 남부 메소포타미아 지방에서 문제로 떠오른 것이다. 그 결과 BC 3500년경 즉, 시계열로 보면 이집트에서 화려한 벽돌 건축이 이루어진 시대보다 훨씬 전에 메소포타미아의 대표 도시 우르크Uruk에서 구운 벽돌이 등장한다. '구운 벽돌'에 관해서도 메소포타미아가 원조라는 얘기다.

또한 벽돌은 아주 중요하고 의미 있는 건축 자재여서, 신전이나 궁전을 건축할 때 왕이 손수 벽돌을 만들 흙을 머리에 이고 나르는 세리모니까지 할 정도였다. 이 모습은 우르ur의 왕 우르남무Ur Nammu(BC 2112~BC 2075)의 동상으로도 남겨져 있다.[11] 그래서인지 이 지역 사람들은 오늘날 중요한 건축공사의 착공식이나 준공식에 높은 분들이 참석하는 전통이 이때부터 시작됐다고 하는데 그건 좀 지나친 주장인 듯하다.

뿐만 아니라. 많은 신을 모시기로 유명한 메소포타미아 문명에서는 쿨라Kulla 라는 벽돌의 신Brick God 도 있었다. 이 신은 벽돌 제조나 건축 공사의 성공과 안전을 관장하는 신으로, 건물을 짓기 시작할 때 기초 밑에 상징물을 모셨다가 완공이 되면 그것을 필요로 하

우르남무 왕의 두상(a)과 벽돌 제조를 위한 흙을 이고 나르는 모습의 동상(b)

는 다른 곳으로 옮겼다고 한다.[12]

구운 벽돌을 만드는 과정은 건조 벽돌의 그것과 크게 다르지 않아서 모양을 잡는 데 형틀을 사용했고, 벽돌의 표면이 어느 정도 굳을 때까지 햇볕에 말렸다가 가마로 옮겼다. 가마는 온도를 일정하게 유지하고 벽돌의 품질을 높이기 위해 밀폐형으로 만들었으며 약 150°C 온도에서 4시간 정도 구웠다. 또 벽돌을 만들 때는 기후 조건까지 섬세하게 고려해서 높은 습도가 벽돌에 영향을 미치지 않도록 메소포타미아 지역의 건기에 해당하는 3월 중순부터 10월 중순까지 연중 7개월 동안만 벽돌을 제작했다.[13]

벽돌의 진화

벽돌 한 장은 비교적 작은 건축자재이지만, 고대인들에게도 그 쓰임새는 엄청났다. 메소포타미아의 대표적인 건축물인 '지구라트 Ziggurat'가 좋은 예다. '지구라트'는 본래 '높음, 정점' 또는 '높은 곳에 건물을 세운다'라는 뜻으로 메소포타미아인들은 이곳을 왕국이나 도시의 수호신이 사는 '신의 거처 Abode of the God'라 생각했다. 따라서 지구라트가 없으면 신의 가호가 있을 수 없으니 국왕에게는 지구라트를 건설할 책임이 있었다. 이런 믿음과 전통 때문에 수천 년에 걸쳐 아카드, 수메르, 아시리아, 바빌로니아 등 메소포타미아를 대표하는 왕국과 도시에서 지구라트가 건설되었고 현대에도 그 유적이 남아 있다. 그런데 놀라운 것은 이 지구라트의 주요 재료가 벽돌이었다는 것이다. 초기에는 단순히 지면에 높고 평평한 기단基壇, platform을 쌓아 올리는 정도였지만, 시간이 지남에 따라 계단식 피라미드의 형태로 발전했고 중앙부에는 건조 벽돌을, 입면을 구성하는 바깥쪽에는 구운 벽돌을 쌓아 올렸다.[14]

당시 사용했던 벽돌의 수량과 공사기간이 알려진 지구라트도 있다. 지금은 건물의 형태가 거의 남아 있지 않지만 최대 규모로 알려진 바빌로니아의 마르두크 Marduk 또는 에테메난키 Etemenanki의 지구라트가 그것이다. 고대 그리스의 역사가 헤로도토스 Herodotus (BC 484년경~BC 425년경)에 의하면, 이 지구라트에 적어도 1,700만 개의 벽돌이 사용되었고 높이는 무려 92m, 공사기간은 43년이나 걸렸다고 한다. 또 이 유적에서 발견된 벽돌에는 당시의 왕, 즉 네부카드네자르 2세 Nebuchadnezzar II (재위 BC 604~BC 562)의 이름이 쐐기문자로 표기되어 있어서 이것을 '네부카드네자르 2세의 벽돌'이라 부른다. 재미있게도, 일부 역사가들이 이 지구라트가 성경에 나오는 바벨탑이었을 것이라 주장하면서 '바벨탑의 벽돌Tower of Babel bricks'이라는 별명도 붙였다.[15]

한편, '지구라트'하면 가장 대표적인 것이 BC 2000년경에 건설된 우르의 지구라트Ziggurat of Ur로, 이집트의 피라미드 못지않은 웅장함과 더불어 오히려 더 세련된 모습을 자랑하고 있다.* 주 건축재료는 역시 벽돌로, 최초로 발견되었을 때는 바닥면의 길이가 64m, 폭 46m, 그리고 각각 20m와 30m 정도 높이의 두 개 단段으로 구성된 형태였는데, 남아 있는 단이 전체 지구라트의 기초부에 해당하므로 온전한 상태에서의 높이가 어느 정도였을지는 가늠하기 어렵다. 학자들은 이 지구라트가 최소한 5~7개 층의 구조물이었을 것이라 추측하고 있어서 그렇다면 그 규모와 높이가 마르두크의 지구라트 못지않았을 것이다. 그런데 앞에서 벽돌로 높은 건물을 짓기 어렵다고 했는데, 어떻게 이런 거대한 높이로 쌓는 것이 가능했을까? 사실 지구라트는 '인공 산'에 가깝고 벽체를 가진 건물이 아니었기 때문에 얼마든지 가능했다. 단, 이 지구라트의 중심부에 사용된 벽돌은 그 크기가 약 30×30×7cm, 무게가 15kg에 달했다 하

---

* 이 지구라트는 우르남무가 건설하기 시작해서 그의 아들 슐기(Shulgi, BC 2029~BC 1982) 때 완성되었다고 한다. 대략 4,000년이 넘는 역사를 가지고 있는 이 구조물은 19세기 말 메소포타미아 문명과 당대 유물들이 주목받기 시작하면서 그 존재가 알려졌고, 1920년대에서부터 10여 년간에 걸쳐 영국의 레오나드 울리 경(Sir Leonard Woolley, 1880~1960)에 의해 본격적으로 발굴되었다. 처음 출토되었을 때는 땅속에 묻혀있던 유물이라 지금과는 달리 폐허와 같은 모습이지만 1980년대 이라크의 독재자 사담 후세인(Saddam Hussein, 1937~2006)에 의해 파사드와 계단부분이 복원되면서 지금의 모습을 갖게 되었다.

마두르크 지구라트 유적(a)과 그 상상도(b) 그리고 바벨탑의 상상도(c)

고 맨 아랫단에만 약 72만 개의 벽돌을 쌓았다고 하니 얼마나 많은 인력과 노력이 필요했을지 상상을 불허할 정도다.[16]

벽돌하면 빼놓을 수 없는 시대와 나라가 있으니, 바로 고대 로마다. 이탈리아 관광에서 빼놓을 수 없는 콜로세움Colosseum (AD 70~75년경 착공, AD 80년 완공)만 보더라도 고대 로마에서 얼마나 벽돌이 유용하게 사용되었으며 그 기술이 어떤 경지에 이르렀는지 잘 알 수 있다. 또 벽돌의 공이 얼마나 컸던지 고대 로마에서 만들어졌던 벽돌의 후예들은 아직도 그 이름을 간직하고 있다. 이름하여 '로마벽돌Roman brick'이다. 크기가 정해진 것은 아니지만, 오

우르 지구라트의 정면(a)과 벽돌 디테일(b)

늘날 '로마벽돌'이라고 하면 일반적인 벽돌에 비해 좀더 길고 납작한 형태의 벽돌을 말한다. 예를 들어, 미국에서 '로마벽돌'이라 불리는 가장 전형적인 벽돌의 크기는 길이 30cm, 폭 10cm, 높이 5cm(12"×4"×2") 정도, 비율로는 6:2:1이 돼서 일반 벽돌과 비교할 때 훨씬 납작한 느낌을 준다.* 게다가 현대적이고 세련된 느낌까지 주는 벽돌로 사랑받고 있다. 물론 크기나 모양, 비율 등은 제조사에 따라 달라질 수 있지만, 그 이름이 주는 의미는 고대 로마가 벽돌의 생산과 사용에 있어서 그만큼 큰 영향을 미쳤다는 것이다.

---

* 참고로 우리나라의 '표준벽돌' 크기는 190x90x57(LxWxH)mm이다. 숫자가 100 단위나 10 단위로 깔끔하게 떨어지지 않는 것은 모르타르 줄눈의 두께를 고려했기 때문이다.

로마의 벽돌공장의 가마 유적과 직인 찍힌 벽돌

    고대 로마 사람들도 초기에는 자연건조 벽돌을 사용했다고 한다. 하지만 로마 역사 전체로 보면 주로 구운 벽돌을 사용했고 더 오래, 더 많은 벽돌을 구울 수 있는 대형 가마를 설치했으며 이동형 가마까지 개발함으로써 벽돌의 대량 생산시대를 열었다. 또 국가가 벽돌 생산을 관리하고 있어서 로마제국의 드넓은 영토 구석구석까지 벽돌 공장을 세울 수 있었고, 생산지나 생산자의 이름을 새겨 넣게 함으로써 철저하게 품질을 관리했다. 게다가 그들은 석회와 화산재 가루를 재료로 시멘트를 만들 줄 알았고, 시멘트와 물을 섞어 만든 모르타르를 벽돌을 쌓는 데 사용해 이전보다 몇 배나 든든한 벽돌 건물을 만들 수 있었다.

    기술적인 얘기는 아니지만, 벽돌의 생산과정에는 로마의 사회계층 구조까지 반영되어 있음을 알 수 있다. 즉, 진흙이 풍부하고 초벌 건조와 가마 설치가 가능한 넓은 대지는 주로 귀족층의 소유물이었고, 땅 주인과는 상관없이 중간계급에 해당하는 공무원이 생산과정을 감독했으며, 힘을 써야 하는 벽돌 제조는 노예계층의 몫이

콜로세움의 벽돌

었다. 벽돌 제조는 로마 정부의 독점 사업이라 법으로 하루치 생산량을 정해서 수급에 차질이 없도록 했는데 그 이상으로 생산된 벽돌은 시장에 유통할 수 있어서 땅 주인은 많은 부를 축적할 수 있었지만 실제 생산자인 노예들은 항상 힘든 노역에 시달려야 했다고 한다.

그런데 476년, 서로마제국이 멸망하자 이렇게 번창했던 벽돌 산업에 참으로 허망한 상황이 발생한다. 부강했던 로마의 돈줄이 끊겨서인지 유럽의 채석장들이 하나둘 문을 닫았고, 벽돌을 만드는 기술도 이탈리아나 동로마제국에서만 명맥이 유지되었을 뿐, 유럽에서 자취를 감추게 된다. 그러다 보니 로마인들이 지어놓은 건축물에서 석재나 벽돌 등, 건축자재를 가져다 재활용하는 일이 심심치 않게 발생했고, 특히 영국처럼 건축자재가 풍부하지 않았던 나라에서는 로마가 지배하던 시절에 지어놓은 건축물들이 마치 건축자재 창고와 같이 여겨질 정도였다.[17]

이런 현상이 전 유럽에 걸쳐 수백 년 동안 이어지다가 중세시대

후반인 12세기경 이탈리아에 영향을 받은 북독일 지역에서 벽돌건축이 다시 유행하게 된다. 바야흐로 조적식 구조, 벽돌건축의 진수라 할 수 있는 고딕 건축 양식Gothic architecture이 시작된 것이다. 이 건축 양식은 프랑스, 스웨덴, 덴마크, 폴란드 등 유럽 전역으로 퍼져나갔고 아치arch, 볼트vault, 돔dome, 플라잉 버트레스flying buttress* 등 여러 신기술과 만나면서 수많은 건축 유산을 남겼다.

동양과 우리나라의 벽돌

메소포타미아와 이집트에서 시작되었다고 해서 벽돌이 서양의 전유물이었을까? 동양은 어떨까? 특히 4대 문명의 발상지 중 하나인 중국은 어땠을까? 중국의 만리장성(BC 215~AD 17세기)** 하나만 봐도 중국의 건축, 동양의 건축이 벽돌과 함께 했음을 알 수 있다. 그렇다면 중국에서는 언제부터 벽돌을 사용하기 시작했을까?

BC 1000년경, 그러니까 3,000년 전쯤 오늘날 중국의 중앙부에 위치하고 있는 서안西安에서 벽돌이 사용되었다는 것이 얼마 전까지 정설이었다. 당시 서안은 서주西周(BC 1000년경~BC 771)의 수도였던 만큼 벽돌의 생산 규모가 꽤나 컸고, 구운 벽돌을 사용했기 때

---

* 고딕 양식으로 지어진 성당 등 높이가 있는 건축물에서 수평하중에 취약한 조적조 건물의 약점을 보완하기 위해 건물의 바깥쪽에서 외벽을 받치도록 덧세워진 반 아치형의 버팀벽을 말한다.

** 중국식 거리 단위로 따지면 만리장성은 진시황 때 건설된 구간만 해도 만 리가 조금 넘는 4,050km이고, 거의 2,000년에 걸쳐 증축되면서 최종적인 길이는 1만 6,000리에 해당하는 6,350km에 달한다. 만리장성은 특히 벽돌로 만들어진 구간이 관광지로 유명하지만, 전 구간에 벽돌을 사용한 것은 아니고 이 성벽이 지나가는 곳마다 그 지역에서 쉽게 구할 수 있고 공사가 가능한 재료로 건설되었다.

만리장성의 모습

문에 가마를 관리하는 기술자는 장인으로 융숭한 대접을 받았다고 한다. 그런데 벽돌에 관한 한, 메소포타미아나 이집트보다 한참 뒤져 있던 시기이므로 중국이 독자적으로 벽돌을 개발한 것인지, 아니면 서방으로부터 수입한 것인지, 그리고 자연건조 벽돌을 먼저 사용했던 것인지는 정확히 알 수 없다.

　그런데 21세기에 들어서 반전이 일어난다. 산시성 고고연구원陝西省考古研究院, Shaanxi Provincial Institute of Archaeology 의 발굴 성과와 연구에 따르면 서안의 파교灞橋 지역에서 적어도 5,000년, 길게는 7,000년 전의 것으로 보이는 벽돌 유적이 발굴됐다는 것이다.[18] 본래 서주 시대의 유적은 청동기시대에 해당되지만, 이 벽돌 유적은 중국의 신석기시대 앙소문화仰韶文化 때의 것이니, 이전 것보다 메소포타미아나 이집트에 꽤나 근접해 있음을 알 수 있다. 물론 그래도 수천 년의 시간차가 있기는 하다.

　한편, 한참 뒤의 얘기이긴 하지만 북송시대 때 이계李誡가 저술한 건축기술서 『영조법식營造法式』(AD 1103)에는 여러 건축기술이나 공법과 함께 벽돌의 제조 과정과 특히 유약벽돌glazing brick을 만드는 방법이 상세히 기술되어 있다고 한다. 도자기나 벽돌에 유약을 바르면 액체나 기체가 안으로 스며들지 못하므로 관리가 쉽고 겉면에 광택이 나 의장적인 효과도 훌륭하다. 그럼 이 기술은 중국에서 최초로 개발되었을까? 그건 아니다. 이미 메소포타미아나 페르시아에서도 도자기나 벽돌에 유약을 발라 윤기를 내는 기법이 있었으니 아이디어 면에서 새롭다고 할 수는 없다. 하지만, 『영조법식』은 국가 차원에서 편찬한 건축과 토목공사 매뉴얼이라 할 수 있으므로 그들만의 기술이 상세히 기록됐다는 점에서 의미가 크다.

우리 땅에도 벽돌로 지어진 수많은 문화재가 남아 있지만, 실제 벽돌을 사용하기 시작한 것은 삼국시대 때부터라고 한다. 신라, 고구려, 백제가 건국된 것이 각각 BC 57년, BC 37년, BC 18년임을 감안하면 늦어도 한참 늦었다. 역사적으로 많은 문화와 기술을 중국으로부터 전수받았다 보니 그래서 생긴 시간차일까?

일설에 의하면 그 이유가 우리나라의 지형적 특성 때문이라는데 나름 설득력이 있다. 즉, 벽돌 제작에는 고운 진흙이 필요한데 이런 원재료를 구하기가 어려웠고, 반면 국토의 대부분이 산악지형이었던 덕분에 단단하고 풍부한 화강암만으로도 충분했다는 것이다. 삼국 중 백제가 비교적 벽돌을 많이 사용했지만 그것도 왕족이 묻히는 고분이나 대형 사찰에만 쓰였고 백제가 멸망하면서 그마저 맥이 끊기고 만다. 이후 고려시대를 건너뛰고 조선시대에 들어와 점차 벽돌을 사용한 건축물이 많아지고 기술도 발전했다. 그중에서 1796년 정조 때 축조된 수원화성은 조선의 벽돌 공사 기술을 획기

수원화성의 전경

적으로 발전시킨 대표적인 사례다.[19]

다들 어렸을 때 동네에 굴러다니던 벽돌을 쥐어본 적이 있을 것이다. 보기보다 훨씬 강하게 느껴지는 묵직함, 표면의 까끌까끌한 감촉 그리고 주먹으로 쳤다간 주먹이 깨질 것 같은 단단함이 있다. 수천 년 전의 옛사람들은 이 묵직한 벽돌로 성스러운 신전을 짓고, 외적으로부터 스스로를 방어할 든든한 성벽을 쌓고, 아늑한 집을 지었다. 그리고 벽돌이 가진 강인함 덕택에 오랜 세월이 지나서도 그 흔적이 남아 역사의 체취를 유적에서 느낄 수 있게 되었다.

건축가 루드비히 미스 반 데르 로에Ludwig Mies van der Rohe (1886~1969)는 벽돌을 쌓는 데에서 건축이 시작된다고 했다. 그것은 건축의 역사에 빗대어도 타당한 말일 것이다. 물론 벽돌 이전에도 건축이 없었던 것은 아니지만, 벽돌로 지은 건축물들은 오늘날에도 남아 역사의 산증인으로 묵묵히 자리를 지키고 있다. 오래되었고 그만큼 또 사랑받는 재료인 벽돌. 인류는 오랜 옛날부터 그랬듯이 먼 미래까지 벽돌을 쌓아가지 않을까?

문과 창을 열다

공간이 열리는 경계 ... 문

누구나 한 번쯤 오랜 여행을 마치고 집으로 돌아올 때 "이제 집이구나"하는 안도감과 푸근함을 경험해 보았을 것이다. 그리고 문을 연다. 아침에 일어나 일터로 향할 때, 아니면 신선한 바람을 쐬러 집을 나설 때도 우리는 문을 연다. 문은 우리가 없는 동안 우리집을 지켜주고, 집에 있을 때는 우리를 지켜주고, 바깥세상과 내 보금자리와의 경계를 만들어 준다.

우리집에 '문'이 없었다면 우리의 삶은 어땠을까? 원시인들이 살던 동굴과 무슨 차이가 있었을까? 집 안까지 비바람과 찬바람이 들이치고 야생동물과 곤충들, 더 심각하게는 도둑들까지 자기 집처럼 드나들었을 것이다.

30만~40만 년 전 동굴에서 탈출한 원시인들은 움집, 움막이라는 최초의 집을 만들었다. 하지만 그들이 맞서야 할 위험은 동굴에서 살 때보다 더 만만치 않았을 것이다. 그러다 누군가 사람이 드나들기 가장 적합한 위치에 나뭇가지나 동물 가죽을 덮고 이를 여닫을 수 있는 장치를 고안해 달았다면 어떨까? 아마도 그 원시인은 엄청난 칭찬을 받았을 것 같다. 좀더 따뜻하고 안락한 실내환경이 가능했을 것이고, 외부의 적을 막아내는가 하면 누가 뭐래도 '내집', '우리집'이라는 영역을 만들어 낸 것이니 말이다. 그리고 이것이 '문'이 탄생한 역사였을 것이다.

문이라고 해서 다 같은 문일까?

그런데 어느 원시인이 칭찬을 받았던, 출입구를 대충 막아놓은 거적이나 가죽 조각도 엄밀한 의미의 문이라 할 수 있을까? 기능적으로야 그렇다 할 수 있겠지만, 현대 건축에서 그런 문은 거의 없다고 봐야 할테니, 우리가 얘기하는 '문'의 범주에서는 빼기로 하자.

그렇다면 '문'의 역사를 따지기 전에 그것을 어떻게 구분하고 어떤 명칭으로 불러야 할지부터 알고 넘어가도록 하자. 문의 분류 방법은 생긴 모양에서부터, 주요 부재의 재료, 기능, 개폐방식 등에 이르기까지 다양한데, 이 분류는 뒤에서 얘기할 '창'의 경우에도 대부분 동일하게 적용된다.

가장 대표적인 분류방식은 '개폐방식'에 의한 것으로, 쉽게 말해 어떻게 열고 닫는지에 따라 구분하는 것이다. 이중 우리 주변에서 제일 흔히 볼 수 있는 것이 '여닫이', 즉 문짝을 앞이나 뒤로 밀거나 당겨서 여는 형식이다. 문짝이 두 쪽이면 '쌍여닫이'라 하는데 이 형태에서 문을 열고 닫으려면 우선 손잡이가 있어야 하고, 벽 또는 문틀에 접하는 부분에 경첩(또는 정첩hinge)이 달려있어야 한다. '창

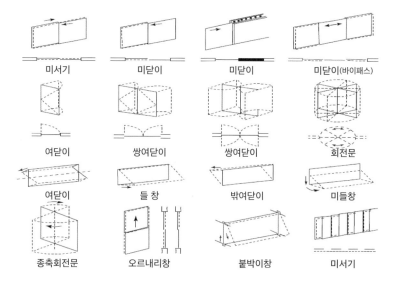

미서기	미닫이	미닫이	미닫이(바이패스)
여닫이	쌍여닫이	쌍여닫이	회전문
여닫이	들 창	밖여닫이	미들창
종축회전문	오르내리창	붙박이창	미서기

문과 창의 종류

문'의 경우에는 여닫는 방향이 '좌우'뿐만 아니라 '상' 또는 '하' 방향이 될 수도 있는데 이런 창을 '프로젝트 창'이라고도 한다.

다음으로 우리 주변에서 많이 볼 수 있는 것이 '미서기(미세기)문' 또는 '미닫이문'이다. 이 두 가지 모두 문을 옆으로 밀어 열고 닫는 형식을 말하는데, '미서기'는 한 짝의 문을 열면 다른 짝에 겹쳐져서 반만 열리는 형태로, 전통 한옥 주택의 안방 문을 연상하면 쉽게 이해할 수 있다. 반면 '미닫이'는 문을 옆으로 열었을 때 그 문짝이 벽 속에 숨겨진 틀 속이나 고정된 문짝 뒤로 들어가 겉에서 보기에 100% 개폐되는 형식을 말한다. '여닫이문'과 비교하면 특별한 손잡이가 없이도 문을 밀어 열 수 있는 작은 홈만 있어도 되며 경첩은 필요가 없다.

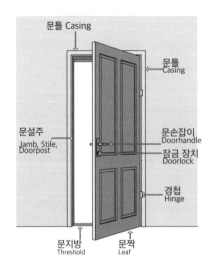

문의 구조와 명칭

'문'의 탄생과 진화

건축에서는 우리말 용어로 '문'과 '창'을 총칭해 '창호窓戸'라 부른다. 그럼에도 이 책에서 굳이 '문'과 '창'을 따로 나누어 다루는 것은 발명 시점의 차이도 있지만, 결정적으로 '창'의 역사에는 '유리'라는 큰 변수가 있기 때문이다. 게다가 창만으로도 할 이야기가 많다. 그러니 여기에서는 우리가 아는 '문'만을 다뤄보도록 하자.

우리는 언제 비로소 '문'다운 '문'을 만들어 냈을까? 사실 정답은 아무도 모른다. 다만 건축의 역사를 얘기할 때면 늘 그렇듯이, '문'의 역사도 거슬러 올라가다 보면 결국 또 이집트가 나온다. 고대 이집트인들이 우리가 얘기하는 문을 최초로 발명했다고 단언할 수는 없겠지만, 적어도 그때부터 문의 아주 오래된 흔적이 나타난다.

스위스에서 출토된 나무 문 유적

　그런데 흥미롭게도 2010년에 스위스 고고학자들이 고대 이집트의 기록을 깰 수 있는, 그것도 완벽한 상태의 유물을 발견해 냈다. 취리히 오페라 극장의 주차장 공사 도중, 무려 5,000년도 훨씬 전에 만들어진 것으로 추정되는 문짝이 출토된 것이다.[1] 포플러나무로 만들어진 이 문은 높이가 약 1.5m로, 널판자의 접합상태나 힌지, 손잡이 등의 보존 상태도 훌륭할 뿐더러 디자인도 뛰어나다고 평가되고 있다. 보존 상태가 좋다 보니 판재에 나타난 나이테가 이 문의 나이 측정에 결정적 단서가 됐는데, 멀게는 BC 3700년경까지 그 제작 시점을 바라볼 수 있어서 적어도 이집트의 사례와 견줄 수 있거나 '가장 오래된 문' 1위에 등극할 수 있을 것 같다. 다만, 출토된 지 얼마 안 되어서인지 후속 연구결과를 찾아보기 어렵다는 점이 좀 아쉽다.

　다시 고대 이집트로 돌아와 보면, 이 시대 '문'의 흔적은 물리적

고대 이집트 묘지에서 발견된 '가짜 문'의 조각과 그림

으로 남아 있는 것이 아니라 고대 이집트의 묘지나 신전에서 발견
된 벽화 또는 부조浮彫 형태의 '가짜 문(위비僞扉, false door)'에서 유래
한다. 특이한 것은 이 문이 사람이 드나드는 일반적인 '방문'이 아
니라 '사후세계'로 통하는, 그래서 신이나 죽은 사람에게 공물을 바
치는 통로였다는 것이 고고학자들의 해석이다.[2] 생긴 모양만 보면
요즘의 '쌍여닫이문' 쯤으로 보이는 이 '가짜 문'은 BC 2700년경
이집트 세 번째 왕조에 이르러 보편적으로 나타난다고 하니 그 나
이가 적어도 4,700살 정도는 되는 셈이다.

　고대 건축에서 사용된 문의 재료가 무엇이었는지 정확히 알 수
는 없지만, 성서에 나오는 솔로몬 왕King Solomon(미상~BC 912)의 성
전 건축 이야기로부터 우리는 그 시대의 건축기술은 물론 '문' 제작
에 대한 정보를 엿볼 수 있다. 즉, 아래 성경 구절(구약성경 열왕기상
6:31~6:35)에 나오는 솔로몬 성전의 문짝은 '여닫이문'의 형태를 넘
어서 '아코디언 도어accordion door'였던 것으로 묘사되고 있다.

솔로몬 성전의 상상도

"솔로몬이 이스라엘을 다스린 지 4년 시브 월, 곧 둘째 달에 솔로몬이 여호와의 성전을 건축하기 시작했습니다. (중략) (6:31) 안쪽 성소의 입구에는 올리브 나무로 문을 만들어 달았는데, 인방과 문설주는 벽 두께의 5분의 1이었습니다. (6:32) 또한 두 개의 문은 올리브 나무로 만들었고 거기에 그룹과 종려나무와 꽃이 핀 모형을 새겨 넣고 그룹과 종려나무에 금을 입혔습니다. (6:33) 이와 마찬가지로 성전 문에는 올리브 나무로 문설주를 만들었는데 그 두께는 벽 두께의 4분의 1로 하고 (6:34) 그 두 문짝은 잣나무로 만들었는데 두 짝 다 가운데가 접히게 했습니다. (6:35) 그 문짝에는 그룹과 종려나무와 꽃이 핀 모형을 새겨 넣고 그 조각에 골고루 평평하게 금을 입혔습니다."

한편, 우리 주변에 있는 '여닫이문'들을 잘 살펴보면 이 문의 '여닫이' 기능은 문짝과 문틀을 연결하는 '경첩'이 있기에 가능했다. 이 경첩은 눈에 잘 보이지도 않고 평소 큰 관심을 받은 적도 없지만, 사실상 엄청난 건축의 발명품 중 하나다. 경첩이 없었다면 지금처럼 문과 창문을 열고 닫는 일은 불가능했을 테니까 말이다.

경첩의 역사는 뒤에서 다시 살펴보도록 하자. 그런데 앞에서 예로 든 고대 건축의 문에도 경첩이 사용되었을까? 확실한 증거는 없지만, 경첩의 역사도 4,000~5,000년 전으로 거슬러 올라간다고 하니 불가능한 것은 아니었을 것 같다. 하지만 초창기 문들에 사용된 경첩은 피봇pivot과 소켓socket이 짝을 이룬 형태였던 것으로 보인다.

그 대표적인 예를 고대 아시리아 지역의 도시인 발라왓에서 출토된 성문Balawat Gates에서 찾을 수 있다. 대영박물관이 소장하고 있는 이 성문은 살마네세르 3세Shalmaneser III(BC 858~824)의 궁전에 설치되었던 '쌍여닫이문'으로, 문짝의 재질은 삼목cedar이며 당시 있었던 전쟁과 시대 상황을 부조로 그려 넣은 8줄의 청동 띠로 장식되어 있다. 사실 지금까지 남아 있는 것은 이 청동 띠와 문에 달린 피봇의 청동 장식뿐이지만, 고고학자들이 이 문을 실제 크기로 복원한 결과, 문 한 짝의 폭이 2.5m이며, 높이는 7~8m, 두께는 7~8cm인 거대한 규모였다고 한다.[3]

이 육중한 문짝을 어떻게 열고 닫았을까? 이를 위해선 무엇인가 특별한 장치가 필요하지 않았을까? 현대 과학자들이 복원한 문의 모양은 이렇다. 먼저 문짝 끝단에 지지대 역할을 하는 직경 약 36cm의 통나무를 끼워 넣고 이 통나무 양단에 청동으로 만든 피봇

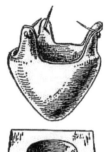

a. 복원한 발라왓 성문의 모습   b. 출토된 발라왓 성문의 청동 띠   c. 발라왓 성문의 피봇 보호구와 소켓

발라왓의 성문

을 씌운다. 그리고 아래 문지방과 위 인방에 역시 청동을 만든 소켓을 설치한 뒤 피봇을 여기에 꽂아 넣으면 문짝을 안팎으로 쉽게 회전시킬 수 있다. 그 옛날 사람들이 생각해 낸 뛰어난 아이디어인 피봇과 소켓은 지금도 창호 공사에 많이 쓰이고 있다.

고대라 해서 문의 재료로 목재만 사용되었던 것은 아니다. 오늘날 시리아 남쪽에 위치한 하우란Hauran 지역에서 발견된 문은 육중한 현무암으로 만들어졌고, 멀지않은 보스트라Bostra 지역에서도 마을 입구에 석재로 만든 문이 발견됐다. 이 지역은 헬레니즘 시대에는 프톨레마이오스 왕조(BC 305~BC 30)가, 기원전 1세기경부터는 고대 로마제국이 지배했고, 서기 4~7세기까지는 동로마제국의 영향을 받았다고 하니 이 석재문은 2,000년 이상, 적어도 1,500년 전에 만들어졌다고 볼 수 있다.[4]

시리아에서 발견된 석재 문

　그런데 왜 가볍고 다루기 쉬운 목재를 놔두고 힘들게 돌을 사용
했을까? 우선 좋은 목재를 찾기 어려운 지역적 특성이 영향을 미쳤
을 것이라 한다. 또 이 지역에서는 현무암이 건축재로 많이 사용되
었고 그나마 비교적 무게가 가벼운 돌이라 다루기가 용이했을 것
이며, 무엇보다 돌로 문을 만들어 달았다는 것은 당시에 문의 기능
이 그만큼 중요했음을 의미한다. 거기에 피봇과 소켓이라는 빛나는
아이디어가 있었으니 '돌 문'도 그리 어려운 일이 아니었을 것이다.
이쯤 되면, 비슷한 시기에는 가벼운 목재 문쯤이야 일반 주택에서
도 쉽게 설치하지 않았을까?

　고대 그리스와 로마 시대에 이르러서는 이미 현대의 것과 거의
비슷한, 그것도 매우 세련된 형태의 문이 사용됐다. 문짝의 개수는

한 개에서부터 세 개까지 다양했으며 심지어 접이식 슬라이딩 도어까지 있었는데, 그 증거들을 종종 이 시대의 그림과 조각 등에서 찾아볼 수 있다.

예를 들어, BC 5세기경 그리스에서부터 헬레니즘 시대에 이르기까지 번성했던 도시 아그리젠토Agrigento 또는 Agrigentum에서 발굴된 '테론의 무덤Theron's tomb'*에는 4개의 패널로 된 커다란 문짝 조각이 새겨져 있고, 폼페이의 로마 시대 건축물 '에우마키아** 빌딩 Building of Eumachia'의 벽화에는 접이식 슬라이딩 도어를 연상시키는 폭이 약 5m이며 높이가 3m가 넘는 세 짝의 문이 그려져 있다. 이 두 가지 예만 보아도 이 시대의 문은 디자인이나 형태에 있어서 요즘과 비교할 때 전혀 손색이 없는 것들이다.[5]

재미있는 것은 로마 사람들에게 '문의 신'이 있었다는 것이다. 다름 아닌 '야누스Janus'다.***[6] 그가 두 개의 얼굴을 가지고 있는 것은 고대 로마인들이 '문'에 앞뒤가 없다고 생각했기 때문이란다. 야누스는 집이나 도시의 출입구 등 주로 문을 지키는 수호신 역할을 했고, '문'이 '시작'을 나타낸다는 의미에서 모든 사물과 계절의 시초를 주관하는 신으로 숭배되었으며, 종교의식에서 여러 신들 가운데 가장 먼저 제물을 받았다고 한다. 그러니 상당히 지위가 높은 신이었던 모양이고 그만큼 로마인들이 문에 부여하는 의미도 컸다고

---

* 아그리젠토의 군주 테론(AD 488~472)의 무덤으로 알려졌으나, 사실은 BC 3~2세기의 건축물로 밝혀졌고, 그럼에도 명칭은 그대로 전해지고 있다.

** 서기 1세기경 폼페이에 살았던 부호이자 귀족. 도시 여사제의 지위에 올랐으며 중앙광장 한 편에 자신의 이름을 딴 건물을 지어 시에 기부했다.

*** 야누스는 로마신화의 등장인물 중 그리스신화에 대응하는 신이 없는 유일한 신이다.

아그리젠토 '테론의 무덤'에
새겨진 문 조각

보아야 할 것 같다. 오늘날 이중적인 사람이나 앞뒤가 다른 사람을
부정적으로 표현할 때 '야누스 같다'라는 말을 쓰기도 사용하는데,
야누스가 이 사실을 안다면 무척이나 억울해하지 않을까.

중세시대(5~16세기)에는 대형 교회가 많이 세워지면서 문짝들
역시 화려하게 진화한다. 고맙게도 이중 많은 문들이 실물로 남아
있어서 이후 시대의 문짝 디자인에 많은 영향을 미치게 된다.

이전 시대와 비교할 때 가장 큰 차이점은 문짝에 사용된 재료로,
주로 구리나 구리합금이 많이 사용되었다. 유럽 본토는 아니지만
베들레헴의 '예수탄생 교회 The Church of the Nativity at Bethlehem '*가 대
표적인 예로, 이 교회의 여러 문짝에는 다양한 종교적 이야기가 청
동 장식으로 새겨져 있다. 중세 교회는 성서와 성인들에 대한 이야

---

* 이 성당은 서기 4세기 초에 처음 건설되었다가 화재로 소실된 후 유스티아누스 황제가 531년에 다시
복구했다.

예수탄생 교회의 청동문과 '겸손의 문' 내·외부 모습

기를 문맹인 백성들에게 알리고 가르치기 위해 조각, 장식, 스테인드글라스 등을 활용했는데 문짝도 예외가 아니었던 것이다.

이 성당에는 또 다른 유명한 문이 하나 있는데 세월이 많이 지난 1227년, 아르메니아의 헤튬 1세Hethum I (AD 1213~1270) 때 만든 '겸손의 문Door of Humility'이 그것이다. 이 문은 말을 탄 침입자들이 교회에 침입하는 것을 막기 위한 목적으로, 또는 방문객들이 말에서 내려 예를 갖추도록 하기 위해 그 크기를 사람 하나가 겨우 웅크리고 들어갈 정도로 아주 좁고 낮게 만들었다고 한다.[7] 이 문에는 사람이 드나드는 역할뿐 아니라 '보안' 또는 '강제적 의전'이라는 또 다른 기능이 부여된 셈이다.

세월이 더 흘러 중세시대의 정점이라 할 수 있는 11~12세기쯤에는 더욱 다양한 청동문들이 출현한다. 독일 힐데스하임 성당Hildesheim Cathedral의 '베른바르트 청동문Bernward Doors (AD 1015)',

독일 힐데스하임 성당의 베른바 폴란드 그니에즈노 성당의 청동 이탈리아 아말피 성 안드레아 성
르트 청동문(1015년) 문(1175년) 당의 청동문(1175년)

이탈리아 '아말피 성 안드레아 성당Amalfi Sant Andrea Cathedral'의 '청
동문(AD 1060)', 폴란드 그니에즈노 성당의 '청동문Gniezno Doors (AD
1175)' 등이 대표적으로, 이들 역시 '성당의 문'이라는 특성 때문에
성경 속 이야기를 화려한 조각으로 표현하고 있다.

이후 르네상스와 바로크, 고전과 낭만시대를 거치면서 문의 형
태와 모습은 그때그때 유행하는 건축양식에 따라 변모한다. 거기에
기본 재료인 목재는 물론이고 유리와 철재, 기타 건축 재료를 다루
는 기술이 발전하면서 때로는 심플하게, 때로는 화려하게 아주 다
양한 형태와 기능을 갖춘 문들이 만들어지게 된다.

우리나라의 문은 어땠을까

우리나라에서는 구석기시대의 막집이나 한뎃집을 거쳐 신석기 시대에 '움집'이 나타났으니 이때부터 우리 조상에게도 '문'이라는 개념이 생겨났을 것이다. 그런데 여기서는 '문다운 문'의 역사를 이야기하고 있으니 좀더 발전된 시대에서 문의 흔적을 찾아보아야 할 것 같다. 그런 차원에서 보면, BC 1000년경부터 BC 300년에 고조선, 부여, 예맥, 마한, 진한, 변한 등의 '성읍국가'가 세워지고 여기에 성과 궁궐 등 다양한 건축물들이 만들어지기 시작했을 것이므로 이때 자연스럽게 문의 모습도 갖춰졌을 것이다.

한편, 고구려의 2대 왕인 유리왕(미상~AD 18) 대의 『삼국사기』 기록에서 '군사가 문을 열고 출격하는 장면'이 묘사되어 있는데, 역사가들은 이것이 문을 직접적으로 명시한 최초의 기록이라고 한다. 또, 문에 대한 언급은 아니지만 그보다 조금 앞선 고구려의 시조 동명성왕(BC 58~BC 19) 때 성곽과 궁을 지었다는 기록이 있어서 2,000여 년 전쯤에 이미 문다운 문이 있었음을 짐작케 한다. 실증적으로도 위치는 비록 중국 땅이지만 고구려의 옛 도읍이었던 집안集安에 6개의 성문 흔적이 남아 있다.[8]

특이한 것은 우리 전통 건축에서 창호를 분류할 때 서양보다 더 복잡하고 다양한 용어들이 등장한다는 것이다. 개폐방식에 따라서 나누면 미닫이, 여닫이, 미서기, 붙박이, 들문, 벼락닫이문이 있으며, 용도나 장소에 따른다면 분합문, 장지문, 영창, 중창, 대문, 중문, 후문, 삼문, 바라지, 꾀창이 있다. 또 구조나 기능에 따르면 덧문, 빈지, 갑창, 두겁문, 맹장지, 불발기문 등 그 분류가 복잡하기도 하고 흥미롭다.

그렇다면 우리가 한옥을 떠올릴 때 그려보는 문으로는 무엇이 있을까? 양반집 대문이나 대감마님이 툇마루 너머로 벌꺼덕 여는 '여닫이문'도 있지만 문을 여는 소리도 '스르륵~'이 더 어울린 것 같은, 얇은 '살'에 한지를 바른 '미서기문'이 떠오른다.

그럼 여기서 잠깐 한지의 역사를 살펴보자. 엄연한 우리 문짝의 주재료였으니까 말이다. 본래 종이 제작 기술은 중국에서부터 전해 졌지만, 중국의 종이에 마, 죽순 등이 사용된 것과 달리 한지는 닥 나무를 주재료로 사용했다는 점에서 차이가 난다. 여기에 천연 재 료인 잿물과 닥풀 등을 함께 사용해 천 년 이상 오래가는 우리의 한지가 탄생했다.[9] 잘 알려진 것처럼 중국의 채륜蔡倫(AD 50~121) 이 종이를 처음 개발한 후 삼국시대에 이미 제지술이 전래되었다 고 하고, 서기 610년 고구려 승려 담징이 먹과 붓, 제지술을 일본에 전했다고 하니, 우리 조상의 한지 제작기술은 적어도 이때쯤 꽤 높 은 수준에 이르렀던 것으로 보인다.

그렇다고 해서 이때부터 모든 건물의 창호에 한지가 사용됐다 고 보기는 어렵다. 제지술이 완성되었다고 해도 누구나 쉽게, 그리 고 싸게 사용하려면 시간이 걸렸을 것이고, 사료에 의하면 고려시 대에 들어와서야 창호란 단어와 함께 종이를 창문에 붙이기 시작 했다고 한다. 그 예로 12세기 말경 건립된 우리나라 최고最古의 목 조건축물인 '봉정사 극락전'과 13세기 초의 '부석사 무량수전'을 들 수 있다. 이 두 건물의 창호에 한지가 사용된 것을 보면, 비록 대중 적이지는 않았다하더라도 이 시기 이전부터 한지가 건축 재료로서의 기능을 갖기 시작한 것은 분명하다.

한지는 투명하지는 않지만 어느 정도 빛이 투과되어 채광이 가능하고 습도 조절에도 유리하다. 비록 추운 겨울에는 단열과 보온 성능이 떨어지지만 유리가 없던 시절에는 훌륭한 창호 재료였음에 틀림없다. 또 이런 한지 창호를 가능하게 한 것은 창호의 '살' 덕택이기도 하다. 아무래도 찢어지기 쉬운 종이의 단점을 촘촘히 배치한 창살로 보완하자는 아이디어가 아니었을까? 게다가 창살의 다양한 디자인은 우리 전통 건축물에 아름다움을 더해주는 매우 중요한 요소이기도 하다.

이쯤 되니 소소한 궁금증이 생긴다. 우리 조상들은 언제부터 미서기문을 만들기 시작했고, 또 이것을 그렇게 많이 사용한 이유는 무엇일까? 그 이유가 어릴 적 할머니 댁에 놀러갈 때마다(작은 한옥 집에서 사셨다), TV에서 사극을 볼 때마다 궁금했다. 많은 건축양식이 중국으로부터 전해져 왔으니 이 문짝의 형식도 중국에서 온 것일까? 문짝의 두께가 얇고 목재와 한지라는 재료의 특성상, 반복되는 열고 닫기에 여닫이문보다 문틀 자체를 보강 재료로 사용할 수 있는 미서기문이 더 유리했던 것일까? 여닫이문에 필수적인 경첩이 없거나 귀해서였을까? 아니면 전통건축의 '장부맞춤'과 같이 우리 조상들이 자연스러운 결합 또는 체결 방식을 선호했기 때문일까?

건물을 들어오고 나가는 것은 문을 열고 닫는 것에서 시작되고 끝난다. 문장으로 비유하자면, '문'은 첫 글자이자 마침표인 셈이다. 그래서 아름다운 건축물의 문 앞에 서는 것은 특별하다. 안에는 어떤 모습이 펼쳐져 있을까? 문은 우리가 다른 공간으로 들어간다

부석사 무량수전

는 것을 알려주는 동시에 활짝 열리면서 우리를 환영한다. 앞으로 새로운 공간을 들어서게 되면 문에도 눈길을 줘 보면 어떨까? 그 공간의 많은 것들이 문에 암시되어 있을지도 모르니 말이다.

열려라, 참깨! ... 자동문

『천일야화』속 유명한 이야기인 〈알리바바와 40인의 도둑〉에 나오는 장면 하나가 있다. 동굴 아지트로 돌아온 도둑들이 주문을 외친다. "열려라, 참깨!"* 그러자 굳게 닫힌 동굴의 문이 스르륵 열리기 시작한다. 자동문이다! 그것도 음성인식 자동문!

본래 「알리바바와 40인의 도둑」은 6세기경 페르시아에서 만들어진 『천일야화』원본에는 포함되어 있지 않았고, 18세기 초 프랑스의 동양학자 앙투안 갈랑Antoine Galland (1646~1715)이 이 설화집의 불어판을 펴내면서 삽입된 것이라고 한다. 이 이야기가 원본에 있었든 아니든 여기서 궁금한 점이 하나 있다. 길게는 1,500년 전, 짧게는 300여 년 전에 만들어진 이야기에 어떻게 이런 자동문이 등장할 수 있었을까? 원작자의 상상력이 남달리 풍부해서일까? 신비

---

* 왜 하필 '참깨'인가에 대해서는 여러 가지 설이 있다. 깨가 익어 껍질이 벌어지는 모습에서 착안했다는 설, 아랍 사람들이 참깨를 즐겨 먹었기 때문이라는 설, 이름을 뜻하는 히브리어 'šem'에서 유래했다는 설, 참기름을 사용하는 바빌로니아의 마법과 관련이 있다는 설, 옛 아랍어 Simsim이 참깨라는 뜻 이외에 '문'이라는 뜻도 있다는 설 등이 있다.

롭고 마법과 같은 이야기에 흔히 등장하는 문이기 때문일까? 아니면 음성인식까지는 아니라 해도 그럴듯한 '자동문' 모델이 이미 존재했었기 때문일까? 설마… 그런데 놀라운 사실은 진짜 자동문의 최초 모델이 아라비안나이트보다 훨씬 전인 지금으로부터 2,000여 년 전에 존재했었다는 것이다!

우리가 아는 최초의 현대식 자동문

어느 TV 프로그램에서인가 외국인 관광객이 서울 시내 상점 앞에서 쩔쩔매는 장면을 본 적이 있다. 유리문으로 훤히 들여다보이는 상점 안으로 들어가고 싶은데, 정작 손잡이가 안 보였기 때문이다. 그는 한참을 헤매다 이것이 간단한 터치만으로 열리는 자동문이란 것을 겨우 알아채곤 우리나라의 선진 기술(?)에 놀라움을 표하면서 '엄지 척'을 보여준다.

나라마다 차이는 있겠지만 이렇듯 자동문은 우리나라에서만큼은 놀랄 만한 기술도 아니고 그리 비싼 돈이 드는 것도 아니다. 어떤 자동문은 살짝 터치만 해도, 어떤 곳은 사람이 문 앞을 지나가기만 해도 열린다. 열리는 방향이 '미닫이' 또는 '미서기문'과 같은 형식도 있고 '여닫이식', '접이식', 심지어 빙빙 돌아가는 '회전식' 자동문도 흔히 볼 수 있다.

이중 가장 일반적인 개념의 자동문, 그러니까 사람이 다가서면 활짝 열리는 자동문은 1931년 미국의 엔지니어 호레이스 레이몬드 Horace H. Raymond 와 셸던 로비Sheldon S. Roby 가 개발한 것이 최초라

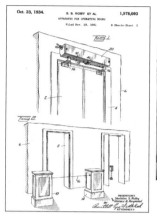

자동문 특허의 스케치와 식당에 설치된 자동문의 모습

알려져 있다. 코네티컷의 한 식당Wilcox's Pier Restaurant에 설치된 이 문은 바쁜 시간에 쟁반과 접시를 발에 불이 나도록 날라야 하는 점원들이 손을 쓰지 않고 주방과 홀을 쉽게 드나들 수 있도록 한, 아이디어 만점의 발명품이었다.[1]

이 자동문의 구성을 살펴보면, 문 앞의 양쪽 마주보는 위치에 빛을 쏘는 광원과 일종의 센서가 부착된 한 쌍의 낮은 기둥이 세워져 있고, 반대편 문틀 위에는 문을 여닫는 공기압 동력장치pneumatically powered swing door operator가 설치되어 있다. 핵심 원리는 빛을 받으면 전류가 흐르고 빛이 차단되면 전류가 끊기는 광전지photoelectric cell의 특성을 응용한 것으로, 사람이 지나가면서 빛이 차단되면 동력장치가 작동해 자동으로 문을 열게 만든 것이다. 당시 개발자들은 이 광전지 시스템을 '매직 아이magic eye'라고 불렀다.

이 자동문의 가격은 당시 100달러 정도로, 약 100년 전의 1달러가 현재 가치로 약 8,000달러가 넘는다고 하니 꽤나 비싼 문이었던 셈이다. 그럼에도 레이먼드와 로비의 자동문은 상당한 인기를 끌었고 덕분에 두 사람이 일했던 회사 '스탠리 웍스Stanley Works'(현재 Stanley Access Technologies)는 이후 굴지의 자동문 회사가 되어 90여 년이 지난 지금도 운영되고 있다.

한편, 이런 여닫이식의 자동문은 문이 열릴 것을 알고 있는 사람에겐 편리하겠지만 반대편에서 이를 전혀 예상치 못하고 있는 사람에겐 큰 위험이 될 수 있고, 바람이 많이 부는 환경이라면 문을 열고 닫을 때 기계적인 부담이 생길 수도 있다.

1954년에는 미국의 디 호튼Dee Horton 과 류 휴잇Lew Hewitt 이 이런 단점을 극복할 수 있는 새로운 발명품을 내놓는다. 문 앞쪽 바닥에 매트를 깔고 그 밑에 전기 시스템을 숨겨놓아 사람이 이 매트를 밟으면 작동하는mat actuator 미닫이식 자동문을 고안해 낸 것이다.[2] 1960년대에 들어 이 자동문은 선풍적인 인기와 함께 은행, 호텔, 백화점 등 사람들이 많이 오가는 시설에 설치되기 시작했고, 호튼과 휴잇 두 사람이 '호튼 오토매틱스Horton Automatics Inc.'라는 회사를 설립하면서 자동문이라는 새로운 시장이 활짝 열리게 된다. 필자의 기억으로는 그리 오래지 않아 우리나라에도 이런 매트식 자동문이 도입되었던 것 같다. 정확한 기록은 남아 있지 않지만, 증거라면 필자의 기억이 되겠다. 1960년대 말이나 1970년대 초, 천방지축 꼬마였던 필자가 자동문 앞에서 매트를 밟고 도망가는 놀이를 하다가 혼쭐이 났던 기억이 아직도 생생하다.

이후 자동문은 다른 관련 기술과 결합해 발전을 지속하게 되어

1970년대에는 매트 대신 모션 디텍더motion detector, 1980년대에는 적외선 감지 센서active infrared presence sensor 등이 대세 기술로 자리 잡게 된다. 또 첨단기술보다 기능적이고 실용적인 면을 강조한 자동문도 있다. 예를 들어, 요즘 흔히 사용되는 버튼식 자동문은 실내 냉난방 에너지 손실을 줄일 목적에서 개발되었는데 편의성과 에너지 효율을 동시에 얻는 유익한 아이디어라 하겠다.

진짜 최초의 자동문

사진으로 보면 옛날 티가 많이 나긴 하지만, 20세기에 들어서 자동문이 발명되고 설치되었다는 것은 그리 놀랄 만한 일이 아니다. 그 정도 기술이라면 20세기와 충분히 어울릴 것 같으니 말이다. 그런데 알고 보니 최초의 자동문은 이집트 알렉산드리아 출신 헤론 Heron of Alexandria (AD 10~70 추정)의 발명품이었다고 한다.[3] 정말 놀랄 만하지 않은가!

헤론은 고대 그리스나 헬레니즘 문명의 말기 또는 로마 시대 초기에 해당되는 시기에 활동한 것으로 알려져 있다. 출생지는 이집트였지만 그리스에서 교육을 받았고 당시 알렉산드리아가 그리스의 식민지였던 때문인지 대부분의 기록들은 이 자동문을 그리스의 것이라 전하고 있다. 기계학, 물리학, 수학 등에 뛰어났던 학자이자 발명가로 월식을 이용해 로마에서 알렉산드리아까지의 거리를 측정한 것으로도 유명한 헤론은 이 자동문에 그가 발명한 일종의 증

헤론의 기력구

기터빈, 즉 '헤론의 기력구 aeolipile (또는 헤론의 엔진)'* [4]의 원리를 적용했다.

　원리는 이렇다. 아래 그림에서 보는 것처럼, 황동으로 만든 큰 용기에 물을 일부 채우고 가열한다. 그러면 용기 내에 공기가 덥혀져서 기압이 올라가고 그 기압은 관으로 연결된 물통으로 물을 밀어보내게 된다. 점점 물이 차올라 무거워진 물통은 '추'의 역할을 하게 되고, 추가 내려가면 여기에 연결된 밧줄과 도르래가 문짝의 피봇을 회전시켜 마침내 문짝은 사람의 손 없이도 활짝 열리게 되는 것이다.[5][6] 알고 나면 참 쉬운 원리지만 어떻게 이렇게 기막힌 발상을 그 오래전에 할 수 있었을까?

　물론 이 자동문이 아무데나 사용된 것은 아니었고 주로 신전 또

＊　밀폐된 큰 용기 위에 파이프로 연결한 구(球)를 설치하고 용기 속에 물을 넣어 끓이면 발생된 수증기가 밖으로 빠져나가면서 그 힘으로 구를 회전시키도록 만든 일종의 터빈이다.

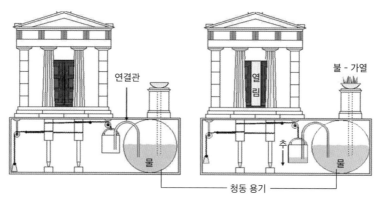

연결관

열
림

불 - 가열

추

물

물

청동 용기

고대 그리스 헤론의 자동문

는 성문에서나 볼 수 있었다고 한다. 사제들이 용기 위에 불을 붙이면 저절로 문이 열리는 것을 보면 당시 사람들에게 얼마나 드라마틱한 장면이었겠는가! 그때는 자동문이 아니라 '마법의 문'이라 불리었을 것 같다.

2천 년 전 헤론이 처음 만들어 내고 20세기의 기술로 완성된 자동문은 수세기 앞을 내다보는 공상과학 영화에서도 단골로 등장한다. 그 모양도 크게 다르지 않다. 하지만 실제 미래에는 우리가 아는 자동문을 뛰어넘는, 전혀 다른 개념의 문과 자동문이 나타날지 모를 일이다.

문이 있으면 잠가야지 ... 자물쇠

　문을 열고 닫는 얘기를 했으니 이제 '잠그는 얘기'를 해 보자. 바로 자물쇠 이야기다.

　자물쇠의 역할은 이렇게 단순하지만, 여는 방식이나 모양은 참 다양하다. 열쇠가 있어야 여는 자물쇠, 숫자 즉 비밀번호를 맞혀야 열리는 콤비네이션 자물쇠, 심지어 요즘은 생체인식이나 스마트폰으로 열 수 있는 자물쇠까지 등장했다. 이렇게 기술의 발전은 이 작은 장치들에서도 찾아볼 수 있다.

　자물쇠가 아무리 화려해져도 보통 사람들은 자물쇠에 대해 별 관심 없이 살아왔을 것이다. 그저 어떤 자물쇠가 더 튼튼할지 고민하거나, 커플들의 경우 '사랑의 자물쇠 걸기'에 더 예쁜 자물쇠를 찾는 정도였을 것이다. 좀더 호기심이 있는 사람이라면 자물쇠의 속모양이 궁금할 수 있겠지만 이 역시 인터넷 검색을 통해 순식간에 고개를 끄덕일 수 있다. 하지만 자물쇠가 없는 세상을 심각하게 생각해 본 적이 있는가?

건물의 문과 창문이 혹독한 외부 환경이나 사나운 짐승, 도둑 같은 침입자로부터 거주자를 보호하려고 만들어졌다면, '자물쇠'는 한발 더 나아간 보호 장치요 안전 장치였다. 그냥 문과 창문이 열리지 않도록 하는 것을 넘어서 집주인, 방주인이 아니면 못 들어오게 하는 것이 자물쇠의 역할이다. 늙으신 부모님이 다 큰 자식에게 "문단속 잘 해라~"라고 걱정하며 이야기하시는 따뜻한 말 속에서도 사실 주인공은 바로 자물쇠다.

자물쇠가 없었다면 우리의 집도, 좀더 과장하자면 오래된 세계적 건축물의 존재도 없었을는지 모른다. 자물쇠는 우리의 문과 창문을 걸어 잠그게 해주었을 뿐 아니라 우리의 집과 건물, 역사를 지켜낸 것이다! 그렇다면 누가 이런 고마운 발명을 해낸 것일까?

이집트부터 고대 로마까지의 자물쇠

고대 이집트는 중요한 문명의 발상지답게 인류 발전에 원동력이 된 수많은 발명품들을 남겨놓았다. 많은 역사가와 고고학자들이 '이집트의 위대한 발명품'을 논할 때 다양한 물건들이 등장하지만 그중 눈에 띄는 것이 바로 '자물쇠'이다.

'내 집으로 들어오려는 침입자를 막으려면? 창고에 있는 귀한 물건들을 보호하려면?' 그 시작은 밧줄을 엮어 만든 간단한 매듭이었다. 하지만 매듭을 잠금장치로 쓰기에는 누가 봐도 부족했을 것이다. 나무나 금속으로 만든 자물쇠가 등장하고 나서야 잠금장치는 충분한 기능을 발휘할 수 있었는데, 그 주인공이 고대 이집트인들

고대에 사용된 로프로 만든 잠금장치

이였다는 것이다.

　그들의 자물쇠 역사는 BC 2000년경으로 거슬러 올라간다. 주재료는 나무였으며 자물통 속에 들어 있는 여러 개의 핀과 빗장이 맞물려 잠금기능을 했다. 이때 빗 모양의 열쇠를 자물통 속에 넣어 핀을 들어 올리면 잠금장치가 열리는 나름 정교한 형태였다.[1] 이와 같이 자물통, 핀, 빗장, 열쇠로 구성된 자물쇠를 '핀 텀블러 형 자물쇠 Pin Tumbler Locks'라 하는데, 이집트인들이 고안한 자물쇠의 메커니즘은 그 자체로만도 놀라운 것이지만, 이는 오늘날 제작되는 자물쇠에까지 오래도록 사용되고 있다.

　언제나 그렇듯 이집트 다음으로는 역시 그리스가 뒤를 잇는다. 차이가 있다면 이집트의 자물쇠는 '핀'식이고 그리스의 자물쇠는 '빗장'식이자 '슬라이딩'식이라는 것이다. 그리스의 자물쇠는 일명 '스파르탄 자물쇠 Spartan Lock'라고도 불리는데, 당연히 고대 그리스 지역의 도시국가 스파르타를 연상하게 만든다. 이 자물쇠가 정말 스파르타에서 처음 만들어진 것인지, 아니면 폐쇄적이고 강력한 군사력을 보유했던 스파르타의 이미지와 잘 어울려서 이름 붙여진 것인지 그 유래는 정확히 모르겠지만, 이 이름은 지금도 유명 자물쇠 생산

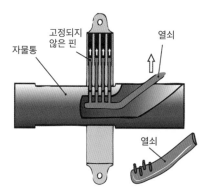

고대 이집트의 자물쇠와 열쇠, 내부 구조

회사나 제품 이름으로도 사용되고 있을 만큼 든든한 느낌을 준다.

스파르탄 자물쇠의 원리는 큰 골이 있는 빗장을 문 안쪽에 설치하고 문구멍으로 가느다란 금속막대를 넣어 골에 물리게 한 다음, 막대를 밀거나 당겨 자물쇠를 열고 닫는 것이다. 하지만 막대 모양의 열쇠에 힘을 가해야만 빗장을 움직일 수 있어서 길이가 보통 40cm가 넘었다 하고, 그 크기가 얼마나 컸는지 열쇠를 어깨에 둘러메고 다니는 여인의 그림까지 전해지고 있다.[2] 그러니 이들의 자물쇠는 실용성에 있어서는 그리 뛰어나지 못했을 듯하다. 이렇게 거대한 열쇠는 구약성경에도 잠깐 모습을 나타낸다. 대략 BC 8세기경 쓰여진 것으로 알려진 『이사야서』를 보면, "내가 또 다윗의 집의 열쇠를 그의 어깨에 두리니 그가 열면 닫을 자가 없겠고 닫으면 열 자가 없으리라(22:22)"라는 구절이 나오는데 이로 미루어 보면 어깨에 두를 만큼 그 크기가 컸다는 뜻이고, 이 시기쯤이라면 고대

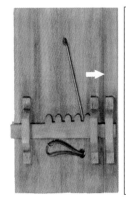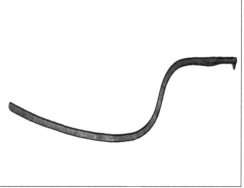

그리스의 빗장식 자물쇠와 열쇠

그리스 열쇠와의 연계성도 높아 보인다.

　이런 비효율성 때문인지 그리스보다는 로마의 자물쇠가 더 주목을 받는다. 이 시대부터는 본격적으로 금속 자물쇠가 목재 자물쇠를 대체하기 시작하고 크기와 디자인도 다양해졌다. 펜던트나 반지 크기의 아주 소형인 자물쇠도 만들어졌고 이집트의 핀 타입을 발전시키거나 슬라이딩형 자물쇠에 앵커 형태의 열쇠를 사용하는 새로운 디자인이 등장했으며, 꼭 맞는 열쇠가 있어야만 자물쇠를 열 수 있게끔 그 구성이 더욱 정교해졌다.[3]

우리가 잘 아는 자물쇠

　이와 같은 고대의 발명품들을 기반으로 자물쇠의 작동방식이 혁신적으로 발전하게 된 것은 18세기 후반에 들어서면서부터다.

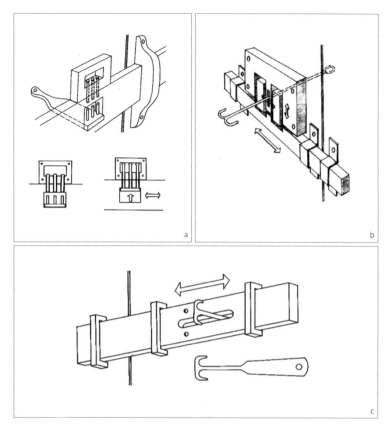

a. 핀 텀블러(pin tumbler) 형 자물쇠 : 열쇠로 상하로 구분된 핀을 일렬로 정렬해 빗장을 푸는 자물쇠
b. 레버 텀블러(lever tumbler) 형 자물쇠 : 열쇠로 요철 모양의 홈이 파인 금속판을 움직여 빗장을 푸는 자물쇠
c. 풀 락(pull lock) 형 자물쇠 : 빗장에 직접 열쇠를 걸고 당겨서 빗장을 푸는 자물쇠

※ 텀블러 : 열쇠를 넣어 빗장을 푸는 자물통 속의 장치

로마 시대의 다양한 자물쇠 형태

대표적인 예로, 1778년 영국의 열쇠 장인 로버트 바론Robert Barron 이 '더블 액팅 텀블러 자물쇠double-acting tumbler lock'라는 것을 발명했는데, 열쇠를 자물통에 넣고 돌리면 열쇠가 레버의 홈에 물

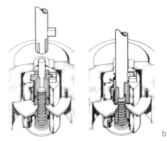

바론(a)과 브라마(b)의 자물쇠

려서 레버를 움직이게 되어 빗장이 풀리는 방식이다. 몇 년 지나지 않아 1784년 조세프 브라마Joseph Bramah (1748~1814)가 개발한 자물쇠는 한층 복잡해져서 실린더 속에 여러 개의 요철 판이 중심을 향해 배치되어 있고, 이 실린더 가운데에 열쇠를 삽입해 회전시키면 요철 부분이 정렬되어 빗장이 풀린다.[4]

한편, 자물쇠의 발전을 얘기할 때 예일 부자Linus Yale, Sr., Linus Yale, Jr. (1797~1858, 1821~1868)를 빼놓을 수 없다. 북 웨일스에서 미국 뉴욕으로 이주한 아버지 예일은 자물쇠 상점을 차린 후 새로운 자물쇠를 만들어 사업에 성공하는데, 아들 예일은 한 발 더 나아가 아버지의 것은 물론이고 자기 자신이 개발한 발명품에 특허를 내면서 자물쇠 산업에 한 획을 긋는다.[5] 1851년 은행 금고용으로 만든 '마법의 자물쇠Yale Magic Infallible Bank Lock' 특허를 시작으로, 역시 은행용으로 열쇠를 대신해 번호를 사용하도록 한 '다이얼 콤비네이션 자물쇠dial combination lock (1862년)', 요즘도 흔히 일반 도어에서 볼 수 있는 '실린더-핀 텀블러형 자물쇠(1863년)', 오늘날 누구나

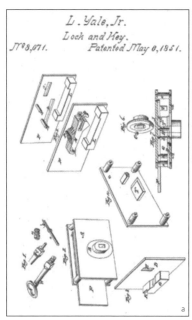

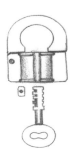

a. 예일세의 자물쇠 특허 b. 다이얼 콤비네이션 자물쇠 c. 도어용 자물쇠
d. 예일의 맹꽁이자물쇠 e. 폴헴의 맹꽁이자물쇠

18~19세기의 자물쇠

한 번쯤 사용해 보았을 '핀 텀블러형 맹꽁이자물쇠pin tumbler padlock (1865년)'* 특허가 바로 그것이다. 이중 맹꽁이자물쇠는 스웨덴의 발명가 폴헴Christopher Polhem (1661~1751)이 디자인한 것Polhem Lock 이 원조이고 요즘의 형태로 완성한 것은 미국의 해리 소레프Harry Soref(1887~1957)라 알려져 있다.[6] 하지만 이 자물쇠에 대한 가장 큰 공로는 누가 뭐래도 예일의 것이라 할 수 있다.

이렇게 열쇠나 사람의 손으로 직접 열고 닫는 자물쇠를 '기계식' 이라 하면 기술의 발전에 따라 '디지털식', 지문이나 홍채 등을 인식하는 '생체인식형' 등 새로운 보안장치 기술들이 개발됐는데 핀 텀블러, 판형 텀블러, 숫자맞춤식 등 빗장을 여는 기본적인 개념은 옛날이나 지금이나 큰 차이가 없다. 다만, 얼마만큼 보안이 강화되고 견고한가, 또 이왕이면 디자인도 세련됐는가가 옛것과 현대 자물쇠의 차이라 하겠다.

동양과 우리나라의 자물쇠

자물쇠는 예부터 동양에서도 중요한 존재였는데 특히 중국에서는 수천 년 전부터 사용되었을 것으로 추측된다. 하지만 그것이 언제부터였는지 알 수 있는 근거는 많지가 않다. 몇몇 학자들의 주장에 의하면 2~3세기경 로마의 영향을 받아 유럽보다는 조금 늦은 진나라(AD 265~420) 때 자물쇠가 등장했다고 하는데 현존하는 유

---

* 패드락(padlock)을 우리말로 맹꽁이 자물쇠라고 부르는데, 자물쇠의 몸통이 통통하고 납작해 맹꽁이를 닮았다고 해서 붙여진 이름이란 설이 있다. 특히 폴헴의 자물쇠는 맹꽁이의 몸통을 빼닮았다.

물은 한참 후인 당나라(AD 618~907) 때 사용되었던 문고리 자물쇠뿐이어서[7] 수백 년의 시간차를 메우려면 무언가 확실한 증거가 나와야 할 것 같다.

우리 조상이라고 외부 침입자와 도둑에 대한 염려가 없었을까. 곳간의 문도, 장롱 문도 단단히 잠가야 했을 것이다. 그러니 자물쇠가 필수였을 텐데, 문헌상으로는 중국보다 조금 뒤진 5세기쯤 이런 장치들이 나타난다고 한다. 즉, 삼국시대 철기문화가 발달한 시점을 시작으로 무령왕릉(AD 6세기 초)에서 발굴된 유적이나 신안 해저 유물에 포함된 자물쇠 6점도 비슷한 시대를 가리키고 있다.

본래 '자물쇠'라는 명칭은 '잠근다'라는 의미의 '자물'과 '쇠붙이'를 의미하는 '쇠'가 합쳐서 만들어진 것으로 자물통, 소통, 쇠통, 쇄금, 쇄약 등으로도 불렸으며, 생긴 모양이나 기능은 조선시대까지 꾸준한 발전을 거듭하게 된다.

가장 기본적인 형태는 'ㄷ자형 대롱자물쇠'로, 그 구성은 크게 줏대목창, 자물통, 고삐(또는 잠글쇠), 열쇠의 네 부분으로 되어 있다.[8] '줏대목창'은 문이나 가구 등에 고정되어 있는 부분이고, '고삐'에 붙은 '줏대'로 '줏대목창'과 '자물통'을 동시에 꾀어 잠금이 이루어진다. 고삐가 자물통에서 빠지지 않게 해 주는 장치는 '살줏대'와 V자 모양의 '살대'로, 살대는 스프링과 같이 탄력성이 있어서 열쇠를 넣어 눌러줘야만 고삐가 빠지게 된다. 이때 열쇠는 열쇠구멍과 살대, 살줏대의 크기와 딱 맞는 것이어야만 자물쇠를 열 수 있다.

이 대롱자물쇠를 열려면 자물통에 맞는 열쇠가 있어야 하는 것이 당연하지만, 보안성이 그리 높다고는 할 수 없다. 허용 오차가

우리나라 전통 자물쇠

매우 크다고나 할까? 게다가 고삐가 일자형으로 되어 있어서 열쇠가 웬만큼 들어맞거나 큰 충격을 가하면 한 번에 열려버리니, 조선시대 도둑들도 그 정도 요령은 있었을 것 같다. 그래서 등장한 것이 고난도 자물쇠다. 조선시대에는 겉에서 열쇠구멍도 보이지 않고 8단계를 거쳐야 열 수 있는 비밀 자물쇠(백동 비밀 자물쇠)까지 있었다고 한다. 또 우리 선조들은 자물쇠의 강도를 높이기 위해 합금을 사용하거나 단조, 주조 기술을 활용하기도 했으며 동물의 모습을 본떠 만든 물상형物象形 자물쇠, 함박자물쇠, 붙박이자물쇠 등 장식과 인테리어 기능을 갖춘 다양한 형태의 자물쇠를 만들어 냈다.

우리집 대문의 잠금장치, 방문의 문고리, 장롱과 서랍의 자물쇠, 가방에 붙어 있는 작은 자물쇠, 심지어 철망에 매어 놓은 '사랑의 자물쇠'까지. 이러한 자물쇠의 발명에는 이토록 긴 역사와 조상들의 번뜩이는 아이디어가 숨어 있었다.

바람의 눈 ... 창

"창문을 열어다오~ 마리아여, 모습을 보여다오!"

19세기 이탈리아 작곡가 에두아르도 디 카푸아 Edwardo Di Capua 가 쓴 〈마리아 마리 Maria Mari 〉의 한 소절이다. 누구나 한 번쯤은 들어 보았을 이 세레나데에서 주인공은 사랑하는 여인의 집 창문 너머로 간절한 마음을 고백하고 있다.

이렇게 '창'은 때로는 로맨틱하게, 때로는 왠지 푸근하게 희망을 가져다 줄 것 같은 존재로 다가온다. 창밖을 내다보면 밝은 햇살이 비춰지거나 별이 쏟아지고, 보송보송한 하얀 눈, 아니면 촉촉한 봄비가 내리는 그런 아름다운 장면들이 떠오르기도 한다.

하지만 우리집의 창문은 이런 서정적인 기능보다 지극히 현실적인 기능을 담당하고 있다. 세레나데에 나오는 창문과는 달리 아주 딱딱한 표현이 되겠지만 창이나 창문의 주요한 기능은 채광, 조망, 통풍, 단열, 차음, 보안 등이다. 건물에서 창은 그 자체로 디자인적

요소가 되기도 한다. 만약 아예 창이 없는 방 안에서 생활한다고 생각해 보자. 햇볕을 받을 수도, 밖을 내다볼 수도, 시원한 바람을 들어오게 할 수도 없다. 무작정 벽 한가운데 구멍을 뚫어 놓자니 찬바람과 소음이 들이치고 도둑들이 제집처럼 드나들기 십상이다. 세레나데는 고사하고 얼마나 답답하고 위험할까?

창문은 이런 문제들을 해결해 냈다. 어린아이가 집을 그릴 때에도 빠지지 않는 창문, 어떤 건축물에서도 필수적인 창문. 누가 언제부터 이 중요한 건축 발명품을 만들어 낸 것일까?

창의 다양한 형태와 구성요소

우리 주변에 보이는 창과 창문은 아주 다양한 모습을 가지고 있다. 그러므로 그 변천사를 얘기하려면 가지각색의 창문을 어떻게 부르는지부터 짚고 넘어가야 할 것 같다. 전체적으로 보면 새롭고 복잡한 이름이 있는 것은 아니고, 앞서 '문'을 얘기할 때 개폐형식에 따라 붙여진 이름들 대부분이 창문에도 똑같이 적용된다. 다만, 사람이 드나들 필요가 없다 보니 좌우가 아닌 아래위로 여닫는 창이라든지, 아래위로 창문의 반쪽을 움직일 수 있는 '오르내리창', 아예 열지 못하도록 만든 '붙박이창' 정도가 문의 종류와 다른 카테고리라 할 수 있다.

하지만 분류 기준에는 개폐형식만 있는 것이 아니다. 예를 들어, 우리 전통건축에서는 아래와 같이 창이 설치된 위치나 기능, 창호면의 생김새 등에 따라 부르는 이름이 달랐고 거기에 창호 면과 창

틀의 재료까지 고려하면 창의 종류는 무수히 많아진다.[1]

- 광창 : 주로 부엌이나 광, 헛간, 다락 등의 벽 또는 출입문 위에 채광과 통풍을 위해 내는 창
- 교창 : 문틀의 위쪽에 붙박이로 만든 채광창
- 들창 : 창을 밖으로 열고 작대기로 고이도록 만든 창
- 바라지창 : 집의 둘레 또는 방의 칸막이벽에 채광이나 조망을 목적으로 낸 판문板門 또는 세살창
- 봉창 : 주로 토벽집 벽면에 채광 또는 환기 목적으로 살 없이 구멍을 내어 만들거나 크기가 커지면 나뭇가지 등으로 살을 받혀 만든 창
- 불발기창 : 벽체, 문짝, 창문의 기능을 겸한 여러 짝의 문으로 살에 한지를 발라 만들고, 여름과 같이 완전 개방이 필요할 때는 등자쇠에 걸어 보관할 수 있도록 만든 창
- 살창 : 창틀 속에 얇은 살대를 짜 만든 창으로 한지 없이 세로로만 살대를 보내어 환기 목적으로 사용하거나 세살창에 한지를 발라 내·외부용으로 사용
- 세살창 : 세로 방향 살대(세로살)는 촘촘하게 채우고 가로 방향 살대(가로살)는 위아래와 중간에 3~4가닥만 붙인 살창

한편 창문의 부위별 명칭은 좀 복잡하다. 보통 사람들은 굳이 창문의 이름을 구석구석 따지려고 하지 않지만, 창호를 설계하거나 제작하는 전문가들은 각 부위를 구분해야 할 필요가 있다. 거기다 맨처음 덩그러니 구멍만 뚫려 있거나 판자로 막아 놓았던 창에 문짝이 달리고, 유리가 끼워지고, 창살로 여러 조각이 구분되는 등 새로

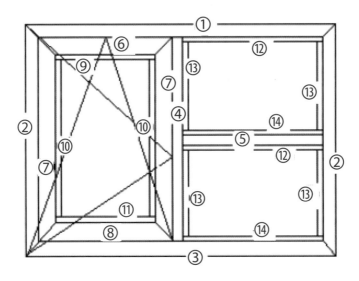

★ 프레임(Frame) : 벽체에 고정되어 있는 문틀
★ 새시(Sash) 또는 벤트(Vent) : 작동되는 문짝
★ 비드(Bead) 또는 글라스 스톱(Glass Stop) : 유리를 고정해주는 띠 모양의 부재
★ 레일(Rail): 미닫이창 문틀 상하부에 부착되어 문짝(sash)이 이동되는 선로
★ 그리드(Grid) 또는 그릴(Grill), 먼틴(Muntin) : 창틀 내부에 창유리를 받치거나 구분해주는 창살

① 헤드(Head) : 프레임의 상부 부재
② 잼(Jamb) : 프레임 부재의 양 측면
③ 씰(Sill) : 프레임의 하부 부재
④ 멀리온(Mullion) : 프레임 내부에 창을 나누는 수직 부재
⑤ 트랜썸(Transom) : 프레임 내부에 창을 나누는 수평 부재
⑥ 톱(Top) : 벤트(새시)의 상부 부재
⑦ 스틸(Stile) : 벤트(새시)의 양 측면 부재
⑧ 바텀(Bottom) : 벤트(새시)의 하부 부재
⑨ 벤트 업(Vent Up) : 벤트(새시)의 상부 비드
⑩ 벤트 사이드(Vent Side) : 벤트(새시)의 양 측면 비드
⑪ 벤트 다운(Vent Down) : 벤트(새시)의 하부 비드
⑫ 픽스 업(Fix Up) : 고정창의 상부 비드
⑬ 픽스 사이드(Fix Side) : 고정창의 양 측면 비드
⑭ Fix Down : 고정창의 하부 비드

창호의 부위별 세부 명칭

운 창호 모양의 발전을 이해하려면 대략적인 명칭을 알고 가는 것
이 좋다. 또 일상에서는 거의 사용할 일이 없겠지만 혹 창문이 고장
이 나서 수리를 맡긴다면 유식한 티를 낼 수도 있겠다. 위 그림은 창
호의 각 부위별 명칭이고, 바로 다음 장의 그림은 우리 주변에서 접
하기 쉬운 현대화된 창호의 종류다.[2]

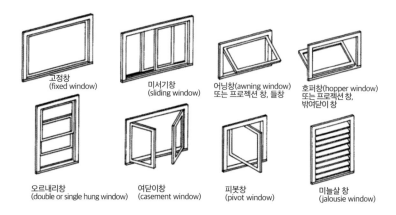

고정창
(fixed window)

미서기창
(sliding window)

어닝창(awning window)
또는 프로젝션 창, 들창

호퍼창(hopper window)
또는 프로젝션창,
밖여닫이 창

오르내리창
(double or single hung window)

여닫이창
(casement window)

피봇창
(pivot window)

미늘살 창
(jalousie window)

창문의 종류

창문의 시작

그렇다면 창문의 시초도 이름을 통해 추리해 보도록 하자. 창窓
의 영어 이름 'window'의 어원은 고대 스칸디나비아 말Old Norse
(8~14세기에 스칸디나비아 반도와 아이슬란드에서 쓰인 언어)의 단어
인 'vindauga'에서 유래됐다고 한다. 이 단어는 'vindr', 즉 'wind'
를 뜻하는 단어와 'auga', 즉 'eye'를 뜻하는 단어의 합성어로 우리
말로 하면 '바람의 눈'이란 해석이 가능하다.[3] 아마 생긴 모양을 보
면 집의 '눈'과 같아서 바람이 통하는 눈구멍이란 뜻을 붙인 것이
었을까? 그런데 이 고대 스칸디나비아 말이 쓰이던 시대는 건축물
의 다른 요소들이 등장한 시기보다 한참 뒤이니, 우리가 그 이전의
명칭을 모를 뿐 창의 시작이 8~14세기 언제쯤이라고 말할 수는 없

을 것이다. '창'을 한자로 '窓'이라 쓰는데, 한자가 대표적인 상형문자이다 보니 이 글자라면 '창'의 어원을 알 수 있을까? 그런데 이것은 '窻'의 이체자異體字, 즉 획수를 줄여 간략하게 만든 글자이기 때문에 최초의 모양과는 거리가 있다고 한다. 본래 글자에서는 '구멍 혈穴'과 '굴뚝 총囪'자가 합쳐진 것을 알 수 있는데, 다시 말해 집에 '굴뚝과 같이 구멍이 난 것'을 의미하며 따라서 벽보다는 지붕 쪽 구멍이 '창'의 본 모습이었을 수 있겠다. 한자의 역사가 신석기시대(BC 8000~BC 12000년경)까지 거슬러 올라간다고 하니 꽤 오래전 이야기이기는 한데, 기본적인 50,000자가 동시에 완성됐을 리는 없고 4,000년이라는 긴 세월 중 어느 시대 사람들이 '창'을 보고 '窓'이라는 글자를 만들었는지 알기 어렵다. 또 가장 빠른 시기에 글자가 만들어졌어도 그 이전에 '창'이 존재하지 않았다고 볼 수도 없다.

어쨌든 원시인이든, 집다운 집을 짓기 시작했던 인류의 조상이든 집에 문을 만들 줄 알았다면 머지않아 창문도 만들었을 것 같다. BC 8000~BC 7000년경에 만들어졌다는 도시 예리코나 차탈 휘위크의 유적과 상상도에도 작은 창의 모습을 확인할 수 있다.

그러면 창다운 창은 언제부터 나타났을까? 옛 사람들의 가장 큰 딜레마는 "햇빛은 집안에 들여야겠는데 눈과 비, 바람을 어떻게 막을까?"였을 것이다. 그 용도로 가장 적합한 재료는 누가 뭐래도 '유리'를 꼽을 수 있지만, 유리는 서기 100년쯤 로마 시대에 이르러서야 비로소 사람이 원하는 형태로 제작할 수 있게 된다. 유리는 BC 5000년쯤 시리아 지역에서 우연히 만들어진 것이라는데 그것이 제대로 된 기능을 발휘하기까지는, 그것도 창유리로 사용되기까지는 오랜 시간이 필요했다.

그러니까 그 전까지 창문은 그냥 뚫린 구멍이었거나, 동물의 가죽 또는 천 쪼가리, 좀더 발전된 재료라면 판자 등으로 막아 놓는 형태였을 것이다. 물론 우리나라를 위시한 극동지역의 경우, 한지라는 독특한 재료가 사용되었지만 그것이 창호용으로 사용된 시기는 로마의 유리와 비교할 때 앞선 것이라 할 수 없다.

창문에서 채광 기능을 양보한다면 유리 창문 이전에 일반 서민들까지 사용할 수 있었던 것은 바로 '셔터 창shutter window'이었다. 우리나라에서 '셔터' 또는 '샷다'라고 하면 주로 차고나 창고와 같이 보안이 필요한 곳에 설치하는, '폭이 좁은 철판을 발簾 모양으로 연결하여 감아올리거나 내릴 수 있도록 한 문'을 연상하지만[4], 본래는 '여닫이 방식으로 열고 닫을 수 있는 창문의 형식'을 말한다. 이런 모양의 창문은 고대 그리스에서 처음 사용되었고 문짝 면에는 대리석으로 만든 '미늘살', 즉 '루버louver'를 끼어넣었다.[5] 어차피 유리가 없는 상황에서 보온이나 단열효과는 떨어졌겠지만 바깥쪽으로 경사를 준 루버는 공기는 통하면서 강한 햇빛과 눈, 비를 막아주는 기막힌 아이디어였다.

루버가 아니면 아예 판자로 창문짝을 덮어 버린 셔터 창도 많았다. 루버 창보다 훨씬 만들기 쉬웠을 것이고 빗물이나 곤충들도 완벽하게 차단하는 장점이 있었을 것이다. 여기에 침입자를 막기 위해 셔터 창 안쪽으로 쇠창살을 설치하기도 했다. 다만 창문을 닫으면 낮과 밤을 구분할 수 없는 암실이 되어버린다는 단점은 감수해야 했을 것이다.

옛 셔터 창의 예(맨 우측이 루버 창)

이런 셔터 창은 16~17세기 유럽 건축물에 널리 사용되었는데, 유리 창문이 보급되고 나서도 장식적인 측면 또는 단열이나 커튼처럼 햇빛 차단의 목적으로도 계속 사용되고 있다. 물론, 시간이 흐르면서 제작 기술과 재료의 발전이 함께하자 대리석 대신 가공하기 쉬운 나무가 주로 사용되었고 모양도 몰딩 장식과 함께 더 세련되어졌다.

로마, 창문에 유리를 끼우다

유리가 없는 창문을 상상이나 해 본 적이 있는가? 따사로운 햇살, 창밖에 펼쳐지는 아름다운 풍경, 별이 쏟아지는 밤하늘 등 창이 있으므로 가질 수 있는 많은 고마운 것들이 있지만 집안에 마음대로 드나드는 날파리들, 차가운 밤공기, 들이치는 빗방울은 어찌

해야 할까? 집안에 촛불을 켜더라도 차라리 '셔터문'을 닫아버리고 싶어질 것이다. 그런데 이런 문제를 해결해준 것이 바로 '유리'다. 그리고 고대 로마가 이 일을 해냈다.

로마에서 유리를 만들었던 방식은 놀랍게도 오늘날에도 쉽게 볼 수 있다. 로마인들은 녹인 유리 덩어리를 금속 파이프의 한쪽 끝에 묻히고, 다른 한쪽에서 입으로 공기를 불어넣어 모양을 만드는 '분유리blown glass' 기법을 이용했다. 또 이미 이때부터 유리병이나 잔을 만들 때 형틀 속에 유리 덩어리를 넣고 불어서 모양을 만드는 방법cast glass을 사용했고, 녹은 유리 덩어리가 식기 전에 철제 막대기나 나무로 만든 인두, 가위 등으로 장식을 만들기도 했다. 하지만 창문용 유리를 입으로 불어서 만들기는 적절치 않았을 것이다.

그러면 창문에 사용했던 유리는 어떻게 만들었을까? 일반적으로 창유리로는 테세라tessera 라고 부르는 작은 유리조각glass tile 을 이어붙이는 모자이크 형식을 사용하거나 투박한 형태의 판유리pane 를 사용했다. 특히 이 판유리는 돌 또는 모래판 위에 나무로 된 형틀을 올려놓고 거기에 녹인 유리를 부어 넣는 혁신적인 아이디어로 제조되었다.[6] 물론 당시의 유리 품질은 창유리로 적합한 수준이 아니었다. 노란색, 푸른색, 초록색 등 형형색색의 유리로 만들어진 로마의 유리병이나 물잔, 액세서리 등은 고고학적으로나 예술적으로 높게 평가되고 있지만 창유리로 쓰기에는 투명도가 많이 떨어졌기 때문이다. 게다가 로마의 창유리는 일반 평민들이 사용하기엔 너무나 비싼 것이어서 보편화되지 못했다. 그 후 유럽에서 일반 주택에까지 유리 창문이 사용된 것은 16세기 말이나 17세기 초쯤의 일이었고 오랜 동안 비싼 유리를 사용할 수 없었던 평민들은 빛이 비치는 동물의 뿔이나, 얇게 갈아 만든 대리석 판, 또는 작은 유리조각을 이어 붙여 창문에 사용하기도 했다.

그런데 단지 비싼 가격 때문에 유리창의 보급이 늦어진 것만은 아니다. 웬일인지 로마의 유리 기술은 거의 천 년 동안 세상에 잊혀져 있었다. 판유리는 말할 것도 없고 유리 타일하면 떠오르는 '스테인드글라스stained glass'도 7세기 말에나 초기 형태의 것이 나타기 시작해 8세기에 들어서 본격적으로 만들어졌다니 꽤 오랜 시간을 건너 뛴 셈이다. 제국의 쇠퇴로 기술이 후대에 전해지지 못한 탓일까. 어쨌든 건축에서 유리는 정말 중요한 재료이자 요소이기 때문에 이는 뒤에서 좀더 상세하게 다뤄보기로 한다.

16~17세기 창문의 진화

16세기 이전까지 최고급 건축물에서는 마름모꼴의 작은 유리조각을 납으로 만든 띠lead came로 이어 붙여 유리 창문을 만들었고, 창을 크게 만들어야 할 때는 창문 가운데 석재 멀리온mullion (프레임 내부에 창을 나누는 수직 부재)을 세워 몰딩으로 장식을 했다.[7]

하지만 이때까지만 해도 창문의 크기는 한정적이었고, 16세기에 와서야 석재나 목재로 만든 여러 개의 멀리온과 트랜썸transom (프레임 내부에 창을 나누는 수평 부재)을 이용해 훨씬 커진 창문을 만들 수 있었다. 거기다 비슷한 시기에 더욱 세련되어진 제철법 덕택에 '연철鍊鐵, wrought-iron'의 생산과 사용이 자유로워졌고 이 재료가 멀리온의 석재나 목재를 대신하게 되면서 마침내 철재 프레임과 철재 창틀의 형태가 완성되었다. 또 이 무렵부터는 비록 부유층이나 귀족층에 국한된 것이기는 했지만 창문 유리를 구하는 것도 점차 수월해져서 철재 창틀에 유리가 끼워진, 그것도 개폐가 가능한 창문짝의 조합도 가능해졌다.

그러다가 1674년, 현대식 '크라운 유리 crown glass'가 개발되면서 작은 유리조각들을 납 창살로 이어 붙였던 유리창의 면이 더 커지고 유리 자체도 더 맑아졌다. 창살도 나무나 금속재로 바뀌었으며 16세기 후반부터 등장한 '새시 sash'와 만난 유리 창문은 디자인 측면에서도 화려한 변신을 시작한다. 유리 창문을 열어젖힐 수도, 아래위로 오르내릴 수도 있게 된 것이다. 흔히 '새시'나 '창틀'이나 다 같은 뜻이라 혼돈하기가 쉬운데, 새시는 어떤 방향이든 '움직여 열리는 창짝의 틀'이라고 구분해 이해하면 된다.

특히 비슷한 시기에 나타난 '카운터 밸런스 창문 counter balance window'은 그야말로 획기적인 발명품이었다. 영국의 토마스 킨워드 Thomas Kinward 가 1669년 여왕의 개인 저택인 화이트홀 궁 Whitehall Palace 에 처음으로 설치했다고 알려진 이 창문은 그 후에도 당분간 부유층이나 귀족사회에서나 볼 수 있었던 명품이었다.[8] 기본적으로 두 창짝이 아래위 수직으로 배치된 오르내리창 double hung windows 으로 된 이 창문은, 한 짝의 창이 다른 창짝의 '추' 역할을 하도록 했고, 창틀에 숨겨진 도르래를 이용해 아래 창을 위로 올리면 동시에 위의 창이 아래로 내려오고(열림), 아래 창을 내려 닫으면 위의 창도 올라가는(닫힘) 원리로 작동한다. 한 번에 아래와 위가 동시에

카운터 밸런스, 오르내리 창문

열리는 이 '요술 창'은 그 신기함에 더해 공기를 순환시키는 데에도 효과 만점이었을 것이다.

창문과 유리에 세금이?

재미있게도 창문의 발전은 창틀과 창짝의 재료가 발전해 온 것 외에도 시대적 상황에 많은 영향을 받았다. 예를 들어, 이제 막 유리 창문이 번성하기 시작하던 1666년, 영국 런던에서 일어난 대화재로 인해 방화와 관련된 건축법규가 강화되면서 화재에 취약한 목재 창호는 되도록 석재나 벽돌 뒤로 숨기는 디자인이 성행하게 되었다. 창문 디자인에 있어서는 작은 변화일지 몰라도 건물의 파사드 facade 에는 결국 큰 영향을 미쳤을 것이다.

영국의 창문세 영수증, 1755년[11]

　이 무렵의 영국에서 일어난 또 다른 일화가 있다. 바로 17세기 말부터 길게는 심지어 20세기 초까지 창문과 유리에 세금이 부여됐다는 것이다! 영국의 '창문세Window tax'는 1696년부터 무려 155년 동안 유지된 일종의 재산세로 주택의 창문 수에 따라 부여되었다.[9] 또 '유리세Glass tax'는 당시 무게로 거래되었던 유리에 부여된 세금으로 1746년에 도입돼 1845년까지 지속되었다.[10] 이후 영국의 영향을 받은 프랑스, 아일랜드, 스코틀랜드에서도 비슷한 세금이 만들어졌는데, 당연히 건축물에 유리 창문을 내는 것이 위축될 수밖에 없었다. 돈 많은 부자들이나 비싼 세금에도 불구하고 여러 개의 멋진 창문을 가진 저택에서 살 수 있었고, 비록 유리 창문이 예전보다 많이 보급되기는 했다지만 일반 서민들은 세금이 두려워 창문을 아예 벽돌로 막아버리기도 했다.

창문의 완성

18세기에는 창문이 발전하는 데 획기적인 영향을 미쳤던 사건이 별로 없었던 것 같다. 단지 시대별로 유행한 건축양식에 따라 창문의 스타일도 변화했다는 정도다. 물론 아직 서민들이 싼 값으로 유리창을 가질 수 있는 여건은 무르익지 않았었다.

좀더 세월이 흐른 1843년, 영국의 헨리 베서머 ^{Henry Bessemer} (1813~1898)가 초기 형태의 '플로트 글라스 ^{Float Glass}'를 개발하고 자동화 생산 시스템 특허를 내면서(1848년) 드디어 유리의 대중화 시대가 열린다. 제조법은 액상 주석 표면 위에 녹은 유리를 띄운 후 액체 유리를 당기면서 성형하는 것으로, 이렇게 만들어진 판유리는 종래에 비해 매우 우수한 평활도와 생산 속도를 갖출 수 있었다. 그 이후 유리 산업의 발전은 유리창, 유리문, 유리벽의 경계를 없앨 만큼 기술적으로나 제품의 성능 면에서 획기적으로 발전하게 된다.

유리뿐만 아니라 창틀과 새시의 재료도 발전한다. 석재에서 목재, 목재에서 철재로 변화하면서 오늘날에는 알루미늄이나 PVC 창호가 일반적으로 쓰인다. 창문이 갖춰야 할 기능들, 즉 채광, 조망, 통풍, 단열, 차음, 보안 등을 완벽하게 구현하기 위해 하루가 다르게 기술이 개발되고 신제품이 출시되고 있다. 하지만 이러한 발전은 맨 처음 집에 창문을 내고자 한 최초의 발상, 나아가 창문틀과 문짝을 만들어 열고 닫는 창문의 아이디어에 비하면 그리 놀라운 일도 아니다.

근대 건축의 거장 중 한 명인 프랑스 건축가 르 코르뷔지에 ^{Le Corbusier}(1887~1965)는 "건축의 역사는 창문의 역사다"라고 했다.[12]

즉, 창문은 건축물과 함께 하는 동시에 건축물을 있게 했으며, 건축을 표현하는 중요한 언어가 됐다. 르 코르뷔지에의 말을 미래형으로 바꿔보면 이렇게 되지 않을까?

"건축의 역사가 계속되는 한, 창문의 역사도 계속될 것이다."

그 미래의 변화가 무척 기대된다.

창문의 완성 ... 유리

　유리 없는 건축물을 생각해 본 적 있는가? 유리창, 유리문, 유리벽, 그리고 여러 가지 유리 장식들과 같은 것이 없었다면 우리는 불만 끄면 암흑이 되는 방이나 뻥 뚫린 창문에 셔터 문짝 사이로 찬바람이 쌩쌩 들어오는 건물에서 살고 있었을 것이다. 고층건물은 상상도 하지 못한다. 창문 없이 거의 모든 벽면이 콘크리트나 벽돌로 된 건물을 짓다 보면 그 자체가 너무 무거워 건물을 높이 올릴 수 없다. 창문을 내어도 더운 여름과 추운 겨울 때문에 크게 만들 수는 없었을 것이고 잠자는 시간, 퇴근 시간을 빼고 실내조명을 밝히자니 전기료가 장난이 아니었을 것이다.

　그런데 정말 고맙게도 우리에게는 유리가 있었다. 유리는 인류에게 있어 위대한 발명품이었을 뿐만 아니라 기능적인 면은 물론이고, 건축물과 건축설계의 발상을 통째로 바꿔놓았다.

어쩌다가 유리를?

복잡한 화학기호를 모두 제외하고 간단하게 유리의 성분을 설명하자면 유리는 모래 속에 있는 규사silica와 석회calcium carbonate(탄산칼슘), 소다sodium carbonate(탄산나트륨)를 높은 온도에서 함께 녹인 후 급속히 냉각시켜 만든 투명한 비결정 물질이다.*

간단한 설명이라 했지만, 이것만으로도 유리를 만드는 데 필요한 복합적인 재료와 일련의 과정, 복잡한 기술이 필요하다는 것을 쉽게 상상할 수 있다. '진흙 반죽을 햇볕에서 말리니 벽돌이 되더라'라는 식의 간단한 발견이 아니라는 뜻이다. 그런 뜻에서 고대 로마의 역사가이자 박물학자 플리니우스Gaius Plinius Secundus(AD 23~79)가 쓴 『박물지Histoire Naturalis』를 보면 그럴 듯한 '유리의 기원' 이야기가 나온다.[1]

"어느 날 페니키아의 천연소다 무역상이 오늘날 이스라엘 영내를 흐르고 있는 베루스Belus river 강변에 이르렀다. 그는 식사를 준비하기 위해 솥을 받쳐놓을 돌을 찾았다. 끝내 마땅한 돌을 찾지 못해 가지고 있던 소다 덩어리 위에 솥을 얹어놓고 불을 지폈다. 가열된 소다 덩어리가 강변의 흰 모래와 혼합되자 투명한 액체가 흘러나왔다."

---

* 유리는 고체일까 액체일까? 분명 단단한 물질인데 왜 느닷없이 '액체'라는 의심을 품게 할까? 사실상 유리는 과학적으로 볼 때 알갱이나 고체의 결정구조를 가지지 않은 액체이다. 즉, 유리는 매우 느리게 흐르는 액체인 셈인데, 창문에 끼워진 유리에서 오랜 시간이 흐르면 위쪽보다 아래쪽의 두께가 두꺼워지는 것도 느슨한 결정구조를 가진 '액체 유리'가 중력에 의해 아래로 흘렀기 때문이다.

유리의 발견

이 액체의 정체는 유리였다.

플리니우스의 생애를 보면 이 『박물지』는 서기 1세기쯤에 쓰인 것임을 알 수 있는데, 그렇다고 해서 이 시기에 처음으로 유리가 만들어졌음을 의미하는 것은 아니다. 그가 얘기한 유리의 기원은 역사를 꽤 많이 거슬러 올라가 BC 5000년쯤의 일이라는 추정된다. 사람이 의도적으로 유리를 만들기 시작한 것은 한참 뒤의 일로, BC 3500년경, 그러니까 지금으로부터 약 5,500년 전 청동기시대 때부터라고 한다. 사실 유리의 기원에 대해서는 여러 가지 설이 있고 때로는 그에 대한 고증이 엎치락뒤치락하기도 해서 무엇이 정확하다고 단정할 수는 없지만, 그 시기쯤 고대 메소포타미아나 이집트

붉은색 유리 제조법이 적힌 바빌로니아의 점토판

에서 시작됐다는 것이 일반적인 학설이다. 그 뒤 BC 1500년경에
는 유리를 여러 가지 용도로 만들어 쓸 만큼 제작기술이 좋아졌고,
비슷한 시기인 BC 1400~BC 1200년경 바빌로니아의 점토판clay
tablet* 중에는 붉은색 유리 제조법을 적어놓은 것도 발견되었으며,[2]
꽤 시간이 흐른 뒤지만 아시리아의 아슈르마니팔Ashurbanipal 왕의
도서관에서는 역시 점토판의 형태로 BC 650년경의 것으로 추정되
는 유리 제조법 매뉴얼이 발견되기도 했다.[3]

---

* 고대 바빌로니아에서는 습한 점토판에 갈대 펜으로 설형문자를 기록하고 이를 햇볕에 말려 문서로 남
  겼다. 점토판에 쓰인 내용은 시와 같은 작품에서부터 법률에 이르기까지 다양했으며, 청동기시대부터
  철기시대에 걸쳐 사용되었다.

본격적인 유리의 제조

플리니우스의 이야기대로라면 유리의 최초 기원지는 메소포타미아이다. 고대 역사하면 빼놓을 수 없는 이집트 역시 유리의 기원지로 지목되지만 과학자들이 이집트 유적들을 대상으로 성분분석을 한 결과, 제18왕조(BC 1552~BC 1306) 이전에는 유리 생산의 흔적이 없다고 한다. 유리를 만들어 낸 것이 우연이었든 의도했던 것이든 이번만큼은 이집트가 메소포타미아에 '세계 최초'라는 지위를 양보해야 할 것 같다. 그러나 이후 유리의 생산과 발전에는 이집트가 큰 기여를 하게 되는데 BC 5세기경부터는 유리를 본격적으로 생산하기 시작했으며 헬레니즘시대 프톨레마이오스 왕조Ptolemaeos dynasty (BC 305~BC 30) 때에는 당시 세계 최대의 유리 생산지로 이름을 날렸다.

이집트인들이 어떻게 유리를 만들게 되었는지에 대해서는 여러 가지 설이 있다. 애초에 외부로부터 수입된 기술로 유리를 만들었다고도 하고, 플리니우스의 이야기처럼 이집트인들의 특기였던 점토 도자기를 구울 때 모래와 재가 함께 녹아 우연히 유리를 만들게 되었다는 설도 있다.

어찌 되었던 고고학자들은 이집트의 벽화 등을 통해 당시의 유리 제조법을 설명하고 있는데 그 과정은 이렇다. 먼저 작은 석영 조각을 식물을 태운 재와 함께 섞은 뒤, 점토 용기에 담아 약 750°C 정도의 온도로 가열한다. 이 혼합재료가 녹아 공 모양의 덩어리가 되면 이것을 식히고 분쇄해 붉은색이나 푸른색 염료와 섞고, 이 가루를 원통형 용기에 부어 넣어 다시 좀더 높은 1,000°C 정도로 가

열해 녹인다. 이 용기가 식으면 유리제품 제조에 기본 재료가 되는 유리 덩어리, 즉, '유리괴'가 만들어지고 이것을 마치 금괴처럼 필요할 때 다시 녹여서 원하는 제품을 만든다.

마지막 단계로 유리제품을 만드는 방법은 크게 두 가지로 나누어진다. 가장 잘 알려진 방법은 '코어 글라스core glass' 성형법이다. 가는 막대기 끝에 진흙, 모래, 헝겊 등을 붙여 원하는 모양의 심(코어)을 만들고 그 위에 녹은 유리를 덮어씌운 뒤, 유리가 식어서 단단해지면 심을 제거한다. 필요하다면 유리가 완전히 굳지 않았을 때 염료 막대기나 색이 다른 색 유리로 표면에 줄무늬를 만들고 이 위에 핀을 위아래로 긁어대어 파도 모양을 만들어 넣기도 했다. 또 녹인 유리로 받침과 손잡이를 만들어 붙이기도 해서 지금 보아도 완벽한 제품을 만들어 냈다.[4]

두 번째 방법은 녹은 유리를 형틀에 부어 넣어 형틀 모양대로 유리제품을 만들어 내는 방법이다. 이 방법은 코어 글라스 성형법과 달리 제품의 속이 꽉 차 있기 때문에 병이나 잔을 만들려면 마치 석재 공예품을 만들 때처럼 드릴로 구멍을 파내는 작업이 필요했다.

이렇게 발전한 유리 제조기술로 신왕국 시대(BC 1567~BC 1085경) 때는 다양한 유리제품을 다른 나라에 수출까지 했다고 한다. 이런 기술이 없었던 나라에선 반짝이는 이집트의 유리가 마치 보물과도 같았을 것이다.

유리 제조법은 BC 1세기경 획기적인 변화를 맞이하게 된다. '분유리 기법glass blowing'이 발명된 것이다. 시작은 지중해 연안 시리아의 어느 지역에서라는데, 이 기법을 번성시킨 것이 고대 로마인

a. 이집트 묘지 벽화에 나타난 유리 제조 과정 b. 이집트의 유리병 c. 유리괴(ingot)

이집트의 유리 제조과정과 제품

지라 주로 로마의 업적으로 언급된다.[5] 요즘도 종종 TV 등에서 녹은 유리를 긴 파이프에 묻히고 반대쪽 끝에서 입으로 바람을 불어 아름다운 유리풍선을 만들어 내는 장인의 솜씨를 볼 수 있는데, 이 기술이 2,000년도 더 된 것이란 이야기다. 이 기술 덕분에 로마는 유리의 메카가 되었고 우아한 유리 포도주잔도 탄생할 수 있었다. 이렇게 만들어진 유리 제조 기술은 아랍지역과 중국을 포함한 동방까지 널리 퍼져나간다. 우리나라도 예외는 아니어서 신라의 수도

였던 경주에서도 서역에서 전해져 온 유리잔이 발굴되기도 했다.[6]

그런데 지금까지 얘기한 이런 방식으로 창에 넣을 유리를 만든다고? 이런 유리로는 화려한 유리병과 유리잔은 만들 수 있겠지만, 유리창에 쓸 수는 없지 않은가?

로마인들은 또 다시 몇 가지 기막힌 아이디어를 떠올린다. 첫 번째는 평편한 돌판 위에 형틀을 만들고 그 안에 녹은 유리를 부어넣어 판 모양의 유리를 만들어 내는 방법이었다. 서기 1세기 초쯤에 개발된 이 방법은 폼페이 유적에서도 출토됐는데, 유리의 크기가 작을 뿐더러 그 두께가 두껍고 색상도 불투명해서 창문용 판유리라 보기엔 부족한 점이 많았다. 다만, 뒤에서 이야기할 스테인드글라스의 시작이라는 평가는 주목할 만하다.

두 번째는 '실린더 기법cylinder method'이다. 유리불기 기법으로 긴 모양의 유리풍선을 불고 파이프 끝단과 반대쪽 끝을 모두 따내 실린더 형태로 만든 뒤, 유리가 식기 전에 실린더의 배를 갈라 평평하게 펴내는 방법이다. 이 기술은 한 세기쯤 뒤에 나타났지만, 그 개념은 판유리를 만드는 데 수세기 동안 그대로 사용되었다.[7]

세 번째 기술은 '크라운 기법crown method'으로 유리불기로 만든 유리풍선에서 불기 파이프 쪽 끝단을 잘라내고 반대쪽에 다른 막대기puny로 유리풍선을 옮긴 다음, 유리가 식기 전에 막대기를 회전시키면서 원심력을 이용해 유리풍선을 크고 평평하게 만드는 방법이다. 이 기법의 이름에 '크라운'이란 단어가 들어간 것은 가공 중인 유리의 형태가 왕관처럼 보였기 때문. 어떻게 이런 생각을 했을까 놀라운 아이디어이긴 했지만, 평평한 유리의 모양이 결국 원

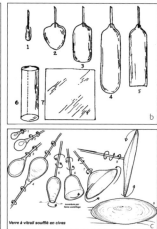

a. 유리 불기 기법 b. 실린더 기법 c. 크라운 기법

이집트의 유리 제조 기법

형이어서 창유리로 사용하려면 가장자리를 잘라내야 했기 때문에 대량생산에는 효과적이지 못했다. 그럼에도 이 방법과 개념은 18세기까지 오래도록 사용된다.

　로마의 유리 제조법은 이런저런 한계가 있었지만, 이때 개발된 크라운 기법과 실린더 기법은 이후에도 유리의 크기를 키우는 방향으로 발전한다. 크라운 기법으로 만든 원형의 판유리는 로마 시대 때 10~12cm 정도 크기에 불과했던 것이 직경 1m까지 커졌고 유리를 파손하지 않은 채 사각형으로 자르는 기술도 개발됐다. 실린더 기법도 1800년경 독일을 중심으로 크게 발전해서, 실린더의 크기가 직경 30~50cm, 길이는 120~180cm로 상당히 큰 사이즈의 판유리를 얻을 수 있었다.

스테인드글라스의 아이러니

유럽의 오래된 성당에 가면 거대한 유리창을 아름답게 수놓은 스테인드글라스를 심심치 않게 볼 수 있다. 그런데 아이러니하게도 그 시초는 커다란 판유리를 만들 수 없었던 시절, 작은 유리조각을 모자이크로 이어 붙였던 데서부터 시작됐다. 이 원시적인 모자이크 스테인드글라스가 언제부터 창문에 사용되었는지는 정확히 알려진 바 없지만, 폼페이, 헤라클라네움Herculaneum* 등의 유적지에서 출토된 파편으로 유추해 보건대 1세기경 로마를 중심으로 사용되었다는 것이 일반적인 설이다. 그런데 왜 하필 '글라스'라는 단어 앞에 '스테인드'가 붙었을까? 흔히 우리가 아는 단어 'stain'은 얼룩이나 오염을 뜻하는데 스테인드글라스와 무슨 상관일까? 이때의 'stain'은 얼룩이 아니라 '염료'라 해석하는 것이 맞다. 1,300년 이후 유리에 은을 기본 재료로 하는 염료silver stain (주로 질산은)를 칠해 문양을 내었는데, 이때의 용어가 바로 스테인드글라스의 어원이 된 것이다. 이 은 염료는 불로 열을 가하면 황금색으로 변하는 성질이 있어서 이렇게 가공된 유리는 햇빛을 받으면 건물 안쪽에서 무척 성스러운 분위기를 만들어 냈다.[8]

이후 회화적 표현이나 이미지가 있는, 즉 우리가 아는 '스테인드글라스'가 나타난 사례로는 7세기 말 영국 재로Jarrow 의 '성 바오로 수도원St. Paul's Monastery '의 유적에서 발견된 유리조각들을 들 수 있다.[9] 하지만 회화적 표현, 즉 이미지를 만들기 위해 색유리가 아닌

---

* 폼페이 인근에 있었던 로마 시대의 도시. 베수비오 화산이 폭발할 때 폼페이와 같이 묻혀버렸으며 18세기부터 발굴이 시작됐다.

독일 로르슈 수도원에서 발견된 '예수의 얼굴' 스테인드글라스와 복원도

에나멜 물감을 사용했다는 점에서 아직 '스테인드글라스'라 부르기에는 민망한 부분이 없지 않다. 색유리를 사용했으면서도 그림을 알아볼 수 있는 '스테인드글라스'의 사례로는 10세기 독일 '로르슈 수도원The Lorsch Abbey'에서 발견된 '예수의 얼굴'이 가장 오래된 것이라 알려지고 있다.[10]

이후 12세기의 로마네스크 시대를 거쳐 13세기 고딕 시대에 들어서면서 바야흐로 스테인드글라스의 전성시대가 열린다. 여기에는 건축기술의 발전과 시대적 배경이 큰 영향을 미쳤다. 고딕건축으로 기둥과 아치를 기본 골격으로 한 건물이 설계되어 더 큰 사이즈의 창을 설치하는 것이 가능해졌고, 화려한 문양뿐만 아니라 문맹이 대부분이었던 백성들에게 기독교를 전파할 목적으로 성경의 내용을 담은 회화적 스테인드글라스가 사용되게 되었다.

파리 노트르담 성당의 스테인드글라스

하지만 이때 시대를 앞질러 대형 판유리 제조기술이 있었다면? 어쩌면 유럽의 대성당들은 무미건조한 건축물이 되었을지도 모른다. 이렇게 건축의 아름다움은 여러 제약 조건을 극복하려는 노력에서 비롯되기도 한다.

유리 제조의 산업화

인류가 건물을 짓고 살기 시작한 이래 획기적인 변곡점을 찾으라 하면 산업혁명을 빼놓을 수 없다. 산업혁명은 산업사회를 바꿔놓은 엄청난 사건이었을 뿐만 아니라, 건축물의 주인을 바꿔놓았고 건물의 용도를 변화시켰으며 새로운 건축재료로 건물의 모습을 바꿔놓았다. 그중 '유리', 특히 판유리plate glass 또는 sheet glass는 '철', '철근콘크리트'와 함께 산업혁명 이후 20세기 초반까지 근대건축에

원동력이 된 대표적인 건축재료 중 하나로 꼽힌다.* **

산업혁명과 함께 유리의 세상을 연 대표적인 건축물로 1851년 런던의 세계박람회The Great Exhibition 때 세워진 '수정궁The Crystal Palace'을 들 수 있다. 영국의 조셉 팩스턴 경Sir Joseph Paxton (1801~1865)이 설계한 이 건물은 길이가 최대 563m, 폭이 124m나 되는 축구장 18개 크기의 어마어마한 규모였고 전 세계에서 모여든 14,000여 출품작들이 이 건물 안에 전시장을 꾸몄다. 규모 못지않게 놀라왔던 것은 이 건물이 그때까지 세상 어디에서도 볼 수 없었던, 벽과 지붕이 온통 유리로 만들어진 말 그대로 유리궁전이였다는 것이다. 안타깝게 1936년 화재로 소실되었지만, 이 건물은 산업적으로 영국의 산업혁명을 세계에 알리는 큰 성과를 올렸을 뿐만 아니라 건축적으로는 유리의 시대를 연 획기적인 이정표였다.

한편, 이 유리궁전의 설계가 가능했던 것은 1832년에 '챈스 브라더스Chance Brothers'사가 도입한 '시트 글라스 공법sheet glass method' 덕분이었다. 로버트 루카스 챈스Robert Lucas Chance (1782~1865)와 윌리엄 챈스William Chance (1788~1856) 두 형제가 운영하던 이 회사는 원래 '크라운 글라스'를 전문적으로 만들던 회사로, 판유리 제조에 '실린더 기법'을 도입하여 더 크고 더 강한 유리를 만들 수 있었고,

---

* 역사적으로 산업혁명의 기간을 명확히 규정하기는 어렵지만, 대체적으로 18세기 말부터 영국에서 일어난 혁신적인 기술과 산업상의 변화를 프랑스 혁명에 필적하는 세계사적 사건으로 간주하여 19세기 전반부터 '산업혁명'이라 부르게 되었다.

** 구텐베르크(Johannes Gutenberg, 1397~1468)가 금속활자를 개발하고 인쇄술이 발전됨에 따라 서적의 보급 역시 폭발적으로 늘어났다. 재미있는 것은 이 때문에 안경에 대한 수요, 결과적으로 광학 유리에 대한 수요가 폭증했다는 사실이다.

1851년 런던 세계박람회 수정궁의 내·외부

가격도 낮출 수 있었다.

로마 시대 때부터 전해져 온 '크라운 기법'이나 '실린더 기법'의 원리가 발전해 수정궁과 같은 건축물들이 만들어질 수 있었지만, 판유리의 대량생산이 가능해진 것은 20세기에 들어서면서부터다. 20세기 초반에 개발된 판유리 제조법은 크게 두 가지 부류, 즉 용융유리를 넓게 펴서 판유리를 만드는 '시트 유리 sheet glass 제조법'과 평판과 롤, 또는 롤과 롤 사이에서 용융유리를 눌러 판유리를 만드는 '롤드 유리 rolled glass (또는 압연유리) 제조법'으로 구분된다.

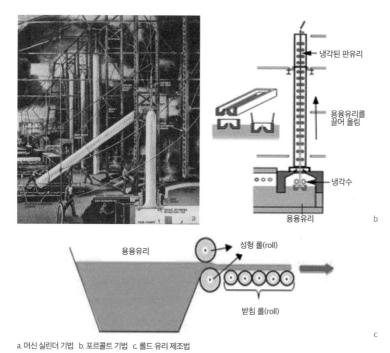

냉각된 판유리

용융유리를
끌어 올림

냉각수

용융유리

b

용융유리

성형 롤(roll)

받침 롤(roll)

c

a. 머신 실린더 기법 b. 포르콜트 기법 c. 롤드 유리 제조법

20세기 초 판유리 제조 공법의 개념

먼저 '시트 유리 제조법'은 1903년 수작업에 의존했던 '실린더 기법'을 기계화한 '머신 실린더 법Machine Cylinder Method, Lubber Method', 1904년 특허를 받아 1919년 벨기에에서 상용화된 용융유리를 위로 끌어올려 판유리를 만드는 '포르콜트 기법Fourcault Method', 그리고 이 방법에 기초해 1916년 미국에서 완성된 '콜번 기법Colburn Method', 이것을 다시 개선해 만든 1926년의 '피츠버그 기법Pittsburgh Method' 등으로 발전되었다.[11]

'롤드 유리 제조법'의 시초는 1687년 프랑스의 베르나르 페로

Bernard Perrot (1619?~1709)가 개발한 것으로, 캐스팅 테이블^{casting}table 위에 유리물을 붓고 롤러로 밀어 판 모양을 만든 후 천천히 냉각시켜 판유리를 만들었으며 Table Casting Method, 1920년 2개의 롤러를 사용한 '세미 컨티뉴스 캐스팅 기법^{Bicheroux Semi-Continuous Casting}Method'과 'PPG 링 롤 기법^{P.P.G. Ring-Roll Method}' 등이 개발되었다.

또 이상의 방법으로 만든 판유리를 다시 한 면 또는 양쪽 면을 연마해서 만든 것을 '마판유리^{磨板琉璃, polished plate glass}'라 하는데, 이처럼 유리의 투명성은 높이고 왜곡현상을 막기 위한 목적으로 20세기 초까지 여러 가지 개선된 공법들이 등장했다.

오늘날의 유리

이제 판유리 제조공법은 완성된 것일까? 사실 이때까지의 판유리는 두께, 크기, 평활도, 투명도, 경제성 등에서 완전하다고 볼 수 없었는데, 그 한계를 깬 것이 1957년 영국의 필킹턴 경^{Sir Alastair}Pilkington (1920~1996)이 개발한 플로트 공법^{Float Process}이다.

필킹턴 경이 이 방법을 고안해 낸 데에는 재미있는 일화가 있다. 저녁 식사 후 설거지를 하다가 둥근 접시가 싱크대에 받아놓은 물 위에 둥둥 떠 있는 것을 보고, 유리를 로^爐에서 녹여 긴 리본 모양으로 빼내 물과 같은 액체 위에 띄워 판유리를 만드는 방법을 떠올린 것. 그러면 종래의 방법처럼 압연 과정도 필요 없고 표면도 완전히 매끄러운 판유리를 얻을 수 있겠다고 생각했다.[12]

하지만 이 아이디어를 바로 실행에 옮길 수는 없었다. 유리를 띄울 적절한 액체를 찾아야 했기 때문이다. 보통 '물'은 뜨거운 유리 물 때문에 끓어오르거나 수증기를 발생시켜서 결국 유리의 표면을 휘게 했는데 이러한 급격한 온도 변화로 유리가 깨지는 문제가 발생했다. 수년간의 연구 끝에 찾은 해답은 '용융 주석'. 용광로에서 나온 유리 리본을 고온의 액체 상태인 주석 위tin bath로 흘려보내면, 천천히 식으면서 이제까지와는 전혀 다른 품질의 판유리가 만들어졌다. 이 발명 하나로 필킹턴은 수많은 훈장과 영국왕실로부터 작위까지 받았으니 대단한 공로였음에 틀림없다. 아니, 이후 세상의 건축물이 어떻게 달라졌나를 생각하면 작위도 부족한 것일지 모른다. 어쨌든 싱크대 안의 접시에서부터 초기 생산이 이루어지는 데 7년, 여기에 다시 최적의 조건과 공정, 기계설비 등을 갖추는 데에 다시 2년 정도의 시간이 소요되어 마침내 1959년 플로트 공법은 후세의 유리산업을 완전히 뒤바꿔놓는 성공을 이루게 된다.

이후에도 유리 제조 공법과 기술은 끊임없이 발전해서 건축 요소로서의 기능적인 면이나 색상, 디자인, 특히 성능 면의 엄청난 변화가 있었다. 한 가지 예를 들어보자.

우리 주변에 좀 오래된 빌딩이나 주택을 보면 이중창이 설치되어 있는 경우가 심심치 않게 있다. 종종 바깥쪽 창문에는 간유리를 끼워 안쪽이 들여다보이지 않게 하고 바깥쪽 새시는 철재나 알루미늄재를, 안쪽 새시는 목재를 쓴 경우도 있다. 창문을 활짝 열려면 번거롭게 두 번을 열어야 하는데 그럼에도 이중창을 쓴 이유는? 답은 '단열' 때문이다. 그리 멀지 않은 과거만 해도 유리 자체의 단열 성능은 거의 무시할 정도였고, 새시의 밀폐성도 좋지 않았기 때문

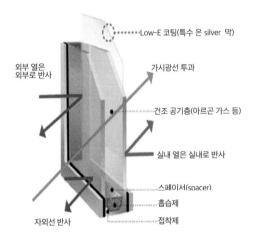

Low-E 코팅(특수 은 silver 막)

외부 열은
외부로 반사

가시광선 투과

건조 공기층(아르곤 가스 등)

실내 열은 실내로 반사

스페이서(spacer)

흡습제

자외선 반사

접착제

로이유리의 구조와 기능

에 추운 겨울에 찬바람을 막고 따뜻한 온기가 새어나가는 것을 방지하기 위해서는 그나마 이중창이 최선이었다.

그런데 요즘에는 두꺼운 벽체만큼 완벽한 수준은 아니더라도, 유리로 단열이나 방음은 물론 자외선, 적외선 차단까지도 가능하다. 대표적인 유리로 특히 오피스 빌딩의 창호나 커튼월에 많이 사용되는 '로이유리low emissivity glass 또는 Low-E glass'를 들 수 있다. 1974년 세계적인 에너지 위기에 대응하기 위해 다음해 독일의 플라크글라스Flachglas 사가 '서모플라스Thermoplus'라는 명칭의 로이 코팅Low-E coating 유리를 시장에 내놓은 것이 그 원조로, 기본적인 형태는 가운데 진공층 또는 건조공기층을 두고 2장의 판유리를 한 판으로 만들면서 한쪽 면에 얇은 은막을 코팅해 놓은 것이다.

최근의 로이유리는 가시광선을 70~80% 넘게 투과해 자연채광을 극대화시킬 수 있고, 겨울철에는 건물 내에 발생하는 장파장의 열선을 실내로 재반사시켜 보온 성능을 높이는 한편, 여름철에는 코팅막이 바깥 열기를 차단해 냉방 부하를 저감시킨다. 또 코팅재의 색깔에 따라 다양한 건축적 효과도 가능하다.

이 외에도 기능에 따라 강화유리tempered glass, 방화유리fire protection glass, 망입유리wire glass, 접합유리laminated glass, 복층유리pair glass, 열선반사유리solar reflective glass, 열선흡수유리heat absorbing glass, 유리블록glass block 등이 생산되고 있으며 그냥 봐서는 알기 힘든 많은 비밀들이 그 안에 숨겨져 있다. 거기다 다양한 크기와 색상 등 7,000년 전부터 시작된 유리의 발전은 새로운 유리가 탄생될 때마다 건축설계와 시공에 대한 또 다른 자유를, 그리고 사용자들에게는 보다 나은 삶의 질을 가져다 주고 있다.

숨어 있는 위대한 소품들 ... 경첩 그리고 못과 망치

큰 문도 작은 경첩에 매달려 있다.

W. 클레멘트 스톤(미국의 사업가)

문과 창문을 얘기하다 보면 빼놓을 수 없는 것이 있다. 문을 문으로서 기능하게 하고 창문을 창문답게 만들어 주는 것. 그러나 평상시에는 눈에 잘 안 띄는 것. 바로 '경첩'이다. 이것이 없었더라면 인류는 문을 어떻게 닫고 살았을 것이며, 건물의 모양은 어떻게 달라져 있을까? 모든 문짝은 다 미닫이문으로? 아니면 문짝을 노끈이나 가죽으로 문설주에 졸라매어 놓았을까? 생각만 해도 아주 불편하고 흉측해 보인다. 하지만 경첩은 이런 걱정을 되새길 필요조차 없게 해 줬고, 심지어 옛날 유럽의 경첩은 예술작품의 경지에까지 이르렀다.

그런데 또, 경첩이 경첩으로 기능을 하려면 반드시 필요한 것이 있다. '못'이다. 문설주와 문짝에 경첩을 델 때, 특히 이 둘의 재질이 목재일 경우 '못' 없이는 불가능하다. 물론 인류의 조상이 오로지 집에 문짝을 달 목적으로 못을 만든 것은 아니겠지만, 그만큼 여러 모로 유용한 물건임에 틀림없다.

그럼 한 가지 더 궁금증이 생긴다. '못'은 무엇으로 박았을까? 해답이 '망치'란 것은 어린아이도 알만한 것이지만, 그러면 이 '망치'란 것은 언제부터 생겨났고, 못을 박거나 건축용으로 사용된 것은 언제쯤부터일까? 화려하진 않지만 위대한 이 소품들의 역사에 대해 하나씩 살펴보도록 하자.

인류, 금속을 만들다!

지금 우리가 얘기하고자 하는 것은 적어도 '금속'으로 만들어진 경첩과 못, 그리고 망치에 대한 것이므로, 이것들이 탄생한 시대적 배경을 이해하려면 언제부터 인간이 금속을 다루기 시작했는가를 살펴보는 것이 좋을 것 같다.

덴마크국립박물관의 고고학자였던 크리스티안 톰센Christian Jürgensen Thomsen (1788~1865)은 인류가 도구를 사용하기 시작한 이래 그들이 남긴 유물을 토대로 시대의 흐름을 구분해 놓았는데, 그의 저서 『북유럽 고대학 입문Guide to Northern Antiquity, Legetraad til nordisk Oldkyndighed 』(1836)에서 주창한 석기시대Stone Age, 청동기시대Bronze Age, 철기시대Iron Age가 바로 지금까지도 우리에게 익숙한 선사시대의 3대 시대 구분법이다.[1] 물론 19세기 초반에 만들어진 이 구분법이 현재까지 절대불변의 이론으로 남아 있는 것은 아니다. 청동이나 철기를 만드는 데 필요한 재료의 상황이 지역마다 달랐고, 이런 시대 구분법으로 어느 지역의 문명이나 문화 수준을 설명할 수 없는 경우가 종종 있으며, 도구제작 기술의 전파가 지역별로 다르다는 등의 이유 때문이다. 한 예로, 이집트의 청동기시대는 제12왕조(BC 2000경) 때 시작되었다고 하나, 중국의 경우에는 은殷(BC 1600~BC 1046)·주周(BC 1046~BC 770) 시대에 해당하고, 한반도에서는 BC 10세기경 시작돼 500~700년간 지속되었다고 하니 이 구분법으로 모든 인류의 역사를 규정하는 데에는 한계가 있다. 따라서 현재는 3시대를 원原석기, 구석기, 중석기, 신석기, 동기, 청동기, 초기 철기, 철기시대 등으로 세분화하기도 하고 아예 이 방법을 기술사적 시대 구분 방법이라 한정하는 역사가들도 있다. 그럼에도, 어디서 누가 처음인가를 따지자면 기술적 관점에서 가장 빨리 시대를 연 지역과 민족을 찾아보는 것이 의미 있을 것이다.

앞서 '집의 탄생'에서 석기시대에 대해서는 대략 얘기가 나왔으니 청동기시대와 철기시대에 대해 간략히 정리해 보자.

사실 인류가 맨 처음 사용한 금속은 청동이 아니었다. 신석기시대에서 청동기시대로 넘어오는 과도기, 즉 BC 5000년경부터 약 2,000년간 '동copper'과 석기가 같이 사용되던 '동석기시대Chalcolithic 또는 Aeneolithic'가 있었다. 그런데 '동'은 강도가 약해서 장식품이나 무게 추 정도로 사용했고, 제대로 된 생활도구로는 만들어 쓸 수 없었다.

이후 학자마다, 자료마다 조금씩 차이는 있지만, 청동기시대가 시작된 흔적은 수메르인들의 영토였던 고대 메소포타미아 지역에

인류의 청동기 제작

서 BC 3300년경부터 발견된다. 특히, 수메르인들은 왕이 죽으면 왕을 모시던 시종과 그들이 사후세계에서 사용할 여러 가지 물건들을 함께 매장하는 풍습이 있었는데, 당시 대표적 도시 국가였던 우르의 분묘에서 출토된 청동기 유물이 그들의 기술을 증명해 주고 있다.

그런데 어쩌다 '청동'이란 것을 만들어 낼 수 있었을까? 청동은 동(90%)과 주석(10%)을 주원료로 하고 종종 비소(3%)나 아연(4%)을 혼합해 만든 합금으로, 그 옛날에 계획적으로 또는 실험을 통해 만드는 것은 불가능했을 것이다. 청동 제조의 계기에 대해 가장 유력한 설은, 마을에서 모닥불을 지피다가 불이 번지지 않도록 돌로 둥그렇게 경계를 만들어 놓았는데, 그 돌무더기에 구리와 주석 성분이 많은 돌덩어리가 있었고, 이것이 모닥불에 녹으면서 우연하고도 자연스럽게 청동이 탄생했다는 것이다.[2]

한편, 고대 이집트에서도 비슷한 시기에 만들어진 것으로 추정되는 청동 제품이 발견되었다. 하지만, 이 청동 제품이 이집트에서 만들어진 것인지는 불분명하다. 이집트는 적어도 제4왕조(BC 2613~BC 2500) 시대 때 청동의 제조법을 알고 있었지만, 지정학적으로 주석을 구하기 힘들어 오랫동안 청동기 문화를 번성시키지는 못했다고 한다.

어쨌든 이런저런 주장들을 정리해 보면, 메소포타미아에서 시작된 청동 제조기술과 문화는 대략 BC 3300년에서부터 BC 1200년까지 이어졌고, 이후 전 세계로 퍼져나가 유럽에는 BC 3200년경부터 BC 600년경까지, 중국에는 BC 3100년경부터 BC 300년경까지 수천 년에 걸쳐 지속되고 발전한다. 그러다 인류가 발견한 것이 '철'이다.

사실 철을 최초로 이용한 예는 청동기시대도 앞지르는 기원전 4000년대에 나타난다. 고대 이집트 유적에서 철제구슬이 출토된 것이다. 하지만 고고학적인 관점에서 볼 때, 주철cast iron 이나 연철로 만든 물건이 한두 점 발견되었다고 해서 그 지역이나 나라가 '철기시대'에 접어들었다고 규정할 수는 없다. 철제 제품이 청동기 제품들을 얼마나 대체하였는가가 기준이 되기 때문이다.

일반적으로 철기시대는 BC 1200년경 시작되어 BC 600년경까지 지속된 것으로 알려져 있다. 하지만, 본격적인 철의 제작은 그보다 더 앞선 시기에 시작되었는데, 지금의 터키에 위치했던 하투

샤^{Hattusa}를 수도로 하여 아시아의 서쪽 끝 아나톨리아^{Anatoria} 지방까지 광활한 영토를 지배했던 '히타이트 제국^{Hittite Empire} (BC 1450~BC 1200)'이 그 주인공이다. 이 제국은 청동제 무기보다 더 강력한 철제 무기를 가지고 바빌론, 이집트까지 무찌른 강국으로 번창하였지만, 희한하게도 어느 날 갑자기 세계 역사에서 사라져버렸다. 그러나 철기를 만드는 기술은 제국의 멸망 후에 사방으로 급속히 퍼져나갔고, 청동기시대의 문을 열었던 메소포타미아 지역에서는 BC 13세기, 이집트는 BC 12세기, 이란은 BC 10세기, 유럽은 이보다 늦은 BC 9~8세기경부터 철기시대가 시작된다.

다만, 철기시대라 해서 청동기를 사용하지 않았다는 것은 아니며, 마찬가지로 철기시대 이후에 철기를 사용하지 않았다는 뜻은 아니다. 예를 들어, '철'은 고대 그리스 후기나 로마 시대 때 이미 기본적인 금속재료였으니, 이런 시대 구분은 앞에서 얘기한 것처럼, 기술사적 관점에서 선을 그어놓은 것이라 보는 것이 맞겠다.

문을 자유롭게 한 경첩

인류가 금속제 경첩을 디자인하기 전에도 여닫이문을 사용하는 것이 가능했을까? 역사가들은 가죽 끈이나 질긴 풀 등을 경첩과 같은 용도로 사용했을 것이라 한다. 당연히 썩어버려서 남아 있는 증거물은 없지만 집을 짓고 살만한 지능이 있었다면 그 정도는 가능했을 것 같다. 하지만 건물과 문짝이 화려해지면서 육중한 목재 문을 달기 원했다면 얘기는 달라진다. 문설주에 붙어서 문짝의 무게를 지탱할 만한 강도가 확보되어야 하니까. 또 그 정도 강도라면 같은 금속이라 해도 '동'으로는 어림도 없었을 것이고, 적어도 '청동'은 되어야 기능을 발휘할 수 있었을 것이다.

고고학자들은 새롭게 발견된 역사적 유물들을 근거로 최초의 금속제 경첩이 만들어진 게 약 5,500년 전 쯤이라고 한다. 앞서 살펴본 메소포타미아에서 청동기시대가 시작되었던 시기와 비슷하거나 조금 더 앞선다. 또 BC 3200년경 유럽에 청동기 기술이 퍼졌다고 하는데, 스위스에서 가장 오래된 문짝이 최대 5,700년 묵었다고 하니, 이런 사실들을 종합해 보면 인류는 청동기시대나 청동기 문화가 본격적으로 시작되기 이전부터 꽤 넓은 지역에서 작은 소품 정도의 청동기 제작기술, 그리고 여닫이문에 작동하는 경첩의 아이디어를 가지고 있었던 것 같다.

이 시대의 경첩이 현재까지 남아 있는지는 확인하기 어렵다. 다만, BC 4000년경부터 약 900년간 존재했던 메소포타미아의 도시 우르크에서 출토된 상형문자 점토판에 이런 문구가 적혀 있다고 한다.[3]

"벽돌이 가장 일반적인 건축 재료였고 (중략) 주택에는 경첩으로 열리는 문짝이 있었으며, 일종의 열쇠로 문을 열었다."

즉, 이 점토판은 우르크 시대 언젠가 청동기시대에 이미 금속제 경첩이 있었음을 간접적으로 증명해주고 있다.

앞서 '문'을 얘기하면서 이집트의 육중한 문짝을 움직일 수 있었

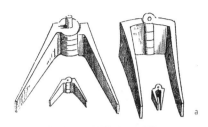

로마 시대의 경첩(a, b)과 현대의 경첩(c)

던 피봇과 소켓 형태의 경첩을 예로 든 적이 있는데, 그리스와 로마로 넘어오면서 경첩은 현대의 그것과 거의 같은 모습으로 발전한다. 날개처럼 생긴 철물로 문짝을 잡아주고 문지방에 고정시킨 철물에 피봇 형식으로 연결해 경첩의 동작을 만들어 낸 것으로 날개의 모양은 현대의 '버트 힌지butt hinge (나온 경첩)'와 많이 닮았다.[4]

　로마인들은 이 나비 모양의 경첩을 '카르도Cardo 또는 Cardea, Carda'라고 불렀는데, 이는 로마신화에 나오는 '힌지의 여신Goddess of the hinge'의 이름이기도 하다. 본래 카르도는 사람 몸의 심장과 장기들을 관장하는 여신이자 건강의 수호자였는데, 그녀의 미모에 반한 문의 신 야누스가 그녀를 붙잡아 겁탈하고 위로의 뜻으로 세상의 모든 문을 열고 닫을 수 있는 권한을 주었단다.[5] 정말 다양한 신들이 등장하는 로마신화이기는 하지만, 이 정도의 의미를 부여했다는 것은 문과 경첩이 그만큼 인간에게 친밀한 물건이었고 이 시대 로

문의 신 야누스와 힌지의 신 카르도 상

미인들에겐 이미 일상의 일부였음을 말해준다.

　한편, 로마 시대에는 문뿐만 아니라 병사의 갑옷에도 아주 정교한 모양의 경첩들이 사용되었다. 이 갑옷은 모직 천으로 된 옷 위로 입는 것으로, 전투 중에 병사의 몸을 최대한 보호하고 움직임을 자유롭게 만들기 위해 띠 모양의 철재를 여러 겹으로 이어 붙여 만들었다.[6] 이 철재 띠를 서로 이어주면서 입고 벗을 때 편리하도록 해주는 장치가 바로 경첩이었다. 이 경첩은 '카르도'보다 현대의 경첩과 더 많이 닮았고 심지어 예술성과 디테일까지 뛰어나다. 다만, 로마의 갑옷과 전투용 투구는 모두 철제 제품이었지만, 이 경첩은 작은 크기와 제조의 편이성 때문에 황동이나 청동으로 만들어졌다.

고대 로마 군인의 갑옷에 쓰인
장신구와 경첩(어깨 부위)

중세시대로 넘어오면서 보통 사람들도 경첩을 붙인 문을 주택에 사용하는 경우가 많아졌다. 마을마다 대장간도 생겨났고 이제는 더 이상 철로 만든 도구가 부유층의 전유물이 아니었다. 하지만, 부유층과 서민층 주택의 문짝은 아무래도 규모와 재질에서 차이가 났고 더 두껍고 큰, 무게가 나가는 부유층의 문짝을 버텨내기 위해서는 '연철'로 만든 경첩에 무언가 조치가 필요했다. 결국, 연철이 버틸 수 있는 하중의 부담을 덜기 위해 경첩 날개의 길이를 길게 빼서 띠 모양으로 만들었고, 그래서 등장한 것이 아름다운 장식까지 겸비한 '띠 경첩 strap hinge'이었다. 다만, 이 '띠 경첩'의 아이디어를 맨 처음 시도한 것은 고대 로마인들이었다고 한다.[7]

이로부터 경첩은 소재의 발전, 그리고 문화 또는 사조의 변화와 함께 발전한다. 더 강한 소재가 개발되고 장식보다 기능을 중시하는 경향이 커지면서 경첩은 점점 작아지고 눈에 잘 띄지 않게 숨어버렸다. 기계적, 전기적 시스템의 발전도 한몫해서 회전각도가 180° 이상으로 커지거나 자동문의 일부가 되기도 하고, 첨단의 이미지는 화려한 장식보다 심플함을 더 선호하는 쪽으로 변했다. 그 결과, 경첩은 오래전부터 '문'을 완성시켜 주는 엄청난 역할을 해왔지만, 지금은 잘 보이지도 않고 우리에겐 너무나 당연한 소품이 되어버렸다.

'못'이 없었으면 '경첩'도 없다.

'못'의 용도는 '경첩'에만 한정된 것은 아니다. 오히려 경첩은 못이 사용되는 수많은 용처 중 하나일 뿐이다. 그럼에도 못이 없었다면 경첩도 제 기능을 발휘하지 못했을 것이고, 문이나 창문 역시 마찬가지 운명이었을 것이다.

못이 어떻게 생겼고 어디다 쓰는지 모르는 사람은 없을 것이다. 그런데 이렇게 누구나 다 아는 못을 누가 발명했으며 언제부터 사용했는지 정확히 아는 사람은 없다. 대략 BC 3400년경 이집트에서 청동으로 만든 못이 발견됐지만, 인간이 못을 사용하기 시작한 것은 그보다 훨씬 이전일 수 있다. 또 이때가 청동기시대가 본격적으로 시작되는 시점이지만, 못이라는 물건의 개념과 용도만 놓고 보면 청동만이 못의 재료라 단정할 수도 없다. 이론적으로나 다양한 용도 측면에서 지금도 나무나 대나무로 만든 못이 존재하니까.

어쨌든 나무나 대나무, 이전 시대의 구리보다 강도가 월등한 청

스코틀랜드에서 발견된 1세기 고대 로마의 못

동은 못의 역할을 제대로 해낸 최초의 재료였다. 철기시대로 접어들면서부터는 '연철'이 주재료로 사용되었고, 의외로 꽤 오랫동안, 무려 19세기 초까지 수작업으로 만든 '단조鍛造 못forged nail'이 주를 이루게 된다.

연철로 된 못을 광범위하게 사용하기 시작한 것은 고대 로마로, 성경에 예수가 못 박히는 장면은 이미 잘 알고 있는 예이다. 물론 이 장면을 읽고서 "그때도 못이 있었구나"하고 감탄한 사람은 거의 없었겠지만. 또 로마가 점령했던 스코틀랜드 퍼스샤이어Perthshire 의 '인츄트힐Inchtuthil 요새'에서는 로마인들이 남겨 놓은 7톤이나 되는 못이 무더기로 발견되었다. 그때가 서기 86~87년 정도 되는 시기였고 로마는 이미 철기시대의 정점에 있었으므로 철로 못을 만드는 것은 아주 자연스러운 일이었을 것이다.[8]

흥미롭게도 중세로 넘어오면서 못은 상거래의 수단이 되기도 했다. 우리가 화폐 단위로 알고 있는 '페니penny'는 못 100개를 의미하는 단위로, 그만큼 못이 돈을 대신할 수 있는 매우 유용한 물건이었음을 말해준다. 그 작은 크기의 물건을 일일이 사람 손으로 만들어야 했으니, 그 공임만 따져도 돈과 같이 사용될 만큼 충분한 가치가 있었을 것 같다.

이렇게 고대부터 1800년경까지 못은 수작업으로 만드는 것이 일반적이었고 유럽에는 못을 만드는 전문 기능공들을 '네일러nailer'라 불렀다. 그들은 못 하나하나를 두드려 몸통을 뾰족하게, 그리고 '못 머리'를 만들었다. 또 네일러가 못을 만들 수 있도록 긴 쇠막대를 적당한 크기로 잘라주는 '슬릿터slitter'라는 직공들도 있었는데, 18세기 후반에 쇠를 가늘고 길게 빼주고, 게다가 적당한 크기로 잘라주기까지 하는 기계, 즉 '슬릿팅 밀slitting mill'이 등장하면서 이 '슬릿터'들은 서서히 사라져 갔다.

'슬릿팅 밀'이 처음 발명된 것은 1590년대이지만 본격적인 사용은 1795년 미국의 사업가 제이콥 퍼킨스Jacob Perkins가 이 기계를 사용한 못 제조공정을 개발하면서부터로, 이렇게 만들어진 못을 슬릿터들의 도움이 필요했던 '단조 못'과 구분해 '컷 네일cut nail'이라 불렀다.[9] 또 몸통이 둥근 현재의 못과는 달리 단면이 사각형으로 생긴 못을 '스퀘어 네일square nail'이라고도 한다. 단조 못이 바로 여기에 해당된다.

컷 네일이 대세이던 시절, 세계 최대의 못 생산국은 영국이었는데, 제조과정에 손이 많이 가다 보니 종종 공급이 원활치 못한 상황이 발생했고 부족한 공급량은 다른 나라에까지 영향을 미쳤다. 이 때문에 18세기 중후반, 엉뚱하게 미국에서는 희한한 법이 제정됐다. 비싸고 구하기 어려운 귀한 못 때문에 버려진 집을 일부러 불태워 잿더미 속에 못을 수집해 가는 일이 빈번하게 발생했고, 이 때문에 버지니아 주정부가 사람들이 이사를 갈 때 집에 불을 지르지 못

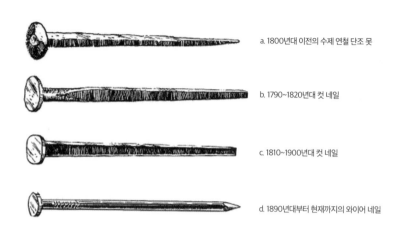

a. 1800년대 이전의 수제 연철 단조 못

b. 1790~1820년대 컷 네일

c. 1810~1900년대 컷 네일

d. 1890년대부터 현재까지의 와이어 네일

시대별 못의 종류와 모양의 변천

하도록 하는 법을 만든 것이다.[10] 지금 시대 못의 가치에 비하면 정말 격세지감을 느끼게 하는 에피소드다.

세기가 바뀌어 20세기 초반, 연철을 주재료로 했던 '컷 네일'도 수명을 다하게 된다. 강철steel로 원하는 직경의 와이어wire를 뽑아 단조 못처럼, 두드려 모양을 잡을 필요도 없이 바로 잘라 못을 만드는 '와이어 네일wire nail' 공법이 나타났기 때문이다. 19세기 중반부터 시작된 '와이어 네일' 생산은 그 공정의 상당 부분이 자동화되었고 월등한 품질과 생산성으로 1910년 이후 전체 시장의 90% 이상을 차지하게 된다. 이후 재료의 성능과 제조공정의 발전이 있었겠지만, 와이어 네일의 기본적인 생산방법은 현재까지도 계속 사용되고 있다.

한편, 우리나라에서 사용된 고대의 못은 흔적을 찾기 어려운 집터보다 오래된 고분에서 많이 출토되고 있다. 그 예로 경남 창원시에서 발굴된 원삼국시대原三國時代 (BC 100~AC 300)*의 토광묘土壙墓에서 나무칼 손잡이에 박혀있던 길이 7~8mm의 청동 장식 못이 발견됐고, 삼국시대 백제의 무령왕릉(AD 462~525)에서 원형과 사각형, 꽃모양의 머리를 가진 '관 못棺釘'이 발굴되었다.[11] 우리나라의 철기시대를 BC 300년경부터 AD 300년경까지라 볼 때, 이집트에는 크게 못 미치지만 우리나라도 고대 로마와 견줄 만큼 이른 시기에 못을 사용하고 있었던 것이다. 그러나 그 당시 못이 건축용으로 사용되고 있었는지는 미지수다. 우리 건축 양식에서는 목재를 접합시킬 때 못을 거의 사용하지 않고 요철凹凸모양을 내어 '이음'과 '맞춤'이라는 방식을 사용했기 때문이다. 특히 문과 경첩 그리고 못과의 관계를 연결하기엔 전통건축에 대한 역사적 사료와 연구가 더 많이 필요할 것 같다.

다시 주제를 경첩으로 돌려보면, 경첩의 재료와 모양의 변화는 경첩과 문에 붙어 하중을 지지해야 했던 못의 발전과 상관관계가 매우 깊다. 가장 중요한 것은 재료의 강도. 이 작은 물건들이 문의 하중을 더 효과적으로 지지해 주면서 더 작고 심플한 모양의 경첩과 문의 제작이 가능했을 것이다.

---

* 초기 철기시대 이후부터 삼국시대가 자리 잡기 이전까지의 시대

망치가 있어야 못을 박지

상식적으로 못을 박으려면 적어도 못만큼의 강도를 가진, 또는 그보다 더 단단한 망치가 있어야 한다. 그러니까 금속 못의 발전은 망치의 발전과 함께 했음을 쉽게 짐작할 수 있다.

인류가 망치, 또는 망치와 유사한 기능을 가진 도구를 사용하기 시작한 것은 무려 330만 년 전이라고 한다. 2015년 케냐 북부의 투르카나 호수Lake Turkana 근처에서 이 시기, 그러니까 역사상 가장 오래된 것으로 평가되는 석기시대 유적이 발견되었는데, 그중에 망치로 사용되었을 것으로 추정되는 도구가 발견된 것.[12] 이때 망치의 용도는 당연히 못을 박기 위한 것이 아니었고 사냥용이거나 돌멩이를 깨고 다듬어 다른 도구를 만드는 것이었다.

직접 눈으로 본 사람은 없어도 누구나 영화나 애니메이션 등에서 원시인들이 도끼인지 망치인지 헷갈리는 도구를 들고 다니는 장면을 한 번쯤 보았을 것이다. 하지만 수만 년 전 구석기시대나 그 이전엔 망치든 도끼든 손잡이란 것이 없었으므로 크로마뇽인 같은 유인원이 세련된 손잡이 망치를 휘두른다면 그 장면은 분명 고증을 안 거친 '옥에 티' 중에 하나일 게다.

사실 여기서 강조하고 싶은 것은 망치에 손잡이가 달린 것이 그만큼 혁신적인 변화였다는 것이다. 후기 구석기시대에서 신석기시대로 넘어가는 중간 시점 언젠가, 나뭇가지나 동물 뼈로 만든 손잡이에 가죽이나 나무줄기로 돌멩이를 고정시키는 아이디어가 등장했고 이는 인간이 하는 모든 작업을 업그레이드시켰다.[13]

금속 못이 출현한 청동기시대. 이때부터 망치머리에 돌멩이 대

a. 석기시대 망치 b. 중세시대 철기 망치머리

석기시대와 중세시대의 망치

신 청동을 사용했으리란 것은 쉽게 이해할 만한 부분이다. 망치머리 재료의 변화는 철기시대에 접어들 때도 마찬가지인데, 그보다 큰 변화는 망치의 모양이다. 단조鍛造나 주조鑄造로 금속을 다루게 되면서 망치머리에 손잡이를 끼워 넣을 구멍도 만들었고, 특히 머리의 면을 둥글게, 때로는 다각형으로 만들었으며 망치머리 모양도 둥근 머리ball peen, 뾰족 머리wedge peen, 날머리cutting edge 등으로 다양해졌다. 또 망치머리 반대쪽에 노루발claw을 달아 못을 빼내고 재활용할 수 있게 한 것은 정말 기막힌 아이디어였다. 이후 시대가 발전하면서 망치는 전문화되는 방향으로 진화하였고 특히 산업혁

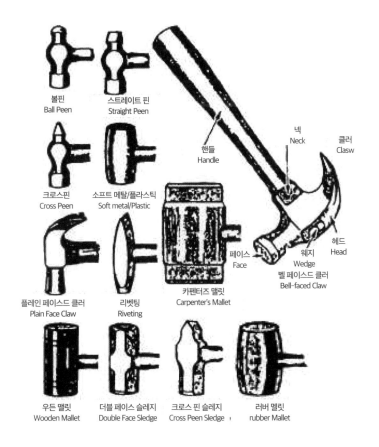

망치 부위의 명칭과 종류

명은 다양화된 산업의 장르만큼이나 망치의 모습과 기능을 변화시
킨 큰 계기가 됐다.

경첩, 못, 망치. 그리고 앞에서 얘기한 문과 창문까지. 사실 이 건
축의 소품들이 언제 생겨났는가 하는 것은 그리 중요한 이슈가 아
니다. 지금의 과학과 문명에 비하면 너무나 보잘것 없어 보이는 고

대의 인류가 이렇게 작지만 위대한 발명을 해냈다는 것이 경이롭지 않은가? 상상력의 가치로 본다면 그들의 지혜는 새로운 것을 봐도 곧장 심드렁해지는 현대인들을 뛰어넘는 것이 아니었을까?

튼튼한 집, 더 넓고, 더 높게

우리 집의 기둥, 우리 집안의 대들보?

우리는 가족 중에 출세했거나 가장 역할을 하는 사람에게 종종 '우리 집안의 기둥'이니 '대들보'니 하는 칭찬을 한다. 듣는 당사자는 좀 부담스럽겠지만, 그만큼 중요한 존재라는 뜻이겠다. 누구나 알다시피 이 용어는 건축에서 온 것들로('대들보'는 크기가 작은 보들을 올려놓는 큰 보를 말하는데 주로 전통건축에서 쓰이는 용어이므로 이하 '보'라는 용어로 통일하기로 하자), 기둥과 보는 일반 건축물은 물론이고 초고층 건물과 같이 높은 건물이나 공항 터미널처럼 넓은 공간을 실현할 수 있도록 해주는 가장 기본적인 구조부재다.

그러니 누군가 이런 아이디어를 만들어 내지 않았다면 지금과 같은 건물들을 만들기란 어림도 없었을 것이다. 하천을 가로지르는 교량이나 도시의 고가도로도 기둥과 보로 이루어진 구조는 필수적이다. 누구였을까? 언제부터였을까? 꽤 오래된 미술작품이나 수백 년, 수천 년 전을 배경으로 하는 영화에도 제법 화려한 기둥이 보이던데 말이다.

구조공학에 대한 간단한 상식부터

이 책 맨 앞의 '집의 탄생'에서 호모 사피엔스 사피엔스가 남긴 집터의 흔적이 약 3만 년 전의 것이며 그 집의 형태는 천막과 같았다고 했다. 이때 벽체에 해당하는 부분을 돌담처럼 쌓아 올렸거나 흙으로 빚어 만든 것이 아니라면 그들은 이미 '기둥column'의 개념을 알고 있었다고 할 수 있다. 기둥은 "건물의 상부 또는 '보梁, beam'에서 전달되는 힘 즉, 하중을 기초나 하부 기둥에 전달해주는 구조재"로 정의할 수 있는데, 천막 양쪽에 굵은 나무 기둥을 세우고 다시 두 기둥을 가로질러 긴 나무줄기를 올린 다음, 가는 나뭇가지나 풀로 지붕이나 벽을 만들었다면 완벽한 건물의 구조형식을 갖춘 셈이다. 여기서 두 기둥 사이에 올려진 나무는 "지붕이나 상층 바닥판의 하중을 기둥으로 전달해주는 구조재"라는 의미에서 확실히 '보'의 역할을 하고 있다. 집과 건물이 만들어지고 이것이 서 있으려면 '구조역학structural mechanics'의 원리가 제대로 작용해야 하는데, 의도했거나 계산한 것은 아니었겠지만 그 옛날 원시인들의 천막집은 최소한의 요건을 갖추고 있었던 것이다.

그러면 기둥과 보가 없는 건물은 없는 걸까? 답은 '있다'이다. 하지만 그 답을 설명하려면 '구조역학', '구조공학', '구조설계' 등 복잡한 개념이 필요하다. 이 분야들은 매우 복잡하고 전문적이지만, 여기서는 최대한 간단하게 설명해 보도록 하자.

현대 건축에서는 건물을 지을 때, '건축설계' 못지않게 중요한 것이 '구조설계structural design'다. '건축설계'가 건물의 생긴 모양과 공간배치를 다룬다면 '구조설계'는 그 건물이 안전하게 서 있을 수 있도록 건물의 골격을 설계하는 분야이며, 아주 간단하게 얘기해 '구조역학'과 '구조공학'에 기반을 두고 있다. '구조역학'은 구조물 내부에 작용하는 힘을 계산하여 구조물의 모양과 위치 또는 형태를 결정하는 학문이고, 좀더 응용적인 차원에서 힘과 하중, 재료의 성질, 구조물이나 건물의 형태 등을 종합적으로 고려해 주어진 상황에 대한 해결책을 찾는 공학적 접근이 '구조공학structural engineering'이다. 물론 이 분야의 전문가 관점에서 볼 때는 더 다양하고 세분된 분야들이 있겠지만, 어쨌든 건물을 지을 땐 힘의 원리를 알고 주어진 재료와 설계에 맞게 구조적 문제를 해결해야 한다는 것이다. 그러니까 기둥과 보가 없어도 구조적으로 안전한, 또는 힘과 하중 문제를 효과적으로 처리할 수 있는 방법만 있다면 얼마든지 그런 건물을 지을 수 있다.

예를 들어, 아파트와 오피스 빌딩을 비교해 보자. 50층이 넘는 첨단 주상복합 빌딩 말고, 20층 정도의 가장 보편적인 아파트 평면을 보면 기둥이 없다. 이미 다 지어진 집에서 천장을 뜯어보긴 어렵겠지만, 이런 아파트에는 보도 없다. 헌데, 오피스 빌딩에선 웬만한 층수만 갖추면 둘 다 반드시 있다. 무슨 차이일까?

예로 든 아파트에서는 방과 방 사이의 벽체(내력벽bearing wall)가 기둥 역할을 한다. 기둥처럼 생기진 않았지만 위층에서 내려오는 하중을 벽체가 받아 아래로 전달해준다는 얘기다. 보가 없어도 벽체의 간격이 그리 넓지 않아 콘크리트 바닥판만으로도 거주자와 가구 등의 무게를 견딜 수 있고 바닥판과 닿아있는 벽체에 통째로 하중을 전달하면 된다. 반면에 오피스 빌딩은 일반적으로 탁 트인

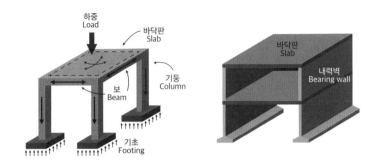

기둥-보 구조와 벽식구조

넓은 사무공간을 필요로 하니 아파트처럼 중간 중간 벽체를 놓지 않는다. 또 기둥 없이 외벽만으로 하중을 받는다 치면, 높이 올라갈수록 하중은 커지고 결국, 하층부의 벽체는 두꺼워질 수밖에 없다. 그러면 사무공간은 좁아져 버리고 업무 효율도 나빠질 뿐더러 임대 수입이 줄어들 것이다. 따라서 기둥을 두고 그 위에 보를 걸쳐 효과적으로 하중 문제를 해결해야 여러모로 오피스 빌딩으로서의 가치를 높일 수 있다.

모든 건축물에 기둥과 보가 있어야 하는 것은 아니라는 점을 설명하려다 보니 사설이 길었다. 하지만 기둥과 보라는 구조부재는 공간을 만들고 건축물을 실현하며 오래도록 보존하는 데 필수적이다. 원시인의 천막집 구조는 우연히, 또는 어느 정도의 시행착오 끝에 만들어진 결과이겠지만, 기둥과 보는 오늘날의 건축이 있게 한 시작이었다.

본격적인 기둥과 보의 시작

최고 BC 9100년경 주거가 건축되기 시작했을 것으로 알려진 역사상 가장 오래된 도시 '예리코'. 그곳의 집에는 기둥과 보가 있었을까? 이곳에 주택이 만들어지고 도시가 만들어졌을 때 가장 큰 기여를 한 것이 '흙벽돌'이었다는 사실에 주목하면, 기둥으로 하중을 받치는 구조보다는 벽식구조가 사용되었을 가능성이 크다. 반면, 유사한 고대 도시 건축물의 상상도를 보면 옥상 부분에 통나무가 삐죽삐죽 노출되어 있는 것을 볼 수 있는데, 이 통나무를 벽체 맨 위에 올려 보 또는 '장선'*의 역할을 하게 하고 그 위에 바닥판 재료를 얹어 천장을 마무리했던 것 같다. 그러니까 이렇게 흙벽돌을 사용했던 고대 주거의 경우, 기둥보다는 보의 역할에 먼저 눈이 뜨였다고 봐야 하지 않을까?

하지만 이런 결론은 개인적인 추론에 불과하기에, 지금까지 알려진 사실에 근거해 이야기를 해 보자. 자료를 찾다 보면 고대건축에서 보에 대한 정보는 찾기가 쉽지 않다. 대신 기둥에 대해서는 사료들이 넘쳐나는데, 재미있는 것은, 거의 알려진 바가 없는 원시시대 기둥에서 지금 봐도 너무나 아름답고 기술적으로 뛰어난 기둥으로 갑자기 도약한다는 것이다. 아마도 부와 권력을 가진 왕족과 종교 세력이 나타나면서 일반 백성은 엄두도 못 낼 건축물들이 필요했고 그 웅장하고 권위적인 모습을 표현하기에 화려한 기둥들이 큰 역할을 했기 때문이지 싶다. 아니면 건축사 학자들이 보통 집

---

* 장선(長線, Joist) : 멍에, 바닥보, 장선받이 등의 위에 균일한 간격으로 늘어놓아 지붕 또는 바닥, 마룻널 등의 부재를 받치도록 한 수평 부재

에나 있었던 보잘 것 없는 기둥에는 관심이 없었든가. 어쨌든 화려한 기둥이 세워지기까지는 구조적 문제를 해결할 인간의 지적능력도 발전했을 것이고 엄청난 시행착오도 있었을 것이다. 이런 세련된 기둥의 흔적은 고대 이집트, 아시리아*, 미노아** 문명의 유적에서 발견된다.

먼저 이집트의 기둥을 보자. 고대 이집트에는 불세출의 건축가이자 엔지니어인 임호텝Imhotep (BC 2600년경)***이 있었다. 그의 이름은 우리가 잘 아는, 미라Mummy가 되살아나 온갖 만행을 저지르던 헐리우드 영화에서도 나오는데, 주인공 미라가 바로 임호텝이다. 사실 그는 악당이 아니라 고대 이집트 건축을 오늘날까지 경이로운 건축물로 남아 있게 한 인물로, 이집트 3대 왕조의 파라오 조세르Djoser를 위한 계단식 피라미드Djoser's Step Pyramid의 설계자로 알려져 있다. 이런 그의 명성 때문인지, 이집트의 석조 기둥들 역시 임호텝의 작품일 것이라는 설이 있다.[1]

고대 이집트의 역사를 연구하는 데 평생을 바친 영국의 윌킨슨 경Sir John Gardner Wilkinson (1797~1875)은 이집트 기둥의 유형을 8가지 '오더order'****로 구분하고 있는데, 아주 단순한 형태에서부터 몸통

---

* 아시리아(Assyria, BC 2,500년경~BC 605) : 메소포타미아 북부 지역에서 티그리스강 상류를 중심으로 번성한 고대 국가. 그 명칭은 중심 도시였던 아수르(Assur)에서 유래했다.

** 미노아 문명(Minoan civilization, BC 3,650년경~BC 1,170년경) : 미노스 문명 또는 크레타(Crete, Kreta) 문명이라고도 하며, 그리스의 크레타섬에서 부흥했던 고대 청동기시대의 문명이다.

*** 임호텝은 건축가, 엔지니어였을 뿐만 아니라, 파라오 죠세르를 모신 재상(宰相)이기도 했다.

**** 서양건축에 사용되는 용어로 기둥의 몸통(柱身)과 그것에 직접 연결되는 아래위 부분의 형태, 각 부위 간의 비례와 짜맞춤 형식 등을 총칭하는 말

고대 이집트 기둥의 다양한 모습

을 다각형으로 만들거나 기둥 둘레에 홈을 파놓은 형태, 주두柱頭, capital *****에 파피루스, 종려나무, 연꽃 등의 형상이나 이시스Isis, 오시리스Osiris와 같은 이집트 신의 두상을 조각한 형태 등 그리스나 로마의 기둥보다 더 변화무쌍한 모습을 보인다. 때로는 물감이나 부조浮彫로 그림과 문양을 넣기도 했다.[2]

이집트에는 지금도 여러 신전과 궁전들이 남겨져 있고 고대인들이 만들어 놓은 화려한 건축물과 그 안의 기둥들을 감상할 수 있다. 그런데 '기둥'만 놓고 본다면 '카르나그의 대다주실大多柱室, the Great Hypostyle Hall at Karnak (BC 1290~BC 1224년경)'이야말로 '기둥 건축'의 결정판이라 할 수 있다.[3] 이 기둥들이 서 있는 신전 홀은 면적이 5,000m²가 넘고(102m×53m), 지금은 무너져 사라졌지만 지붕을 받치고 있었던 134개의 사암砂巖 기둥이 16열로 줄지어 있으며, 가

***** 기둥 위에 놓이는 구조재를 받치고 있는 기둥의 상단 머리에 해당하는 부위

운데 2열의 높은 기둥들은 둘레가 10m, 높이가 24m에 이른다. 이 건물은 고대 이집트의 신, 아몬^{Amon 또는 Amun}을 모시는 신전의 일부로 현존하는 고대 신전 중 최대 규모를 자랑하는데, 사실 '기둥의 숲'과 같은 건물의 형태는 상당히 비상식적이고 무모하기까지 하다. 신에 대한 신성함, 경건함 등을 표현하기 위한 방법이었을까? 구조공학적으로 본다면, 이 넓은 공간을 신전으로 만들고 싶었지만 기둥 위에 올려놓은 거대한 '석재 보'*의 구조적 한계, 즉 보를 길게 만들 수 없다는 이유 때문에 기둥을 촘촘하게 세울 수밖에 없었을 것으로 보인다.

어찌되었건, 고대 이집트인들은 기둥을 구조재로만 사용한 것이 아니라, 그림과 상형문자가 새겨진 정보의 매개체로, 화려한 인테리어 장식용으로, 또 종교적 메시지를 전달하는 건축요소로 다양하게 활용하면서 그 후 어떤 시대, 어떤 나라 못지않은 명품 기둥들을 남겨놓았다.

한편, 이집트와 달리 아시리아나 미노아 문명에서는 통나무를 기둥으로 쓰는 사례가 많았다. 아시리아의 경우, 동물 모양의 석재나 금속재 기부^{基部, base} 위에 기둥을 세워 출입구와 건축물의 정면을 강조하는 효과를 주었고, 미노아에서는 장식이 없는 원형 주두에 단색 페인트칠과 매끈한 주신^{柱身, shaft}으로 기둥을 마감했다.

고대 그리스와 로마 시대로 넘어오면 특히 '주두'를 중심으로 구분되는 '3대 오더'가 주를 이루게 된다. 도릭 오더^{Doric order}(BC 8세

---

* '고대 서양건축에서 기둥 상부에 올려져 기둥과 기둥을 연속적으로 이어주는 일종의 '보' 부재를 아키트레이브(architraves)라 하며, 우리말로는 '처마도리'로 번역된다.

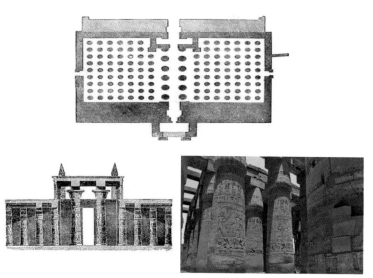

고대 이집트 카르타그 대다주실의 복원도와 현재 남은 유적

기경부터), 이오닉 오더Ionic order (BC 6세기경부터), 코린티안 오더 Corinthian order (BC 5세기경부터)가 그것으로, 이 양식은 오늘날에도 잘 알려져 있을 뿐만 아니라 지금도 고풍스럽게 인테리어를 꾸미고자 할 때 많이 사용된다. 관심을 가지고 본다면, 고급 호텔의 커피숍이나 레스토랑에서 장식으로 만들어 놓은 이 '오더'들을 발견할 수 있다.

그리스의 '오더'들은 목재 기둥을 사용할 때부터 시간의 흐름에 따라 발전했다고 하는데, 현존하는 기둥들은 대부분 석재 기둥이고, 기둥의 몸통은 BC 393년에 완공된 '에레크테이온Erechtheion 신전'의 여신상 기둥과 같이 특수한 경우를 제외하곤 매끈하거나 아래위로 주름을 넣은 것 외에 대부분 별다른 장식 없이 단순하다.

로마인들은 이 3대 오더를 그대로 받아들이면서 '도릭 오더'보다 더 심플한 '투스칸 오더 Tuscan order'와 이오닉과 코린티안을 혼합한, 그러나 형태를 단순화한 '컴포짓 오더 Composite order'를 추가했다. 이러한 기둥 '오더'의 변천은 고대 서양건축을 연구하는 사람들에게 오랫동안 관심을 받아온 이슈여서 관심만 있다면 수많은 연구 결과와 상세한 내용들을 쉽게 찾아볼 수 있다.

그런데 궁금한 것은 그 기둥의 건축 과정이다. 그리스에 가면 누구나 사진 한 장쯤은 남기는 파르테논 Parthenon 신전(BC 447~BC 438)을 예로 들어보자. 이 신전의 경우 건물 외부에만 46개의 대리석 기둥이 늘어서 있고 굵은 기둥의 직경이 약 2m, 높이가 10m로 지금 봐도 엄청난 규모다. 그런데 그리스인들은 어떻게 이 돌덩어리들을 나르고 세워 기둥으로 만들었을까? 전체 공사에 사용된 대리석의 무게만 약 20,000톤에 달한다고 하는데, 당시에 특별한 장비라도 있었던 것일까? 이 책의 다른 장에서 다시 다루겠지만, 그리스인들은 이런 공사에 바퀴 달린 수레, 지렛대, 경사로, 철재 석공도구, 비계 등을 사용했고 심지어 무거운 재료를 들어 올리는 크레인, 즉, 기중기까지 갖추고 있었다고 한다. 그러니 설계 그 자체만으로도 세계적 유산이지만, 그리스인들의 시공기술 역시 초일류가 아닐 수 없다.

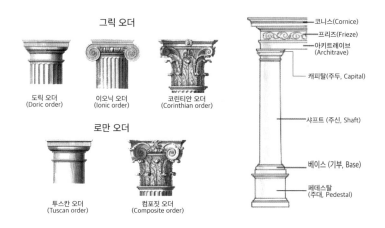

그릭 오더

도릭 오더
(Doric order)

이오닉 오더
(Ionic order)

코린티안 오더
(Corinthian order)

로만 오더

투스칸 오더
(Tuscan order)

컴포짓 오더
(Composite order)

코니스(Cornice)

프리즈(Frieze)

아키트레이브
(Architrave)

캐피탈(주두, Capital)

샤프트 (주신, Shaft)

베이스 (기부, Base)

페데스탈
(주대, Pedestal)

그리스와 로마의 기둥 오더와 부위별 명칭

'아치'를 만난 기둥

고대 로마의 뒤를 이어서도 궁전, 신전, 교회 등 대형 건축물의 기둥에 '모양내기'는 식을 줄 모른다. 특히 주두에는 시대나 지역에 따라 각기 다른 조각, 문양, 채색, 모자이크 등 다양한 멋내기 방법들이 동원되었고 기둥에서 장식이 사라지기 시작한 것은 산업혁명과 근대건축 시대 무렵이다. 수천 년 건축 역사 중에 불과 몇 백 년밖에 안 됐다는 거다. 그런데 한 가지 차이점이 있었다면 기둥 입장에서 볼 때, 로마 시대 때 만나기 시작한 파트너와 시간이 흐를수록 더 깊은 관계를 맺게 되었다는 점이다. 바로 '아치arch'다. 아치가 어떻게 생겼는지 모르는 사람은 거의 없을 거다. 모른다면 그 유명한 콜로세움에 수없이 뚫려 있는, 위쪽이 반원 모양으로 생긴 개구부를 떠올리면 된다. 본래 아치 구조는 콜로세움처럼 벽돌이나 돌을 쌓아 올린 조적조組積造 구조물에서부터 시작되었으며, 개구부 위를 곡선 형태로 만들어 상부에서 전달되는 하중을 아치의 둥근 테두리와 개구부 양끝의 벽체나 기둥으로 전달하도록 한 것이 구조적 원리다.

아치는 건축에만 사용된 것이 아니라 교량과 같은 구조물에서도 유용하게 사용되었는데, 역사적으로 보면 BC 4000년경 메소포타미아나, 이집트, 그리스에도 존재했었다고 하니, 로마의 발명품이라고 할 수는 없다. 다만, 로마는 콜로세움에서처럼 아치를 당대 가장 중요한 건축양식으로 정착시켰고 그 기술을 후대에 전하는 데 큰 기여를 했다는 점에서 칭찬받을 만하다. 이 기술을 전수받은 비잔틴과 고딕 건축은 아치를 바탕으로 또 다른 구조형식을 만들어낸다. 즉, 기둥 위에 아치, 아치 위에 '돔'을 얹는 비잔틴의 '펜던티브 돔pendentive dome'*, 끝이 뾰족한 '첨두아치尖頭, pointed arch'와 X자로 교차하는 아치형 뼈대 사이에 천장을 만드는 고딕의 '리브 볼트ribbed vault'가 바로 그것이다. 이 '펜던티브 돔'과 '리브 볼트'를 위에서 아래로 내려다보면 하부에 사각형의 면이 형성되는데, 기둥은 이 사각형의 꼭짓점에 놓여 상부의 하중을 받는다.

한편, 이 두 구조방식의 장점은 서로 대조적으로, '펜던티브 돔'은 넓은 공간을 확보하는 데 유리하고 '리브 볼트'는 넓이보다 높이에 장점이 있다. 앞에서 잠깐 등장했던 그리스의 파르테논 신전으로 돌아가 보면, 이 건물은 '가구식 구조'라 하여 기둥과 보를

---

* '펜던티브(pendentive)'는 정방형 평면 위에 원형의 돔을 올릴 때, 정방형의 모서리 부분에서 위로는 직접 돔을 받치고 아래로는 두 짝이 아치를 이루는 오목한 삼각형 형태의 부위를 말한다.

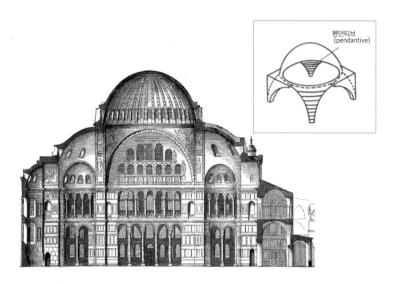

성 소피아 성당의 펜던티브 돔 구조와 단면도

일체화시키지 않고 단순히 기둥 위에 보를 올려놓는 구조방식으로 지어졌는데, 특히 여기서처럼 무거운 석재를 보로 쓸 경우, '스팬span', 즉, 기둥과 기둥 사이의 간격을 넓히는 데 매우 불리해진다. 이런 한계 때문에 석재로 된 페디먼트pediment 와 엔타블러처entablature 를 받치고 있는 전면부의 최대 기둥 간격은 약 4.29m에 불과하다.** 반면, 비잔틴 '펜던티브 돔'의 대표적 예인 이스탄불의 '성 소피아 성당Hagia Sophia'의 경우, 중앙 홀 위에 설치된 돔의 직경이 31.7m로, 기둥 간격도 이와 같거나 중심거리로 치면 좀더 큰 규모가 된다.

** 파르테논 신전 내부의 지붕 구조는 비교적 가벼운 목조로 되어 있어서 아테나 파르테노스(Athena Parthenos) 여신상이 놓여 있던 내실의 경우 기둥의 최대 간격은 11m 정도이다. .

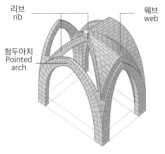

리브 볼트의 구조와 노트르담 대성당의 내부에서 본 기둥과 천장

고딕 건축에서는 뮤지컬의 배경으로도 유명한 파리 '노트르담 대성당Cathedral of Notre-Dame de Paris (1163~1345)'을 예로 들어보자. 이 성당은 중앙에 보이는 두 개의 탑 높이가 69m이고 내부의 천장 높이는 35m이다. 중앙에 가장 넓은 회랑nave의 폭은 약 12m 정도. 스팬은 파르테논과 별 차이가 없지만, 천상 높이만큼은 파르테논의 약 14m에 두 배가 넘는다. 이제 기둥은 더 가늘어지면서 더 무거운 하중과 더 넓은 공간을 지지하는 구조재로 거듭난 것이다.

장식을 벗고 기능적 구조재로

우리 주변에 새로 지어지는 건물에서 그리스나 로마의 기둥처럼 화려한 오더의 기둥들이 들어서는 경우를 본 적이 있을까? 오래된 유럽의 고적이나 관광명소가 아니라면, 대부분 기억을 더듬느라 무척 애를 써야 할 거다. 옛날에는 기둥을 화려하게 장식하느라 그토록 노력을 했었건만, 왜 요즘 시대에는 그렇게 안 만드는 걸까?

첫 번째 이유는 산업혁명 이후 일반 백성들을 압도할 거대한 규모의 성당과 궁전이 필요 없어졌고, 건축물의 용도가 무궁무진하게 다양해졌다는 것이다. 일반 주택이야 큰 변화가 없었겠지만, 근대 이후의 대규모 건물들은 업무를 보거나 제품을 생산하며 많은 사람들이 함께 사용하는 용도로 바뀌었다. 더 이상 건축물의 장식으로 부나 권력을 자랑할 대상도, 필요도, 여유도 없어졌고, '미'에 못지않게 '기능'의 중요성이 높아졌다.

둘째로 '미'에 대한 관념과 건축사조의 변화도 큰 영향을 미쳤다. 건축의 '미'는 장식이 아니라 비례와 균형, 기하학적 형태, 심지어 최근에 유행하는 비정형적인 형태freeform에 의해 표현되고 설계의 방법과 개념이 완전히 달라졌다. 심지어 근대건축의 거장 미스 반 데르 로에는 건축물을 설계함에 있어 '간결한 것이 더 아름답다'라는 의미에서 "Less is More"라는 명언을 남겼고, 비슷한 시기 미국의 대표 건축가 루이스 설리번Louis Sullivan (1856~1924)은 "형태는 기능에 따른다"라는 기능주의 이론을 펴기도 했다.

셋째, 기능의 중요성과 미에 대한 개념의 변화를 실현시킬 수 있는 기술적 변화가 있었다. 근대에 들어서 대표적인 신기술로 철근 콘크리트와 철재, 커튼월 등이 등장했고 건축가들은 과거에 비해 건물을 설계하고 시공하는 데 있어 무한한 자유를 갖게 되었다.

여기서 주목할 만한 것이 또 다른 근대건축의 거장 르 코르뷔지에가 주장한 1) 필로티^{piloti}* 2) 자유로운 파사드^{façade} (입면) 3) 자유로운 평면 4) 수평창 5) 옥상정원 등 현대건축의 5대 원칙이다. 이 원칙들은 새 시대의 건축기술 덕분에 실현이 가능했고, 특히 이 중 앞의 세 가지 원칙은 기둥의 변화와 깊은 관계가 있다.

즉, 1층부에 기둥만 남기고 나머지 공간을 비워두는 '필로티' 구조는 기둥을 건물 내부에서 끌어내 외부 공간을 구성하는 요소로 역할을 바꿔놓았고, '자유로운 파사드' 원칙은 기둥들을 건물의 외벽선 뒤로 물러나게 해 입면에 의한 의장적 효과를 더욱 강조하게 만들었으며, 기둥은 건물의 하중을 담당하는 기능에만 충실하도록 만들었다. 또 '자유로운 평면' 원칙은 이러한 기둥 덕택에 벽체가 하중을 지지할 때 발생할 수밖에 없었던 평면의 폐쇄성, 고정성 등을 해소시켜 개방적이고 가변적인 평면을 가능케 했다.

지금 와서 보면 전혀 새로울 것이 없는 개념들이지만, 당시에는 너무나 혁신적인 아이디어였고, 결국 기둥은 건축기술의 발전과 설계방법의 변화로 화려함보다 기능에 충실하게 된 시대로 접어들게 되었다. 역시 예쁜 기둥보다는 듬직한 기둥이 가장 기둥답다고 봐야하지 않을까?

---

* 필로티(piloti)는 본래 건축물의 기초 말뚝이나 기둥을 가리키는 용어로, 오늘날에는 2층 이상의 건물에서 하층부 전체 또는 일부 벽면을 없애고 기둥만 남겨 개방감을 주도록 만든 구조형식 또는 공법을 통칭한다.

더 넓은 공간을 덮어라! ... 아치, 볼트, 돔

아치는 약한 하나가 약한 다른 하나에 기대어 구성된다. 그렇게 아치는 강해진다.

레오나르도 다빈치

서울 한복판에 위치한, 임금이 살던 경복궁의 대문, 광화문! 아래쪽에는 석재로 기단石築基壇을 쌓았고 위쪽으로는 2층의 문루門樓가 올려진 멋진 자태를 뽐내고 있다. 태조 4년인 1395년 처음으로 창건된 광화문은 이후 일제 강점기와 6·25전쟁 등 부침을 겪다가 2010년 완전히 옛 모습 그대로 복원되어 조선의 궁궐건축을 대표하는 건축물로 사랑을 받고 있다. 이 건축물에서 가장 눈에 띄는 것은 석축기단 가운데를 관통하는 3개의 문으로, 우리 조상들은 이런 문을 문 위쪽이 둥그런 무지개를 닮았다 하여, 홍예문虹霓門 (무지개 홍 虹, 무지개 예 霓)이라 불렀다. 영어로 하면 바로 '아치arch'다.

이 문 중에서 가운데 것은 높이가 17척 5촌(약 5.3m), 너비가 18

광화문의 정면 모습

척이고(약 5.5m), 양 옆의 문은 높이가 16척(약 4.9m), 너비가 14척 5촌씩(4.4m)이다. 문 위로 돌이 쌓여 있고 또 그 위로 문루까지 있는데, 콘크리트가 없던 시절 이런 육중한 하중을 떠받치고 있는 문으로는 그 높이와 폭의 규모가 상당하다. 어떻게 가능했을까?

바로 아치 구조가 갖고 있는 장점 때문이다. 그리고 그 연장선상에 '볼트vault'와 '돔dome'이 있다.

사실 아치나, 볼트, 돔 등은 더 오랜 옛날부터 수많은 건축물에 사용되어 왔고 규모로 보면, 광화문의 홍예문보다 훨씬 더 엄청난 것들이 수두룩하다. 어떻게 이런 구조물들이 탄생할 수 있었을까?

아치, 볼트, 돔의 차이?

일단 용어 정의부터 하고 들어가자.

건축에서 '아치'란 형태만 놓고 보았을 때, 개구부(문이나 창 등)의 윗부분을 곡선으로 만들어 양쪽 기둥 또는 벽체에 지지되도록 만든 구조물을 말한다. 여기서 '형태만 놓고 보았을 때'라고 전제한 것은, 이러한 모양을 일반적으로 아치라 부르기는 하지만, 명실상부한 아치는 구조적인 기능이 첨가되어야 한다는 뜻이다. 즉, 아치는 특히 조적조 건물에서 쐐기 모양의 돌이나 벽돌을 맞대어 연결해 곡선을 이루도록 하고 이 쐐기돌을 통해 상부의 하중을 기둥으로 전달하도록 만든 구조를 말한다. 반면 돌이나 벽돌을 쌓을 때 한 장 한 장 안쪽으로 조금씩 내어 쌓아 아치 모양이 되도록 한 것을 '유사 아치' 또는 '코벌 아치corbel arch, false arch'라 하며, 이 경우, 힘이 전달되는 방향은 일반 아치(또는 '진성 아치true arch')와 같으나 벽돌이나 돌과 같이 압축력에 강한 부재의 성질을 이용하는 데에는 부족함이 있다.

개구부 위에 수평보horizontal beam를 설치할 때와, 아치로 개구부를 만들 때의 구조적 특성을 비교해 보면 수평보의 경우 상부에서 하중이 가해질 때 양쪽 기둥에서 가장 거리가 먼, 보의 중앙부가 제일 취약한 곳이 된다. 거기다가 이 보가 돌로 만들어진 것이라면, 압축력에는 강하지만 양옆으로 잡아당기는 인장력에 약한 재료의 특성 때문에 기둥의 간격을 넓히는 것이 매우 불리해진다. 그리고 보 위에 또 다른 구조물이 있어서 개구부의 상부가 받쳐야 할 하중이 더 커지면 구조적으로 더 불리해져서, 수평의 보가 부러지거나

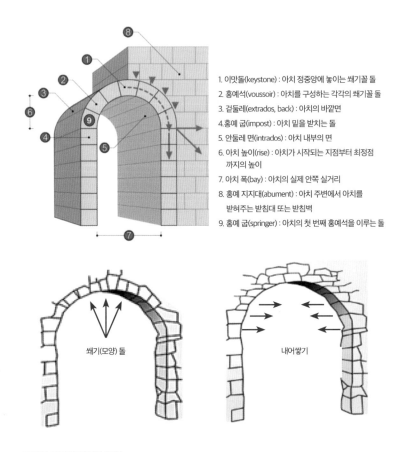

1. 이맛돌(keystone) : 아치 정중앙에 놓이는 쐐기꼴 돌
2. 홍예석(voussoir) : 아치를 구성하는 각각의 쐐기꼴 돌
3. 겉둘레(extrados, back) : 아치의 바깥면
4. 홍예 굽(impost) : 아치 밑을 받치는 돌
5. 안둘레 면(intrados) : 아치 내부의 면
6. 아치 높이(rise) : 아치가 시작되는 지점부터 최정점
   까지의 높이
7. 아치 폭(bay) : 아치의 실제 안쪽 실거리
8. 홍예 지지대(abument) : 아치 주변에서 아치를
   받쳐주는 받침대 또는 받침벽
9. 홍예 굽(springer) : 아치의 첫 번째 홍예석을 이루는 돌

쐐기(모양) 돌

내어쌓기

아치의 부위별 명칭과 유형

상부구조와 함께 무너져 내릴 수 있다. 그러니 양쪽 기둥의 간격을 좁힐 수밖에 없고, 파르테논 신전의 예에서 보듯이, 그 거대한 규모에 비해 석재 기둥의 간격이 좁아진 것도(4.29m) 바로 그 때문이다.

반면, 아치 구조에서는 상부의 하중이 쐐기돌을 타고 기둥으로 전달되고 그 과정에서 하중은 수평 방향과 수직 방향으로 분산되니 더 큰 하중을 견딜 수 있다. 또, 석재나 벽돌로 된 쐐기돌은 압축

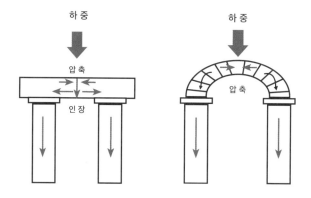

기둥·보 형식의 구조물과 아치의 하중 전달 비교

방향의 하중만 받게 되어 평보에서와 같은 취약점이 사라진다. 결과적으로 같은 조건이라면 기둥의 간격을 더 넓힐 수 있게 되는 것이다. 이러한 구조적 원리는 비단 석재나 벽돌 구조에서만 통하는 것이 아니라 철근콘크리트를 사용한 구조물에서도 당연히 적용된다. 아치의 예는 우리 몸에도 있다. 발바닥에 있는 아치 모양의 뼈가 바로 그것. 이 아치가 비정상적으로 낮거나 평평한 것을 우리는 '평발'이라 부르고 '평발'인 사람은 오래 걷거나 뛸 수가 없어서 아주 심하면 군대도 못 간다는 것쯤은 많이 알려진 상식이다.

둥근 상부구조를 벽이나 기둥이 받치고 있는 아치가 계속 이어져 터널과 같은 3차원의 형태를 띨 때 그것을 '볼트'라 한다. 그리고 이 아치를 횡 방향으로 360° 회전시키면 원형 지붕을 갖는 '돔'이 된다. 구조적 원리는 모두 마찬가지! 그러니까 일반적인 '수평보'보다 훨씬 긴 스팬과 넓은 공간을 덮는 구조와 건축물이 가능해진다.

자연에서 배운 아치?

인류는 둥근 아치가 구조적으로 우수한 형태라는 것을 어떻게 알았을까? 거기다 쐐기모양 또는 부채꼴의 돌이나 벽돌을 이어 붙이는 것이 힘의 전달과 재료의 특성을 이용하는 데 유리하다는 것을 어떻게 알았을까? 여러 고대 건축의 발명품들과 마찬가지로, 그 당시를 살아본 사람이 없으니 이 질문에 답하기란 참 어려운 일이다. 다만 유구한 시간의 흐름 속에 아치의 튼튼함과 오래 버틸 수 있음을 알려주는 '자연 아치'들을 여러 곳에서 발견할 수 있다. 바닷가 절벽 아래나 돌섬 한가운데 뻥 뚫려 있는 아치들이 대표적인 예로, 세계 어디를 가나 이런 절경을 가진 곳들은 유명 관광지가 되곤 한다.

'자연 아치'가 만들어지는 이유는 파도나 바람에 의한 풍화작용을 오랫동안 거치면서 여러 지층 중에 소프트한 부분은 닳고 더 단단한 부분만이 남아 아치 형태를 만들기 때문이다. 이렇게 만들어진 자연 아치 중에 가장 규모가 큰 것은 '신선의 다리仙人橋'라는 뜻의 중국 '지안렌 브리지Xianren Bridge'로 스팬이 자그마치 127m에 이른다.[1]

아무리 수천 년 전이라 해도 지구의 나이를 감안한다면 어디엔가 이런 자연 아치가 존재했을 것이고, 인류는 그 아름다움에 빠져 흉내라도 한번 내보려 한 것 아닐까? 그러다 여러 시행착오를 거치면서 이 방법이 '수평보'보다 구조적으로 훨씬 유리하다는 것을 발견하고, 특히 그들이 가진 재료로 훌륭한 아치를 만들 수 있다는 것을 깨우친 것 아닐까?

경이로운 자연 아치. 중국의 지얀롄 브리지(a)와 독도 서도의 코끼리 바위(b)

사람의 손으로 만든 아치

그 과정이야 어찌됐든, 사람의 손으로 만든 아치, 그것도 '진성 아치'가 처음 등장한 것은 지중해 연안에 위치한 고대 문명에서부터로, 아치와 볼트를 연구해온 고고학자들은 그 기원이 고대 이집트나 메소포타미아라 보고 있다.[2] 이번에도 어김없이 말이다.

먼저 이집트의 경우, 나일강의 습지로부터 풍부한 갈대를 구할 수 있었던 하下이집트Lower Egypt에서 갈대 다발을 엮어 만든 아치의 모습이 제단이나 배의 선실을 묘사한 그림에 등장한다고 한다. 당연히 실물이 남아 있을 리 없지만, 이 갈대로 만든 아치가 '유사 아치'이든 '진성 아치'이든 아치 모양을 만들게 된 계기이자 모델이었을 것이라는 주장이 있다.

제대로 된 아치, 즉 벽돌로 만든 아치 중 가장 오래된 것으로 알려진 것은 메소포타미아 수메르인들의 도시 니푸르Nippur에서 발굴된 지하수로의 아치로, 이 유적은 BC 3800년, 길게는 BC 4000년 경의 것이라 추정되고 있다. 이 이례적인 사례를 제외하면, 아치로 된 구조물은 BC 3000년에서 BC 2000년까지 이집트나 메소포타미아에서 비슷하게 등장하는데, 현존하는 유적으로는 메소포타미아가 더 앞서는 것으로 평가된다.

어떻게 아치와 볼트의 구조적 원리를 터득했는지는 아직도 미스터리이지만, 여기에는 고대 인류의 지혜가 담겨 있었다고 한다. 특히 메소포타미아 지역의 경우, 기온이 높은 지역적 특성 때문에 벽돌로 만든 집이 실내온도를 낮게 조절하는 데 유리했고, 볼트 구조를 사용하면 평지붕보다 천장고를 높여 더운 공기를 더 높이 올려 보낼 수 있었기 때문에 좀더 시원한 실내를 만들 수 있었다. 또 이 지역에는 건물을 높게 올릴 수 있는 쓸 만한 통나무가 흔치 않았으니, 재료의 가용성이나 경제성 차원에서도 벽돌 아치와 볼트가 안성맞춤이었을 것이다.

꿈보다 해몽이란 느낌이 없지 않지만, 그것까지도 이해할 만하다. 그런데 가장 궁금한 것은 쓸 만한 연장과 장비도 없던 시절에 시공을 어떻게 했느냐다. 이 질문에 고대 아치와 볼트를 연구하는 학자들은 발굴된 유적으로부터 크게 세 가지 유형의 아치와 볼트가 있었다고 답한다.[3]

그 첫 번째는 원심형 아치와 볼트radial arch & vault 다. 제 모습을 갖춘 아치의 경우, 쐐기돌의 중심선이 반원 안쪽의 중심을 향해 모아지고 연속된 쐐기돌들이 부채 모양으로 펼쳐지는 형태를 갖는다. 그런데 초기의 진흙 벽돌들은 대부분 평평한 직육면체 모양이어서 그대로 이어 붙이면 부채꼴이 나올 수 없다. 그래서 벽돌 사이에 접착제 역할을 하는 진흙 모르타르 속에 작은 돌맹이나 질그릇 조각

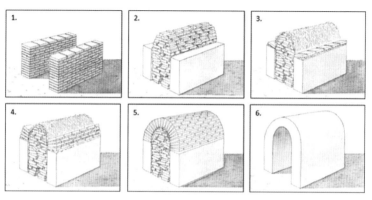

원심형 아치와 볼트의 제작 과정

을 넣어서 부채꼴 모양의 경사가 나오게 만들어 아치의 형태를 완성했다.

사실 모양보다 중요한 것은 이 벽돌을 원형으로 쌓을 때 아치의 형태를 유지시켜 줄 무엇인가가 필요했을 터인데, 그것이 무엇이었느냐이다. 아치의 부흥기를 이뤄 낸 로마인들만 해도 목재 형틀을 만들 줄 알았지만 청동기시대 연장으로는 그런 세련된 형틀이 불가능했을 것이다. 이 궁금증은 아래 원심형 아치와 볼트 제작 방법을 보여주는 그림을 보면 쉽게 해결된다. 즉, 아치와 볼트를 받칠 벽체를 먼저 만들고 그 안쪽에 맨 벽돌을 쌓아 둥근 모습을 갖추도록 한다. 그리고 그 위에 원심을 향한 벽돌 지붕을 완성한 뒤, 마지막으로 내부의 벽돌을 제거하면 끝.

이런 방법으로 만들어진 아치와 볼트의 예로는 BC 2900년경 이라크 텔 라주크Tell Razuk에서 발견된 것이 있으며, 역시 이라크 지역 '에듀블랄마르 사원Edublalmahr Temple (BC 2100)'에서 발견된 옛 우

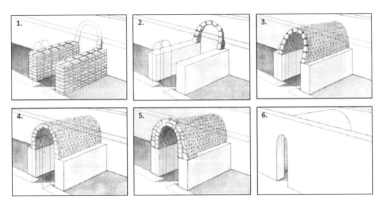
경사형 아치와 볼트의 제작 과정

르의 것으로 알려진 아치 볼트가 있다. 이중 '에듀블랄마르 사원'의
것은 현존하는 가장 오래된 사례 중 하나로 거의 원형 그대로 보존
되어 있다.

두 번째 유형은 경사형 아치와 볼트piched-brick arch & vault다. 이 방
법에서도 양쪽 벽체를 먼저 만드는 것은 동일하다. 그런데 그림에
서 보는 것처럼 벽체 안쪽에 형틀 역할을 할 벽돌 더미가 없고, 그
대신 뒤쪽 벽체를 버팀대 삼아 아치 모양으로 벽돌을 돌려 쌓는다.
이때 양쪽 벽체와 아치가 맞닿는 부분에 벽돌로 경사를 만들어주
면 첫 번째 켜를 비스듬하게 쌓을 수 있어서 벽돌이 미끄러지지 않
고 앞으로 무너지지 않게 된다. 그 다음부터는 모르타르로 벽돌을
접착시키며 한 켜씩 완성해 가고 마지막으로 반대쪽 벽체와 경사
진 볼트와의 공간을 메워서 완성한다.

마지막은 뼈대형 아치와 볼트ribbed arch & vault로, 이 방법은 여러
개의 벽돌을 이어 붙여 곡선을 만드는 것이 아니라, 아예 곡면의 벽

완성된 뼈대형 아치와 볼트의 모습과 이란 누쉬잔(Noushijan)의 사원에서 발굴된 유적

돌을 큰 사이즈로 제작해 두 장의 벽돌을 서로 맞대어 아치 면을 만드는 것이다. 벽돌이 맞닿는 곳이나 벽체와 만나는 부분엔 모르타르에 벽돌 조각 또는 질그릇 조각을 섞어서 적절한 각도를 만들고 공간을 메꾸었으며 강도도 보강했다. 이 방법을 이용하기 위해선 벽돌을 별도의 크기로 제작해야 했을 테니 이를 주문제작형 볼트라고 해야 할까?

아치와 볼트의 전성시대, 고대 로마

고대 로마인들은 역사상 최초로 아치와 볼트, 심지어 돔 구조까지 그 장점을 제대로 살려 건축물에 적용했다. 처음엔 이탈리아 중부지역에서 번성했던 에트루리아^{Etruria}(BC 8세기)인들에게서 아치 만드는 법을 배워왔다고 하니[4] 아치가 그들의 독자적인 발명품이라 할 순 없지만, 각종 건축물은 물론 교량과 수로, 개선문과 같은 기념물에 적용한 이들의 아치와 볼트는 기술이나 심미적인 측면에서 우리들을 놀라게 한다.

특히 이전 시대와 비교할 때 가장 큰 차이점은 아치와 볼트의 스팬, 돔이 커버하는 공간의 크기 등에 엄청난 발전이 있었다는 것이다. 어떻게 그런 발전이 가능했을까? 답은 바로 '시멘트'와 '콘크리트'다. 석회와 화산재 가루, 테라코타, 기타 혼합재료를 섞어 만든 시멘트, 그리고 여기에 물과 동물의 지방질, 젖, 피 등을 혼합한 콘크리트는 벽돌의 접착재로서뿐만 아니라 하중을 받아내는 구조재로서도 뛰어난 성능을 발휘했다.

BC 312년부터 건설되기 시작해 로마의 도시를 이어놓은 거대한 수도교水道橋, aqueduct, 외벽에만 240개의 아치가 있고 경기장 하부에 수많은 아치와 볼트가 미로를 이루고 있는 콜로세움*, 20세기 이전까지 최대의 콘크리트 돔 구조물이었던 판테온(AD 125), 막센티우스Marcus Aurelius Valerius Maxentius (미상~312)와의 전쟁에서 승리한 콘스탄티누스 대제Flavius Valerius Constantinus (AD 274~337)를 기리기 위해 건축된 콘스탄티누스 개선문Arch of Constantine (AD 315)까지. 아치와 볼트, 그리고 돔은 이 위대한 로마의 건축물들을 더욱 빛나게 하고 있다.

더 놀라운 것은, 로마인들이 건축과 토목에 있어 뛰어난 엔지니어링 기술과 시공능력까지 갖추고 있었다는 것이다. 아쉽게도 그들이 하중과 반력反力에 대해 어떤 계산법을 사용했는지 자세히 알

---

* 남아 있는 총 4개층 중 3개층에 매층마다 80개의 아치가 뚫려 있다.

프랑스 가르 데파르트망(Département)에 있는 고대 로마의 수도교, 퐁 뒤 가르
(가르교, Pont du Gard, AD 1세기 중반)

수는 없지만, 아치와 볼트를 만들 때 정밀한 역학적 계산과 고려가 있었음이 분명하다. 시공 방법 또한 매우 세련되어져 간다. 형틀 formwork 과 비계 scaffold 를 사용한 것이다.[5] 메소포타미아처럼 아치나 볼트의 하부를 벽돌로 채워 넣지 않고도 형틀을 사용해 아치 윗부분의 둥근 형태를 만들어 낼 수 있었고, 비계를 써서 더 높은 곳에, 더 높게 아치나 볼트를 쌓을 수 있었으니 이 두 가지 도구만으로도 이전 시대와는 완전히 차별화된다. 게다가 이 형틀과 비계는 모두 목재로 만들었는데, 로마인들은 과거 청동기시대와 달리 철로 된 톱과 못, 망치를 사용했으니 훨씬 쉽게 나무를 재단하고 형태를 만들 수 있었을 것이다. 그렇다면 이 연장들도 로마가 아치, 볼트, 돔 건축을 꽃피우는 데 숨겨진 공로자가 아니었을까.

　로마인들의 지혜와 기술 덕분인지 아치와 볼트, 돔 건축기술은 세계 곳곳으로 퍼져 나간다. 이에 관한 한, 로마보다 더 앞선 시대,

콘스탄티누스 개선문

또는 비슷한 시대에 더 세련된 기술을 가지고 있었던 지역이나 나라는 없었던 것 같다. 물론 이후 시대의 문명과 나라들도 로마 못지않은 작품들을 남겼다. 비잔틴과 인도, 중국, 유럽의 중세 고딕 양식에서부터 근대와 현대 양식에 이르기까지 부드러운 곡선미와 기능적 장점을 갖춘 아치와 볼트는 인류의 사랑을 받는 건축양식이 되었다.

한편, 우리나라의 경우 건축물보다 주로 '다리'에서 아치 구조를 찾아볼 수 있다. 최초의 아치형 다리, 즉 '홍예교'는 8세기경 완성된 불국사의 청운교, 백운교, 연화교, 칠보교다. 이름은 네 개지만 두 개씩 아래위로 쌍을 이루고 있고, 다리라기 보다 계단과 같아 보이

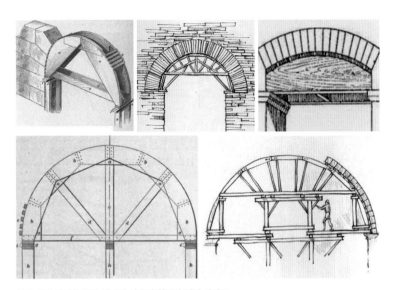

로마 시대 아치와 볼트 제작에 사용된 형틀과 비계 상상도

는데, 홍예교는 두 개의 다리가 이어지는 중간 부분의 아래쪽에 위치하고 있다. 사실 '다리'라고 부르기에는 초기 형태여서인지, 규모나 아치의 곡률 등이 모두 소소하고 눈에 잘 띄지 않는다.

신라시대 이후로 여러 홍예교가 만들어졌겠지만 현재까지 남아있는 다리 중 학술적 가치가 있는 것으로는 흥국사 홍교興國寺虹橋 (보물 제563호, 1639년), 벌교 홍교筏橋虹橋(보물 제304호, 1734년), 영산 만년교靈山萬年橋(보물 제564호, 1789년), 선암사 승선교仙巖寺昇仙橋 (보물 제400호, 1824년) 등이 있다.[6]

건축에서 중요한 것이 기능이냐, 아름다움이냐를 두고 수많은 건축가들이 고민하고 입씨름을 해왔을 것이다. 하지만 아치와 볼트

우리나라의 대표 아치교. 흥국사 홍교(a), 영산 만년교(b), 선암사 승선교(c)

그리고 돌을 두고선 양자택일로 싸울 필요가 없다. 기능과 아름다움을 함께 얻을 수 있는 건축요소이니 말이다. 인류가 만든 아름다운 이 건축 요소들을 보고 있자면, 건축은 기능과 아름다움을 동시에 갖추는 작업이라는 것을 새삼 느끼게 된다.

국민 건축재료 ... 시멘트, 콘크리트, 철근콘크리트

"사방을 몇 바퀴 아무리 둘러봐도, 보이는 건 싸늘한 콘크리트 빌딩숲, 정 둘 곳 찾아봐도 하나도 없지만, 그래도 나에겐 제2의 고향~"

젊은 세대는 알까? 이젠 원로가 된 어느 가수가 부른 노래, 〈제2의 고향〉의 가사다. 이 곡에 나오는 '콘크리트'는 뭔가 현대적이고 도시적인 이미지를 떠올리게 하면서도 가사 그대로 차갑고 쓸쓸한 느낌을 준다. 이미 40년쯤 된 옛날 노래지만, '콘크리트'에 대한 이미지는 많이 변하지 않은 것 같다.

그런데도 우리나라 사람들은 건물을 지을 때 유독 콘크리트를 선호한다. 경제와 건축기술의 발전이 함께 이뤄지면서 콘크리트는 쉽게 구하고 다룰 수 있는 재료였다. 또 모든 사람들이 '자기 집'을 보물 1호로 생각하면서 오래 살 집, 튼튼한 집이 필요했다. 그러다 보니 다른 건축 재료들보다 튼튼한 콘크리트를 선호하게 된 것 아닐까? 거꾸로, 콘크리트가 없었다면 어떻게 이런 대도시와 고층빌딩들을 건설할 수 있었을까? 차갑고 쓸쓸한 느낌을 주지만 이렇게 고마운 콘크리트는 대체 누가 발명한 것일까?

헌데, 일반 사람들은 '콘크리트'라는 용어를 '시멘트'나 '철근콘크리트'와 혼동해 사용할 때가 많다. 간단히 정리하면, '시멘트'는 '콘크리트'를 구성하는 재료 중 하나이며, '시멘트+모래+자갈'과 물을 반죽하면 '콘크리트'가 만들어지고 그 속에 철근을 넣으면, 즉 배근配筋하면 '철근콘크리트'가 된다. '철근콘크리트'의 반대말은? 딱 맞는 답은 아니지만, '철근콘크리트'와 구분해서 '철근'을 넣지 않은 콘크리트를 '무근無筋 콘크리트'라 부른다.

이런 재료나 용어가 현대적 개념으로 정착된 것은 기나긴 건축 역사에 비해 그리 오래지 않다. 아주 오랜 옛날에도 '시멘트'와 '콘크리트'라는 재료는 있었지만, 지금의 그것과는 사뭇 달랐고 그 용도도 매우 제한적이었다. 이제 그 역사와 변화를 알아보도록 하자.

시멘트는 어디서부터 어떻게 발전해왔나?

'시멘트cement'라는 단어의 어원은 '물체를 결합시키다'라는 프랑스어 'cimenter', 또는 더 오래전으로 거슬러가 접착제라는 뜻의 그리스어 'cementos'에서 유래되었다고 한다. 그러니 지금처럼 공장에서 생산해 포대에 담겨진 회색빛 가루만 시멘트가 아니라 결합, 접착의 기능을 가진 재료라면 모두 시멘트의 조상이 될 수 있다는 뜻이다.

그런 의미에서 가장 오래된 시멘트의 흔적은 BC 12000~BC 10000년경 지금의 터키 지역의 유적지에서 발견되었다고 한다. 하지만 너무 먼 옛날이어서인지 이를 뒷받침할 수 있는 구체적인 정보는 발견하기가 어렵고, 좀더 확실한 증거는 고대 이집트의 건축물에서 찾아볼 수 있다. 이집트인들은 소석고燒石膏, calcined gypsum * 와 석회를 혼합해 시멘트를 만들었는데, 기자의 대피라미드를 만들 때 이 시멘트에 물을 섞어 반죽한 '모르타르'를 50만 톤가량이나 사용했다고 한다.[1] 이 정도면 시대가 시대이니만큼 엄청난 양인데, 이 모르타르의 주된 용도는 피라미드 겉면에 '케이싱 스톤'**을 부착하는 것으로, 모르타르 덕분에 '케이싱 스톤'의 줄눈 두께를 0.5mm까지 줄일 수 있었다.

고대 그리스와 로마 시대에 와서는 시멘트의 수준이 한 단계 높아졌다. 그리스의 옛 도시 메가라Megara 유적을 발굴하던 중 BC 500년경에 만들어진 지하 수로와 급수장이 드러났는데, 이 시설의 12mm 두께 바닥마감에는 석회와 화산재pozzolan를 섞어 만든 시멘트가 사용됐다.[2] 이 시대 사람들은 그들이 만든 시멘트가 물속에서도 경화가 된다는 것hydraulic cement을, 즉, '수경성水硬性'의 성질을

---

* 석고를 120~130℃로 가열해 얻는 분말

** 기자의 피라미드는 기본적으로 화강암(granite) 블록을 쌓아 형태를 만들고 그 겉면에 백색 석회암(white limestone)로 된 '케이싱 스톤'을 붙여 마감을 했다. 현대 건축으로 말하자면, 거친 벽돌로 쌓은 벽면에 매끈한 타일을 붙인 셈인데, 표면이 매끈한 '케이싱 스톤'은 햇빛을 반사시켜 멀리서도 반짝이는 피라미드를 볼 수 있었다고 한다. 하지만, 세월이 흐르면서 이 마감 재료가 떨어져 나갔고, 대부분을 다른 건축공사에 가져다 쓰는 바람에 지금은 잔해조차 많이 남아 있지 않다. 다만, 피라미드 꼭지 부분에 일부 케이싱 스톤이 남아 있는 것을 볼 수 있다. 만약 모든 케이싱 스톤이 원래대로 남아 있고 관리가 잘 되었다면, 화려하게 반짝이는 피라미드는 상상할 수 없을 만큼 아름다웠을 것이다. 여기서 케이싱 스톤 간의 간격, 즉 줄눈두께가 0.5mm라는 것은 사실 현대 건축공사에서도 얻기 어려운 정확도다.

피라미드 외부를 둘러싼 케이싱 스톤

가지고 있음을 알고 있었던 것이다. 화산재만으로는 물속에서 굳힐 수 없지만 혼합된 재료의 화학작용으로 이러한 성능이 가능해진다.

뒤를 이어 로마인들도 석회와 화산재 가루를 섞어 만든 시멘트를 사용했다. 로마인들은 화산재를 이탈리아 베수비오 Vesuvio 화산에서 쉽게 구할 수 있었고, 인근 도시 '포추올리 Pozzuoli'의 이름을 따, 이 재료를 'pozzolanic cement'*라 불렀다. 로마인들은 시멘트의 제조방법과 재료를 계속 발전시켜서, 화산재 대신 구운 점토, 즉 테라코타 terra cotta 를 분쇄한 분말을 사용했고, 산화알루미늄, 즉 '알루미나'나 이산화규소, 즉 '실리카' 등의 재료를 첨가하기도 했다.** 이렇게 만들어진 시멘트는 화산재 시멘트에 비해 강도는 좀 떨어졌지만, 수밀성은 더 향상되는 결과를 가져왔다.

그런데 로마 시대 이후 시멘트와 콘크리트는 오랫동안 휴지기

---

*   화산재 혼합 시멘트, 요즘 용어로 '포졸란 시멘트'.

**   '알루미나'나 '실리카' 같은 재료는 현대 시멘트를 제조할 때 혼합하는 재료이기도 하다.

에 들어갔다고나 할까, 주목할 만한 발전을 보이지 않다가 중세기 중·후반에 이르러서야 재발견된다.

영국의 '더럼 대성당Durham Cathedral (15세기 완성)', '링컨 대성당Lincoln Cathedral (1280년)', '로체스터 대성당Rochester Cathedra (1277년 이후 증축)', 프랑스의 '샤르트르 대성당Chartres (1220년)', '랭스 대성당Rheims Cathedral (1241년 재건축)' 등 비슷한 시기의 대표적인 중세 건축물들을 보면, 석재를 쌓을 때 시멘트와 모르타르를 아주 세련되게 사용했음을 알 수 있다. 그러나 정작 시멘트와 콘크리트의 장점을 최대한 살리지는 못한 것으로 평가된다. 이 재료들이 구조적으로 큰 기여를 한 것이 아니었기 때문이다.

세월이 더 흘러 1759년, 영국의 토목기술자 존 스미턴John Smeaton (1724~1792)이 영국 남서부 에디스톤에 등대 하나를 건설하게 된다. 산업혁명의 여파로 경제활동과 통상이 활발해지면서 화물선 운행이 잦아졌고 이 선박들의 안전을 위해 등대를 되도록 해안가에 바싹 붙여 건설할 필요가 있었다. 스미턴은 고대 로마인들이 발견한 것처럼 석회와 점토, 거기에 용광로에서 나온 찌꺼기인 슬래그slag를 섞어 만든 시멘트가 물속에서도 굳는다는 사실을 새삼 발견하고, 이 재료를 등대 건설에 사용했다.[3] 파도가 몰아치는 환경 속에서도 화강암 블록으로 만들어진 등대의 몸통이 든든히 버틸 수 있도록 시멘트를 접합재료로 사용한 것이다.

1824년에는 드디어 현대 시멘트의 효시라 할 수 있는 '포틀랜드 시멘트Portland Cement'가 등장한다. 영국의 조지프 애스프딘Joseph Aspdin (1779~1885)이 점토와 석회석 가루를 섞어 구워낸 다음, 이

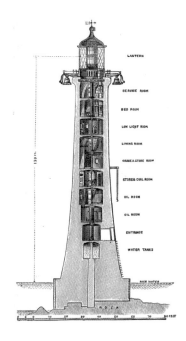

존 스미턴의 에디스톤 등대

과정에서 만들어진 덩어리를 다시 곱게 가루로 만들어 시멘트를 만드는 방법을 고안해 낸 것이다.[4] 이 시멘트가 '포틀랜드 시멘트'라 불리게 된 것은 이 재료로 만든 콘크리트가 당시 영국 건축공사에 많이 사용되던 포틀랜드석石과 닮았기 때문이다.

사실 이 시멘트가 현대적 시멘트의 효시라고는 하나, 지금처럼 충분히 높은 온도에서 생산되는 것은 아니어서 성능 면에선 비교할 것이 못 된다. 하지만, 생산과정만큼은 그때나 지금이나 큰 차이가 없고, 이후 그가 개발한 시멘트가 템스강 밑을 지나는 탬스터널Thames Tunnel (1843) 공사에 사용되면서 본격적으로 주목받기 시작했다.

여기서 잠깐! 그러면 현대의 시멘트는 어떻게 만들어질까?

시멘트 생산공정은 먼저 원료인 석회석을 캐내어 두 번 내지 세 번에 걸쳐 분쇄하는 조쇄 과정으로 시작된다. 다음 단계는 부원료인 점토나 산화철 원료 등을 석회석 분말에 추가해 섞고 다시 곱게 분쇄하는 원료 분쇄 과정. 이때 첨가하는 부원료의 양과 구성비에 따라 시멘트의 성능이 달라진다. 이어서 이 분말을 약 850~900℃까지 예열하고, 다시 회전식 소성로rotary kiln에서 약 1,450℃까지 구워낸 다음(소성단계), 소성된 시멘트 원료를 100℃ 이하로 급랭시킨다. 이 과정에서 암록색의 덩어리인 클링커clinker가 만들어지고 여기에 석고를 첨가한 후 더 잘게 분쇄하는 과정을 거치면 시멘트가 완성된다. 이때 소성온도나 석고의 첨가량 역시 시멘트의 성능에 영향을 미친다.[5]

그러니까 건축재료를 '결합' 또는 '접착'시키는 기능을 하거나 고대 콘크리트의 원료로 사용되었던 시멘트는 아주 오래전부터 존재했지만, 우리가 알고 있는 '시멘트'의 원조는 위의 과정을 거쳐 생산된 '포틀랜드 시멘트'이고, 19세기 초에 발명된 이 제품은 아직도 같은 이름으로 불린다.

시멘트 + 물 + □ = 모르타르(Mortar)

'시멘트' 이야기에서 '콘크리트'로 넘어가기 전에, '모르타르mortar'에 대해 이해하고 갈 필요가 있다. 'mortar'는 '으깨진', '분쇄된' 등의 의미를 갖는 라틴어 'mortarium'에서 유래했다고 한다.

일반적으로 현대적 개념의 모르타르는 시멘트에 모래를 배합한 뒤, 물을 섞어 만든 반죽을 말한다. 벽돌을 쌓는 기술자가 한 장 한 장 벽돌을 쌓을 때마다 벽돌의 위아래에 바르고 벽돌 사이사이에 채워 넣는 시멘트 반죽이 바로 이것이다. 또는 반죽 그 자체를 형틀에 넣고 건조시킨 후 건축자재로 사용하기도 한다. 시멘트 벽돌이 그렇게 만들어진다.

모르타르를 만들 때 시멘트의 양과 모래의 양을 어떻게 배합하는가에 따라* 이 반죽이 굳었을 때의 '단단함' 즉, '강도'가 결정된다.

재미있는 것은 '시멘트'는 분말이고, 여기에 모래와 물을 넣어 반죽한 것이 '모르타르'인데 이것이 굳어버리면 더 이상 '모르타르'라 부르지 않고 최종적인 목적이 무엇이었나에 따라 이름이 달라진다. 예를 들어, 벽돌 사이사이 발라놓은 모르타르는 '(시멘트) 줄눈', 벽면 위에 바르면 '(모르타르) 마감' 식으로 부른다. 더 이상 '반죽'이 아니기 때문에.

콘크리트의 탄생과 발전

'concrete'라는 단어를 사전에서 찾아보면 건축 재료로서의 '콘크리트' 외에, '구체적인', '사실에 의거한'이라는 뜻이 나온다. 무엇인가 단단한 느낌? 그런데 의외로 'concrete'는 라틴어의 '혼합하다 concretus'라는 말에서 유래됐다고 한다. 콘크리트의 역사는 시멘트의 역사와 궤를 같이 하는데, 시멘트에 모래나 점토, 자갈, 기타 첨

---

* 콘크리트를 만들 때는 모래와 자갈을 통틀어 '골재'라 부르고 모래는 '가는 골재', 자갈은 '굵은 골재'라 구분한다.

가 재료를 혼합해서 콘크리트가 완성됐기 때문에 그런 어원을 갖게 된 것이 아닐까. 현대의 콘크리트가 시멘트와 모래, 자갈, 물을 기본 재료로 만들어진다는 것을 생각하면 '혼합하다'라는 뜻은 매우 적합한 의미일 수도 있겠다.

많은 문헌들을 비교하다 보면 시멘트, 모르타르, 콘크리트의 역사가 뒤섞여 있는 것을 발견할 수 있다. 종종 각각에 대한 정의조차 헷갈린다. 그러니 이 재료들을 구분하려면, 콘크리트를 단순한 접착제나 충전재가 아닌 좀더 구조적 역할을 하는 재료로 정의하는 것이 좋을 것 같다. 그러면 콘크리트의 기원을 따지는 데 있어 그 범위를 좁힐 수 있다.

자, 이제 콘크리트의 기원을 찾아보기로 하자. 그 대표적인 흔적은 BC 6500년경 중동지역에서 번성했던 작은 왕국 나바테아 Nabataea 의 유적에서 나온다. 나바테아의 사례에서 주목할 만한 것은, 시멘트를 돌이나 벽돌을 쌓는 벽체에 사용하기도 했지만, 지하에 방수가 되는 수조水槽를 설치하거나 '콘크리트 바닥'을 만드는 데에도 사용했다는 것이다. 구조체로서의 성능을 발휘했다고나 할까. 특히 나바테아 사람들은 콘크리트를 다루는 솜씨가 매우 뛰어나서, 시설물의 수밀성을 높이기 위해 '된 반죽'의 콘크리트를 만들었고, 경화와 접착력 촉진을 위해 콘크리트 표면을 두들겨 주는 도구까지 개발할 정도로 이 재료에 대한 이해도가 매우 높았다.[6]

또, 이 왕국의 기술자들은 일찍이 시멘트의 탁월한 성능을 알아채고 BC 700년경 시멘트 공급을 위한 가마kiln (지금의 소성로)를 만들었다고 한다. 고대 그리스인들이 알고 있었던 시멘트 제조법이나 수경성의 성질은 이미 이 무렵부터 널리 알려져 있었던 듯하다.

그리스의 뒤를 이어 시멘트와 모르타르는 로마 시대에도 주요 건축 재료로 널리 사용되었다. 특히 로마인들은 시멘트에 동물의 지방질이나 젖, 피 등을 혼합해 콘크리트를 만들었고 대형 건축물에도 이 재료를 사용했다. 그중에서 가장 대표적인 건물이 하드리아누스 황제Hadrianus(AD 76~138)가 집권하던 서기 125년에 완공된 '판테온 신전'이다. '판테온Pantheon'은 그리스어로 모두를 뜻하는 '판Pan'과 신을 뜻하는 '테온Theon'이 합쳐져 만들어진 명칭으로 다신교를 숭배했던 로마가 모든 신들에게 바쳤던 신전으로 알려져 있다. 그리스의 '파르테논Parthenon(BC 438)'과 혼동하지 말 것!

놀랍게도 판테온은 20세기 이전까지 세계 최대의 콘크리트 건축물이었으며, 아직도 '무근 콘크리트'로 지어진 건물로는 최대 규모이다. 전면부인 '포르티코'(기둥이 늘어선 현관 또는 전실)Portico를 통해 판테온 내부로 들어가면 바로 원형으로 된 대형 공간 '로우턴더rotunda'가 나타나는데, 천장을 이루고 있는 돔과 돔을 받치고 있는 벽체가 모두 콘크리트로 만들어졌다. 내부 공간을 보면 돔의 지름과 1층 바닥으로부터 돔 꼭대기까지의 높이가 43.3m로 같고, 반구형 돔의 높이와 그 밑의 벽체 높이도 거의 동일하다. 그러니까 높이 약 20m, 무게 약 4,535톤에 달하는 콘크리트 돔을 다시 20m 높이의 콘크리트 벽체로 받치고 있는 구조다. 가장 두꺼운 기초는 폭이 약 7.3m, 벽체에서 가장 두꺼운 부분의 두께는 약 6m, 상부 돔의 두께는 가장 얇은 곳이 무려 1.6m나 된다. 돔의 최상부 가운데에는 '오쿨루스oculus(커다란 눈)'라는 이름의 지름 9.1m 원형 천창이 뚫려 있어서 빛이 들어오는데, 이 자연 조명은 그야말로 신성한 분위기를 자아내기에 안성맞춤이다.

구조적으로는, 상부의 돔과 하부 벽체의 골격이 벽돌로 된 아치로 되어 있어서 상부의 하중을 효과적으로 기초에 전달하고 있다. 콘크리트는 이 뼈대 사이를 채우는 재료로 사용됐는데, 흥미로운 것은 높은 곳으로 갈수록 하중을 줄이기 위해 벽체나 돔 패널coffer (천장 면을 구성하는 사각형의 패널)의 두께를 점차 줄여갔고, 단계별로 무게가 덜 나가는 골재를 사용했다는 것이다. 예를 들어, 가장 하층부 벽체에는 경질의 응회암tuff과 트래버틴 travertine (다공질의 대리석)을 골재로 사용했고 돔의 맨 윗부분에는 좀더 무게가 가볍고 입자가 작은 응회암 자갈과 다공질의 화산 부석 조각pumice을 골재로 사용했다.[7]

이렇게 이 당시 로마 사람들은 이미 구조역학 차원에서 건물을 설계할 줄도 알았고, 거기에 맞게 시멘트와 콘크리트를 사용했으니 그 기술력에 놀라지 않을 수 없다. 다만, 아쉬운 것은 현존하는 건물을 대상으로 많은 과학적 분석 자료들이 나와 있지만, 이 판테온을 어떻게 건설했는지 그 시공방법에 대한 고증자료는 찾아보기 어렵다.

또 다른 상식 하나! 이 판테온은 후에 무덤으로도 사용되었는데, 이탈리아 왕들을 비롯해 유명한 르네상스 화가 라파엘로가 여기에 잠들어 있다고 한다.

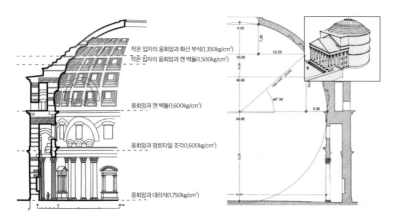

판테온의 단면과 콘크리트 재료 구성

드디어 철근콘크리트

로마제국이 멸망한 이후 중세시대로 넘어가면서 시멘트는 물론이고 콘크리트 역시 그리 큰 주목을 받지 못했다. 그러다가 존 스미턴이 수경성 시멘트를 재발견하고 포틀랜드 시멘트가 개발되면서 드디어 철근콘크리트 Reinforced Concrete 의 역사가 열리기 시작한다.

이 역사를 소개하기 전에 한 가지 짚고 넘어가야 할 것이 있다. 왜 철근콘크리트인가? 현대와 같은 강도는 아니었겠지만 이미 로마 시대에도 돌덩이같이 충분히 단단한 콘크리트가 있었을 텐데?

한 시험에 의하면, 로마 시대 콘크리트의 압축강도 compressive strength *는 약 204kgf/cm^2, 인장강도 tensile strength **는 약 15kgf/cm^2

---

* 물체에 수직방향으로 하중이 주어졌을 때 단위면적에 대해 그 물체가 견딜 수 있는 강도

** 수평방향으로 잡아당기는 힘이 가해졌을 때 단위면적에 대해 물체가 버틸 수 있는 강도

정도였다고 한다. 지금 시대의 콘크리트 강도***와 비교할 때 꽤 쓸 만한 수준이었던 것이다.

그럼에도 철근과 콘크리트라는 두 이질적인 재료가 합쳐질 수 있었던 것은, 두 재료의 물리적 성질이 찰떡궁합을 이뤘기 때문이다. 즉, 콘크리트는 압축력에 강한 반면, 철근은 인장력에 강해 서로의 약점을 보완할 수 있고, 열팽창계수가 거의 같아 콘크리트 속에 철근이 묻혀있어도 더울 때나 추울 때 두 재료가 분리될 염려가 없다. 게다가 콘크리트 속의 철근은 녹슬지 않으며 서로의 부착력이 매우 높다. 한마디로 철근콘크리트는 넓고 높은 현대 건축물에 매우 경제적이며, 강하고 든든하면서도 불에도 잘 견디는, 장점이 많은 구조형식이다. 게다가 부재의 모양과 치수를 자유자재로 만들 수 있고 비교적 유지관리에 유리하다는 장점도 있다.

이 두 재료의 숙명적 만남은 19세기 후반에 시작된다. 하지만 최초의 철근콘크리트가 언제 어디서 누구에 의해 발명되었는가에 대해서는 자료마다, 또는 보는 관점에 따라 조금씩 차이가 있다. 또, 초기 철근콘크리트에는 우리가 공사장에서 많이 보는 '철근'과 달리 '철망'이 사용된 경우가 많았다. 그럼에도 그런 사례들을 '철근콘크리트'의 역사에 포함시켜야 하나?

이 대목은 영어로 된 용어와 우리말 간의 차이 때문에 생긴 일종의 오해가 아닐까 싶다. 일반적으로 우리는 'Reinforced Concrete'

*** 28일이 경과한 보통 콘크리트 기준, 150~300kgf/cm² 이상, 일반적으로 350kgf/cm², 고강도 콘크리트 400kgf/cm² 이상, 일반적으로 600~800kgf/cm², 초고강도 콘크리트 800~1,000kgf/cm², 인장강도는 압축강도의 1/10~1/13 정도

를 '철근콘크리트'라 부르고 줄여서 RC 구조라고도 하는데, 요즘 이 용어를 쓰면 대부분 우리가 알고 있는 철근이 삽입된 콘크리트 라 이해한다. 그런데 'reinforced'는 사전적으로 '보강된'이란 뜻을 가지니 '철망'을 사용해 보강한 초기 콘크리트를 '보강된 콘크리트' 라 불러도 틀리지 않다. 하지만 우리말에서는 그런 용어를 사용하지 않는다. 뿐만 아니라 굳이 과거의 개념과 구분하지도 않으니 '철근콘크리트'의 '철근'에는 '보강'의 뜻과 진짜 철근의 의미가 함께 포함된 것으로 이해하면 될 것 같다. '철근콘크리트'에 '철망'이 들어갔다 해서 헷갈릴 필요는 없다는 뜻이다. 참고로 우리가 일반적으로 아는 '철근'을 꼭 집어 영어로 표현하려면 'reinforcing bar' 또는 'rebar'라는 단어를 사용해야 한다.

다시 철근콘크리트의 기원으로 돌아가자. '보강된 콘크리트'의 개념을 처음으로 제품화한 사람은 프랑스의 조세프-루이 램보트 Joseph-Louis Lambot (1814~1887)로 알려져 있다. 그는 페로시멘트ferro-cement, 즉 철망이나 지름이 작은 보강 철근을 모르타르에 매입해 만든 얇은 판재를 발명하기도 했는데, 1848년 이 개념을 응용해 최초의 '철근콘크리트 보트'를 탄생시킨다.[8] 콘크리트로 만든 배라니… 그런데 이 보트는 물위에 뜰 수 있었고 1855년에는 특허 취득과 함께 파리 만국박람회에 전시되기도 했다.

비슷한 시기에 비슷한 개념이 건축에도 사용된다. 즉, 1853년 프랑수아 크와니에Francois Coignet (1814~1888)가 4층짜리 주택을 지으면서 철망을 보강재로 한 콘크리트로 외벽을 만들었는데, 이것이 철근콘크리트의 개념을 건축물에 적용한 첫 번째 사례로 꼽힌

프랑수아 크와니에의 주택 (데오도르 라쉐 Theodore Lachez 설계)

다. 하지만, 이 주택에 대한 당시의 평가는 그리 좋지 못했다. 이 건물의 검사위원회 inspection committee 대표였던 건축가 앙리 라부르스트 Henri Labrouste 는 이 주택의 검사결과 보고서에서 "주택의 모든 부분이 시멘트와 인공 석재로 되어 있고, 건물의 몰딩이나 코니스 cornice 등 장식부에 싸구려 석회 반죽 재료를 사용했다. 크와니에가 사용한 기술을 믿을 수 없고 이는 위험할 수 있다"며 혹평을 쏟아 놓았다.[9] 결국, 이 건물은 수년간 버려지기도 하는 등 우여곡절을 겪었지만, 150여 년이 지난 지금에도 꿋꿋이 서 있다. 뿐만 아니라 아이러니하게도 1998년에는 역사유물로 지정되기까지 했다.

램보트의 특허가 나온 지 10여 년 뒤, 프랑스의 정원사 출신 조세프 모니어 Joseph Monier (1823~1906)는 더 좋은 성능을 가진 여러

조세프 모니어가 설계한 세계 최초의 철근콘크리트 다리 샤즐레 교

발명품들을 만들어 낸다. 흥미롭게도 그의 첫 번째 시도는 정원사 출신답게 '철근콘크리트 화분'이었다. 점토로 만든 화분이 잘 깨져서 식재가 상하는 것이 안타까웠던 그는 시멘트 모르타르에 철망을 삽입해서 화분을 만들어 냈다. 모니어는 1876년 이 개념에 특허를 출원하고 이후 그 기술을 더 발전시켜서 1869년에는 정면에 철근콘크리트 패널을 붙인 건축물을 만들었고, 1878년에는 철근콘크리트 보beam를 제작했다. 그의 대표적인 업적이라면 1875년에 완성된 '샤즐레 교Pont de Chazelet'를 꼽을 수 있는데, 이는 세계 최초의 철근콘크리트 다리로 유명하다.[10]

한편, 미국 샌프란시스코의 '앨보드 레이크 브리지Alvord Lake Bridge (1889)'는 위의 샤즐레 다리와는 또 다른 의미에서 최초의 철근콘크리트 다리로 알려져 있다. 이 다리의 설계자 어니스트 랜섬Ernest Leslie Ransome (1852~1917)은 철망이 삽입된 페로시멘트 또는 페로콘크리트의 개념을 발전시켜 콘크리트 속에서 부착력을 한

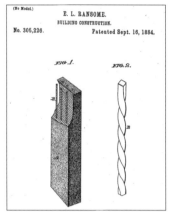

어니스트 랜썸의 철근콘크리트 특허에 사용된 철근과 현대의 철근

층 높일 수 있도록 사각형 단면의 철근을 비틀어 사용했다.[11] 드디어 철망 대신 초기 형태의 철근이 콘크리트 속에 들어간 것이다. 하지만 당시만 해도 철근콘크리트에 대한 업계의 시각이 시큰둥했던 터라, 랜섬은 그가 활동하던 샌프란시스코를 떠나 버리고 만다. 그런데 이후 반전이 일어난다. 1906년에 닥친 대지진과 화재에도 이 다리가 거의 원형 그대로 살아남았고 1969년에는 미국 토목기술자협회American Society of Civil Engineers 로부터 토목공학의 랜드마크로 지정된 것이다.[12]

1903년는 최초의 철근콘크리트 고층건물 '인걸스 빌딩The Ingalls Building'이 오하이오 신시내티에 지어졌다. 엘즈너 앤 앤더슨Elzner & Anderson 건축설계 사무소가 설계한 이 빌딩은 지상 16층짜리로, 이전까지 철근콘크리트 구조로 된 가장 높은 건물은 불과 6층짜리였

다고 하니 장족의 발전과 함께 철근콘크리트의 미래를 알린 사례라 하겠다.

그런가 하면, 우리가 잘 아는 발명왕 토마스 에디슨Thomas Edison(1847~1931)도 철근콘크리트의 역사에 한 획을 긋고 있다. 에디슨은 1899년에 포틀랜드 시멘트 회사를 설립하고 1922년 세워진 양키 스타디움의 콘크리트 공사에 참여하는 등, 일찍이 철근콘크리트의 장점에 눈을 떴다. 그는 이 기술이라면 대도시의 주택난을 해결할 수 있으리라 판단하고 1917년 일체화된 거푸집 공법* 특허를 내어 이 기술을 바탕으로 철근콘크리트 주택건설 사업을 시작한다. 하지만, 예상했던 것보다 공사가 어려웠고 특히 비싼 장비 가격 때문에 시공자들의 불만이 컸으며, 콘크리트 주택에 대한 소비자들의 좋지 않은 인식 즉, 빈민들을 위한 저렴하고 낮은 품질의 집이라는 이미지 때문에 결국 사업에 실패하고 만다.[13]

또 한 가지 철근콘크리트로 된 역사적 구조물을 들자면, 1935년 미국 네바다 주와 애리조나 주의 경계인 콜로라도 강Colorado River에 건설된 '후버 댐Hoover Dam'을 빼놓을 수 없다. 이 댐은 본체 무게만 6백 6십만 톤(2,484,803m³)에 달하는 콘크리트 구조물로, 건설 당시 이집트 기자의 피라미드 이래 사람의 손으로 만들어진 최대의 구조물이자, 댐의 규모(높이 221.3m)나 발전용량(2,078 MW), 투입된 자재와 인력 측면에서도 세계 최고의 댐이었다.[14]

그런데 이 댐은 규모뿐만 아니라, 콘크리트를 다루는 기술에 있

* 바닥, 벽체, 지붕까지 일체화된 거푸집을 설치하고 한꺼번에 콘크리트를 타설하는 공법

토마스 에디슨의 콘크리트 하우스 모델과 공사 광경

어서도 획기적인 발전을 가져다 주었다. 본래 콘크리트는 시멘트와 물이 화학적으로 반응하여 응고될 때 열을 발산하게 되는데**, 콘크리트의 두께가 두꺼워질수록 내부의 온도가 올라가고 그 열이 식는 과정에서 변형과 균열이 발생하게 된다. 콘크리트의 결정적인 약점 중 하나다. 그런데 후버 댐 설계자들은, 이 댐을 하나의 구조물로 시공했을 경우, 수화열을 대기 온도까지 식히는 데 125년 정도의 시간이 걸린다는 어마어마한 결과를 내놓았다. 결국 이 문제를 해결하기 위한 방법으로 높이 약 1.5m의 사다리꼴 콘크리트 블록을 서로 맞물리게 쌓아 한 번에 콘크리트를 타설하는 분량과 부피를 줄였다. 또 콘크리트 속에 직경 1인치 관을 매설해 냉각수를

** 이 열을 '수화열(hydration heat)'이라 한다.

공사 중인 후버 댐의 앞뒷면

흘려보냄으로써 수화열을 낮추도록 했다.[15]

후버 댐은 지형적인 악조건과 살인적인 더위를 이겨내야 하는 매우 불리한 조건을 가지고 있었다. 하지만 대공황으로부터 경제를 살려야 한다는 압박감은 무리한 공사 추진으로 이어졌고 결국 공사 도중 112명의 노동자가 목숨을 잃는 불행을 남겼다. 하지만 아이러니하게도 이 댐은 건설현장의 안전관리에 작지 않은 이정표를

후버 댐 공사에서 활약한 하이 스케일러의 동상

남기기도 했다. '하이 스케일러High-scaler'*라고 불린 작업자들이 댐과 암벽이 만나는 부분에 매달려 연약한 암반을 다듬는 작업을 했는데, 위에서 떨어지는 돌조각으로부터 머리와 신체를 보호하려고 콜타르로 코팅한 모자를 만들어 썼고 이것이 요즘 시대 공사현장에서 누구나 반드시 써야 하는 '안전모'의 효시가 된 것이다.[16]

시멘트, 콘크리트의 미래

콘크리트의 단점은 '수화열'에만 있는 것이 아니다. 우선 재료의 강도는 우수하지만, 높은 강도를 원할수록 부재의 단면적을 키워야

---

* 'scaler'는 '비늘을 벗기다'라는 뜻의 동사 'scale'에 접미사를 붙여 그 작업을 하는 사람을 지칭한다. 암벽을 다듬는 작업이 마치 생선의 비늘을 벗기는 모습과 같아 이 작업자들에게 붙여진 이름이다.

한다. 그러니까 높은 건물을 지을수록 하중을 받쳐줘야 하는 하단부, 즉 기둥이나 벽체의 두께나 크기가 커져야 한다는 것이다. 그러면 사용 재료의 양도 커질 뿐만 아니라 건물 사용자 입장에선 공간 사용 면적이 줄어드는 결과가 초래된다. 또 철근콘크리트 공사는 그 과정이 복잡하고 상대적으로 긴 시간이 소요된다. 거푸집을 짜야 하고 철근을 절단하고 구부리는 가공작업을 해야 하며, 콘크리트를 부어넣은 다음에는 그것이 굳어져 일정 강도에 이를 때까지 거푸집을 떼어내지 말고 기다려야 한다.* 마지막으로 거푸집을 해체하는 작업도 남는다.

이런저런 이유로 최근까지 고층빌딩 공사**에는 '철골구조steel structure'를 사용하는 경우가 많았다. 철골 건축물의 공사는 철재 기둥, 보 등의 부재를 공장에서 생산, 가조립해 현장에서 최종 조립하는 과정으로 진행되기 때문에 일단, 콘크리트 양생에 걸리는 시간적 부담이 줄어든다. 또 철재의 뛰어난 강도는 구조재의 단면적을 줄이는 데 매우 효과적이라 건물의 사용 면적도 넓힐 수 있다. 결국 고층, 초고층 건물을 지을 때는 철근콘크리트보다 철골구조가 효과적이고 경제적이라는 결론이 나온다.

하지만 최근의 기술 발전은 이러한 철근콘크리트의 단점을 하나씩 해결하고 있다. 예를 들어, 압축강도가 1,000kgf/cm^{2}에 이르는 '초고강도 콘크리트super high strength concrete'의 개발이 대표적이다.

---

* 타설된 콘크리트가 충분히 굳어질 때까지 보호 관리하는 작업을 '양생'이라 한다.
** 보통 고층빌딩이라 하면 30층 120m 이상의 건물을, 초고층빌딩 50층 이상, 200m 이상을 뜻한다.

에디슨이 발명한 콘크리트 축음기 상자

일반적으로 사용되는 '보통 콘크리트'의 강도보다 세 배 정도 큰 셈인데, 결과적으로 기둥 부재의 단면적도 줄일 수 있고 굳는 속도도 매우 빨라 공사의 속도를 높일 수 있다. 이런 '초고강도 콘크리트'가 만들어질 수 있었던 것은, 시멘트의 품질과 성능뿐만 아니라, 골재의 선택과 재료를 섞는 배합기술, 콘크리트 타설 기술과 새로운 장비 등 종합적이고 혁신적인 발전이 있었기 때문이다. 현재 세계에서 제일 높은 빌딩이자 철근콘크리트로 되어 있는 두바이의 '부르즈 할리파Burj Khalifa (163층, 높이 828m, 시공 삼성건설, 2010)'가 이 기술 발전의 정점을 보여주고 있다. 이 외에도 단순히 강도만 높이는 것이 아니라 다양한 기능과 용도에 맞춘 시멘트, 콘크리트 제품이 계속 개발되고 있으며 새로운 설계 기술과 시공법, 장비들도 함께 발전하고 있다.

토마스 에디슨은 비록 콘크리트와 주택사업에는 실패했지만, 그의 발명품 중에는 콘크리트로 된 축음기 상자, 피아노, 침대, 심지어 냉장고까지 있었다고 한다. 시멘트와 콘크리트는 100여 년에 걸쳐 우리에게 가장 친숙한 건축 재료가 되었지만, 미래에는 전혀 상상하지 못했던 형태와 용도로 남아 있을지 모른다.

쇠로 건물을 짓다 ... 철골구조

시내를 다니다 보면 분명히 새로 짓는 건물 같긴 한데 붉은색 철골 몇 가닥이 앙상하게 서 있는 광경을 종종 보게 된다. 콘크리트 빌딩처럼 복잡한 비계가 붙어 있거나 천막으로 싸여져 있지도 않은데 얼마 있지 않아 뚝딱 건물이 완성되어 있다. 바로 철골구조를 사용한 건물이다.

인류가 쇠와 금속을 다뤄온 지 수천 년이지만, 옛날에는 그저 무기나 장신구로 사용했을 뿐, 건물을 짓는 데 철을 사용하지는 않았었다. 그 이유는? 여러 가지 해답을 상상해 볼 수 있다. 먼저 황동이나 청동은 집을 지을 재료로 쓰기엔 강도가 형편없었을 것이고, 철기가 등장했어도 역시 강도가 충분치 못했거나 무엇보다 집의 뼈대를 이룰 수 있는 크기와 형상을 만들어 내지 못했을 것이다. 게다가 철은 무겁고 비싸다.

그럼 거꾸로 사람들은 왜, 어떻게 이런 재료를 건물을 짓는 데 사용하게 된 것일까? 제철기술의 발전으로 철의 강도는 콘크리트

보다 강해졌고, 같은 힘을 받는 경우라면 철골이 단면적도 훨씬 작으며 무엇보다 무게를 줄일 수 있어서 더 높고 더 넓은 공간을 커버할 수 있게 됐다. 또한 철골부재는 공장에서 미리 제작해 현장에서 조립하여 뼈대를 완성하므로, 콘크리트처럼 일정한 강도에 도달할 때까지 기다릴 필요가 없다. 공사기간이 단축된다는 이야기다. 철골부재는 그 단가가 콘크리트보다 비싸다고 하지만, 전체적인 공사의 효율성, 공기단축에서 오는 경제성 등에 있어서 특히 고층건물을 건설할 때 오히려 효과적이며 용도와 수명이 다하면 해체도 쉬워서 깔끔하다.

사람들이 처음부터 이런 장점을 다 알고 건축공사에 철재를 사용한 것은 아니다. 제철산업의 발전과 구조공학, 시공기술의 발전 등이 뒤따라주지 못했다면 오늘날의 철골빌딩, 특히 하늘 높은 줄 모르고 솟아있는 초고층 빌딩은 구경하기 어려웠을 것이다.

철의 탄생과 발전사

어떻게 '철'이란 재료를 건축에 사용하게 됐는지 이야기하기 전에 '철'이라는 것이 어떻게 생겨났으며 또 어떻게 사람의 손에 의해 다뤄지게 됐는지 간단히 알아보도록 하자. 단, 복잡한 화학식과 전문용어, 상세한 제조공법 등은 생략하기로 한다.

철은 우리 지구의 지각에 약 5% 정도 함유되어 있으며 지구 핵의 대부분이 용융된 철로 이루어져 있어서 지구 전체 무게의 35%를 차지한다고 한다. 거의 안 쓰이는 곳이 없을 정도로 필수적인 금

철골구조 빌딩의 건축 과정

속이지만 지각 속에 숨어 있는 양만 해도 아직은 충분하다고 하니 원유처럼 금세 고갈될까봐 걱정할 필요는 없을 것 같다. 아득한 태초로 돌아가 보지도 않고 어떻게 알았는지 모르겠지만, 과학자들은 철이 지구를 포함한 우주의 별들이 생겨날 때 핵융합 반응으로 탄생했다고 주장한다. 물론 처음부터 우리가 잘 알고 있는 철의 형태는 아니고, 산화물 형태로 철광석에 존재하고 있었으니, 고대 인류는 이것을 쓸 수 있는 물건으로 만들어야 했다.

고대 인류가 철을 발견(?)하게 된 계기에 대해서는 몇 가지 재미있는 설이 있다. 첫째는 '채광 착오설'인데, 황동이나 청동을 사용할 줄 알았던 고대 인류가 청동의 원료인 황동광(Cu_2S)을 채광한다는 것이 색깔이 비슷한 적철광석(Fe_2O_3)을 잘못 채취해서 우연히 발견하게 됐다는 것이다.[1] 청동보다 강도가 월등했을 테니 처음 발견한 사람은 이것을 불량품으로 봤거나 '심봤다'를 외쳤을 것 같다.

두 번째 설은 '산불 설'. 큰 산불로 지표면에 있던 철광석이 녹아내려 철이 되고, 사람들이 이를 발견했을 거라는 얘기다. 그야말로 '득템'이다! 고대 인류가 만들어 낼 수 있었던 불의 온도는 약 1,000℃ 정도여서 철이 녹는 온도 1,538℃에 턱없이 못미쳤겠지만 대형 산불이라면 가능할 수도 있다는 것이 과학자들의 주장이다.

마지막 세 번째는 '운석설'이다. 지구도 하나의 별이듯이 우주로부터 날아와 지상에 떨어진 운석 중에 철로 구성된 것들이 있었고, 이것을 주워서 시작되었다는 것이다. 하늘에서 빛을 내고 떨어진 운석을 쫓아가 보니 거기에 쇳덩어리가 있었다는 것인데, 실제로 고대 수메르어로 철은 '하늘에서 내려온 불'이라는 의미로 운석을 의미했고, 중국에서는 운석을 운철隕鐵이라 불렀다.[2] 이것이 사실이라면 요즘도 운석 하나를 주우면 큰돈을 벌 수 있다는데 길 잃은 운석이 인류 발전에도 큰 기여를 한 셈이다.

어떤 설이 맞든, 또는 다른 진짜 이유가 있든, 기회를 살린 고대 인류의 지혜가 놀라울 뿐이다. 그런데 철광석을 녹였다고 해서 바로 쓸모 있는 철이 만들어지는 것은 아니다. '야금冶金, metallurgy'이라는 과정을 거쳐야 하기 때문이다. 즉, 금속을 광석에서 추출해서 정련한 다음(금속제련) 원하는 성질과 기능을 갖도록 만들거나 합금을 하고(금속재료) 마지막으로 원하는 형태로 가공 또는 성형을 해야(금속가공) 비로소 철제품이 만들어진다. 이 힘든 일을 고대 인류가 해낸 것이다!

하지만, 고대 인류의 기술력에는 한계가 있었고 특히 철광석을 녹이는 데 반드시 필요한 '노爐, furnace'의 온도를 충분히 높일 수 없었다. 결국 말 그대로 성질이 연한 '연철' 수준의 철밖에 만들어 낼 수 없었는데, BC 2500년경 처음 시작된 철기문화 시대는 바로 이 '연철'에서 시작된다.*

이후 철을 다루는 야금술을 본격적으로 발전시킨 주인공은 BC 2000년경 소아시아 지역에서 등장해 BC 15세기에서 13세기까지 전성기를 누렸던 히타이트 제국Hittite Empire이었다.[3] 그들의 철제 야금술은 BC 14세기쯤 절정에 도달해 강도가 높은 철제품을 만들어 냈고 청동보다 강한 금속, 철로 만든 칼과 창으로 크게 세력을 확장할 수 있었다. 히타이트 군대와 싸우던 군사들이 자신들의 칼과 창이 그들의 무기에 부딪혀 뎅겅 부러져나가는 것을 보았다면 그 얼마나 황당했겠는가?

히타이트의 존재는 오랫동안 베일에 가려져 있었지만, 그들의 철기 제작술이 인근 지역 철기문화에 큰 영향을 미쳤다는 증거들이 속속 발견됐다. 이에 대한 반론도 있다. 히타이트의 유적들을 분석해 보면 철기 제작 수준이 인근 이집트나 메소포타미아에 비해

---

* **철의 종류**

　연철(鍊鐵, wrought iron) : 철광석을 저온에서 용융하여 직접 만드는 방법과, 선철이나 고철을 원료로 교련(攪鍊, puddling)법을 사용해 만드는 방법이 있으며 탄소 함유량 0~0.2% 정도. 선철의 부러지기 쉬운 단점을 보완할 수 있지만, 강도는 물러서 칼, 도끼 등의 공구에는 적합하지 않다.

　선철(銑鐵, pig iron) : 용광로에서 철광석을 용해·환원하여 얻는 탄소 함유량 2.5~4.5% 정도의 철. '무쇠'라고도 하며(주철까지 무쇠로 분류하기도 한다) 압연(壓延), 단조(鍛造)는 할 수 없으나 제강 또는 주조의 원료로 사용된다.

　주철(鑄鐵, cast iron) : 선철을 원료로 하여 주조한 철. 탄소 함유량은 1.7~4.5% 정도로 취성 있어 단련이 어려우나 성형이 쉬워 주물로 널리 사용된다.

　강철(鋼鐵, steel) : 탄소함유량 0.035~1.70% 정도의 철로 탄소 함유량에 따라 경도가 달라지며 탄소만을 주로 합금 원소로 내포한 것을 탄소강, 다른 합금 원소를 첨가한 것을 특수강 또는 합금강이라 한다. 구조용, 공구용, 기계 부품용 등 금속 재료로서 가장 널리 사용되고 있다.

그리 높지 않아 역사가들의 평가가 과장되었다는 설이다. 철이란 것이 녹슬어 없어지는 데다, 그 시대에 살아 본 사람이 없으니 무엇이 맞는지 알 수 없는 노릇이다. 어쨌든 철기문화가 발전했다 해도 이것이 건축에 직접 사용될 수준이 아니었다는 것만큼은 사실이다.

히타이트 다음으로 철을 한 단계 업그레이드시킨 것은 중국이었다. 기원전 550년경, 노의 온도를 높이는 방법을 개선해 탄소 함유량이 높은 '주철'을 만들어 냈으니,[4] 중세나 돼서야 주철을 생산한 유럽보다 월등히 앞서 있었고, 이어 5세기쯤 제대로 된 용광로를 이용해 '선철'을 만들어 역시 유럽보다 앞서간다.

그러다가 드디어 18세기에서부터 19세기에 이르는 산업혁명 시대가 열린다. '제철'은 직물, 증기력과 함께 산업혁명을 대표하는 키워드다. 용광로의 연료가 숯 대신 석탄을 가공해 탄소의 순도를 높인 코크스cokes로 바뀌었고, 1784년 영국의 헨리 코트Henry Cort (1741~1800)가 새로운 용광로인 퍼들로Puddling furnace를 개발해 대량생산의 길을 열었으며, 1855년에는 역시 영국인 베세머Henry Bessemer(1813~1898)가 불순물을 쉽게 제거할 수 있는 '베세머 전로Bessemer Converter'를 발명했다.[5] 특히 베세머의 성과는 철강 생산의 효율성을 높이는 한편, 가격을 획기적으로 낮추게 되어 현대 제철산업의 문을 열게 되니, 후세 사람들은 그를 '제철산업의 아버지'라 부른다.

한편, 1850년대까지 영국 제철 생산량의 1/5에 불과했던 미국에서 큰 변화가 일어나기 시작한다. 남북전쟁(1861~1865) 이후 산업화에 불이 붙은 미국에서 도로, 교량, 철도 등의 건설 붐이 일어난 것이다. 이때를 놓치지 않고 제철로 성공한 인물이 우리가 잘 아는 '강철왕' 카네기Andrew Carnegie (1835~1919)로, 그는 특히 철제 교량 건설이 큰 사업거리가 될 것이라 믿고 베세머의 제철 공법을 들여와 강철을 대량 생산하기 시작한다. 마침 마천루摩天樓, 스카이스크레이퍼skyscraper 라고도 불리는 고층빌딩이 등장하기 시작한 때이기도 해서 이 철강재는 건축용으로도 사용되었고, 때맞춰 카네기는 '카네기 스틸Carnegie Steel Company (1892년)'을 설립한다.[6]

사실 카네기가 유명해진 것은 1901년 '유에스 스틸The United States Steel Corporation '과의 합병으로 세계에서 제일가는 갑부가 됐기 때문인데, 이 합병은 세계 최대의 철강회사를 탄생시켰고 미국이 영국을 제치고 철강 산업의 중심에 서는 계기가 됐다.

한편, 제1차 세계대전(1914~1918)은 미국 철강 산업에 또 다른 기폭제가 된다. 카네기가 고용했던 전문경영인 찰스 슈왑Charles Schwab (1862~1939)이 당시 미국 제2의 제철회사 '베들레헴 스틸Bethlehem Steel '로 자리를 옮기면서 제1차 세계대전 중이던 유럽에 군수품으로 철을 수출하기 시작한 것. 거기다 1917년 미국이 참전을 선언하면서 전쟁이 끝날 때쯤 미국의 철강 생산량은 그전에 비해 두 배로 커지게 되고 유에스 스틸과 베들레헴 스틸은 미국 제철 산업의 양대 산맥이 된다.[7] 드디어 본격적인 '강철'의 시대가 시작된 것이다.

철로 만든 구조물의 등장

지금 우리가 얘기하고 있는 '철'은 철근콘크리트 속에 들어 있는 '철근'이 아니다. 콘크리트나 벽돌처럼 '철' 그 자체가 건물이나 구조물의 하중을 지탱하는 주재료로 쓰일 때를 말하는 것이고, 철이라는 재료의 역학적 특성을 분석해서 구조물의 뼈대가 될 수 있도록 그 크기와 형상을 설계하게 된 것은 불과 3백 년도 채 되지 않는다.

그러면 처음 온전히 철로 만든 구조물은 무엇이었을까? 그 답은 1779년 건축가 토마스 프리차드^{Thomas Farnolls Pritchard}(1723~1777), 기업가 존 윌킨슨^{John Wilkinson}(1728~1808), 그리고 제철업자^{ironmaster} 아브라함 다비 3세^{Abraham Darby III}(1750~1789)가 의기투합해 창조해 낸 영국 슈롭셔 세번 강^{River Severn in Shropshire}의 '아이언 브리지^{Iron Bridge}'다.[8] 이름도 딱 '철로 만든 다리'인 것처럼 이 다리를 실현시킨 주인공들의 면모는 더 이상 완벽할 수 없다. 다리의 설계자와, 이 다리로 돈을 벌 계획을 세운 기업가, 그리고 철재를 생산해 공급한 제철업자의 합이 절묘했다.

이 아치형 다리는 주철로 만들어졌는데, 사실 이 재료는 강도는 강하지만 인장력이나 휨모멘트가 강철에 비해 약한, 쉽게 말해 부서지거나 찢어지기 쉬운 성질을 가지고 있어서 현대식 구조재료로는 적합하지 않다. 하지만, 당시의 통행량과 이동 하중을 고려한다면 충분히 안전하고 혁신적인 발명품이었으며 특히, 산업혁명의 심볼이자 세계문화의 시대적 변화를 상징한다는 공이 인정돼 유네스코 지정 세계문화유산에 등재되기도 했다.

건축물로는 아이언 브리지보다 뒤늦은 1797년, 영국의 찰스 베

세계 최초의 철교, 아이언 브리지

이지Charles Woolley Bage (1751~1822)가 설계한 슈루즈베리의 '디터링
턴 아마 공장Ditherington Flax Mill* in Shrewsbury'이 최초의 철골건물iron-
framed building로 알려져 있다.[9] 철골이 그대로 노출된 아이언 브리지
와는 달리 이 공장은 벽돌로 입면을 처리해 밖에서는 평범한 벽돌
건물 같아 보이지만 그 안의 뼈대는 주철로 되어 있다. 이 건물은
또 다른 의미로도 유명한데, 그 당시엔 꽤나 높은 5층 건물이어서
'최초의 고층건물', 또는 '고층건물의 할아버지'라는 평가도 있다.
뒤에 소개될 시카고의 '홈 인슈어런스 빌딩'의 아버지인 셈이다.
　　주철의 제조기술은 19세기를 거치며 더욱 발전하였고 그 결과,

---

*　　아마 (亞麻, flax) : 섬유의 원료가 되는 식물. 껍질로 실을 만들고 이것으로 천을 만든 것이 리넨(linen)
　　이다.

세계 최초의 철골빌딩, 디터링턴 아마 공장

그 유명한 영국 런던 만국박람회의 '수정궁(1851년)', 프랑스 파리 만국박람회의 '에펠타워Eiffel Tower (1889년)'와 같은 대표작이 등장한다. 수정궁은 앞서 '유리' 편에서 소개가 되었으니 에펠타워만 잠깐 보고 가자.

에펠타워의 이름은 잘 알려져 있듯이 구스타브 에펠Alexandre Gustave Eiffel (1832~1923)이 만들었다 해서 그의 이름에서 유래됐다. 에펠은 그 자신이 건축가이자 엔지니어로 미국 뉴욕 '자유의 여신상' 내부 골조 설계와 파나마 운하 설계에도 관여하는 등, 화려한 경력을 가지고 있다. 하지만, 이 탑의 실제 설계에는 모리스 쾨슐랭Maurice Koechlin (1856~1946), 에밀 노귀에Emile Nouguier (1840~1897) 스테팡 소베스트르Stephen Sauvestre (1846~1919) 등의 기여가 더 컸다고 한다.[10] 그런 측면에서 에펠은 이 프로젝트를 성공시킨 뛰어난 수단을 갖춘 사업가로 보는 것이 맞을 듯하다.

어쨌든 에펠은 높이 301m, 총 9,700톤의 철재와 약 250만 개 리벳을 사용한 이 타워로 파리를 대표하는 모뉴먼트를 남겨놓았다. 당대의 발명가 토머스 에디슨이 에펠타워의 오리지널 엘리베이터를 설계했는데, 에디슨은 이 타워를 보고 '신의 기술'이라고 극찬했다니, 천재들끼리는 서로를 알아보나 보다.

하지만 기술은 기술이고 처음부터 파리 시민들이 이 거대한 타워를 좋아했던 것은 아니다. 에펠타워는 도시의 흉물이라는 혹평까지 받았는데, 이처럼 철골은 그 당시 사람들에게 친근하지 않은 재료였고 특히 많은 사람들의 시선을 끄는 건축물에는 적절치 않다고 생각됐던 것 같다. 하지만 지금은? 2011년 이후 에펠타워는 매년 700만 명 이상의 관광객이 찾아와 연간 6천만 유로, 약 9백억 원 이상의 수입을 올리는 파리의 대표적인 관광명소가 되었다. 흉물이라 비웃었던 사람들이 살아있다면, 이 광경을 보고 뭐라 말했을지 궁금해진다.

철골구조, 고층에서 초고층으로

수정궁과 에펠타워가 건설되던 사이, 미국 건축계에 큰 변화를 일으키는 사건 하나가 발생한다. 1871년 시카고 대화재가 목조건물 위주였던 도시를 순식간에 잿더미로 만들어 버린 것이다. 도시는 빨리 재건되어야만 했지만 화재에 대한 규제가 강화되어 건축

에펠타워의 공사과정과 '자유의 여신상'의 내부 골조 스케치

주와 건축가들은 '불연不燃 빌딩'을 만들 수 있는 방법에 눈을 돌리게 되었고, 그 해답이 바로 '철골구조'였다.[11] 물론 철 역시 고열에 오랜 시간 견디기 어렵지만, 목재보단 당연히 성능이 우수했고 철골 부분에 내화 처리를 하면 충분한 내화 성능을 갖출 수 있었다.

거기에 또 한 가지 큰 영향요인이 있었으니, '스카이스크레이퍼 skycraper'의 등장이었다. 비록 화재로 폐허가 됐지만, 도시 재건으로 건설 붐을 맞은 시카고. 땅값의 상승과 여기에 보다 효율적인 건물을 원하는 건축주의 요구, 구조공학 기술의 발전, 그리고 제철산업의 부흥 등 새로운 시대적 변화는 철골로 된 고층건물을 탄생시키게 된다.

앞에서 얘기했듯이 영국의 5층짜리 '디터링턴 아마 공장'을 최초의 스카이스크레이퍼라 평가하는 사람들도 있지만, 명실상부한 최초의 스카이스크레이퍼는 이런 시대적 흐름을 타고 1885년 완공된

최초의 스카이스크레이퍼,
홈 인슈어런스 빌딩

시카고의 '홈 인슈어런스 빌딩Home Insurance Building'이었다. 지상 10
층, 높이 42m의 이 오피스 빌딩은 163층 829.8m로, 세계에서 가장
높은 부루즈할리파와 123층 550m로 우리나라에서 가장 높은* 롯데
월드타워(2016년) 등에 비하면 하잘 것 없는 규모지만 이 '10층의
시작'은 어마어마한 임팩트를 가져왔다.

종래와 다르게 이 건물에서 볼 수 있었던 가장 큰 변화는 벽돌로
벽을 쌓아 하중을 처리하던 방식과는 전혀 다르게 철제 기둥이 수
직하중을 전담하도록 해 건물의 무게를 혁신적으로 줄였다는 것이
다. 기둥은 주철재, 보에는 연철과 압연강재rolled-steetl를 사용했고
400°C 이상의 고열에도 견딜 수 있도록 벽돌이나 점토 타일로 철

---

* 2020년 현재

골 부분을 감쌌다. 무게가 줄면, 골조가 부담해야 하는 하중도 줄고, 따라서 건물은 더 높이 올라갈 수 있는 법. 이 철골빌딩의 무게가 조적식 건물에 비해 1/3에 지나지 않는다는 사실을 알고 이런 사례를 본 적이 없었던 시카고시의 감독관이 안전성에 의심을 품어 공사를 중단시키기까지 했단다.

철골구조, 철골빌딩의 효시가 된 이 건물의 설계자는 윌리엄 제니William Le Baron Jenney (1832~1907)로, 그가 이런 설계를 해낸 데에는 재미난 일화가 있다.[12] 어느 날 그가 평소보다 일찍 퇴근해 집에 돌아오자 책을 읽고 있던 아내는 깜짝 놀라 그 책을 새장 위에 던지듯 내려놓고 달려나가 마중을 했다. 이 광경을 본 제니는 책을 다시 새장 위에 몇 번씩 떨어뜨려 보더니 흥분하며 외쳤다.

"이것 봐요! 된다고요! 이렇게 가는 창살로 된 작은 새장이 무거운 책을 버텨낼 수 있어요! 새장처럼 철로 만든 골조가 건물 전체를 버텨내지 못할 이유가 어디 있겠소?"

그의 깨우침은 바로 현실화되었고, 그 결과가 바로 '홈 인슈어런스 빌딩'이었다. 이 위대한 발견은 제니를 '미국 스카이스크레이퍼의 아버지'라 불리게 했다.

'스카이스크레이퍼'라 부르기엔 뭔가 좀 궁색했던 10층짜리 '홈 인슈어런스 빌딩'이 탄생한지 50년이 채 안 되었을 즈음 진정한 스

---

* 홈 인슈어런스 빌딩은 최초 완공 2년 후인 1891년 2개층이 증축되었고, 1931년에 철거되고 만다.

카이스크레이퍼들이 나타난다. 20세기로 들어서면서 시카고나 뉴욕 등의 대도시가 누가 더 높이 올리나를 경쟁하는 '초고층 빌딩'**의 경연장이 된 것이다. 대표적인 빌딩 중 하나가 1930년 완공된 뉴욕의 '크라이슬러 빌딩 Chrysler Building'이다. 높이 319m, 77층의 이 빌딩은 당시 양대 제철회사 중 하나인 베들레헴 스틸에서 생산된 강철을 사용했으며 세계에서 제일 높은 건물로 등극하게 된다. 하지만 기록은 깨지라고 있는 법. 그런데 아쉽게도 너무 빨리 기록이 깨져버렸다. 몇 블록 건너에 '엠파이어스테이트 빌딩 Empire State Building (1931)'이 들어서면서 '크라이슬러 빌딩'은 불과 11개월 만에 왕좌를 내줘야 했다.[13]

완공된 엠파이어스테이트 빌딩은 102층, 381m의 높이를 자랑하지만, 처음부터 그렇게 시작한 것은 아니었다. 최초의 계획은 50층이었다가 점점 60층, 80층, 그러다 크라이슬러 빌딩과 경쟁이 붙으면서 '더 높게!'를 외치며 마침내 세계에서 제일 높은 빌딩이 탄생한 것이다. 이 건물에 사용된 철골재는 베들레헴 스틸과 경쟁 관계에 있었던 유에스 스틸의 제품이었다. 이후 이 건물은 1972년 세계무역센터 World Trade Center (417m, 110층)가 완성될 때까지 세계 최고最高의 빌딩이라는 위치를 지켰다.

비슷한 시기에 우리나라에서 제일 높은 건물이 6층짜리 화신백

** 얼마나 높아야 '고층건물' 또는 '초고층건물'이라 칭할 수 있을까? 나라마다 기관마다 조금씩 차이가 있는데, 우리나라는 '건축법'에서 그 층수와 높이를 규정하고 있다.
고층건축물 : 층수가 30층 이상이거나 높이가 120m 이상인 건축물(건축법 제2조의 19)
준초고층 건축물 : 고층건축물 중 초고층 건축물(건축법 시행령 제2조의 15의 2). 즉, 30층 이상 50층 미만, 또는 120m 이상 200m 이하의 건축물
초고층 건축물 : 층수가 50층 이상이거나 높이가 200m 이상인 건축물(건축법 시행령 제2조의 15)

엠파이어스테이트 빌딩 하부의
철골구조

화점이었음을 생각해 보면 그 당시 엠파이어스테이트 빌딩은 첨단 중에 첨단 기술의 집합체였다. 또 이 건물에 대해서는 그 상징성 못 지않게 유명한 일화가 많다. 미국의 '대공황'이라는 시대적 배경, 13.5개월이라는 엄청나게 짧은 공사 기간, 첨단 공법과 매니지먼트 기법, 완공된 후 임대가 이루어지지 않아 붙여진 'Empty Building' 이라는 조롱 섞인 별명, 경비행기의 충돌사고까지, 이 건물 하나만 을 놓고 수많은 서적이 만들어지고 연구가 수행됐을 정도다.

한 가지 오해하지 말아야 할 것은, 철골구조라 해서 건물의 모든 부분이 철재로 만들어지는 것은 아니라는 것이다. 현대 철골빌딩의 경우 대부분 기초와 바닥판에는 철근콘크리트를 사용하고, 기둥을 콘크리트로 감싸거나 콘크리트로 만든 보를 복합적으로 사용하기 도 한다. 초고층 빌딩의 경우, 일부 층에는 철골, 다른 층에 고강도 철근콘크리트를 사용하기도 하며 철골의 모양도 H형, I형, 트러스 등 적재적소에 제대로 된 구조적 역할을 할 수 있도록 설계된다. 이 모든 기술 하나 하나가 뛰어난 상상력과 연구의 결과이다.

이렇게 인류가 철을 다루기 시작하고 이를 건축물에 사용하기까지 오랜 시간이 걸렸지만, 불과 100여 년 만에 철재는 도시의 모습과 우리의 생활을 전혀 다르게 바꾸어 놓았다. 여기에는 철골구조와 합을 맞춘 스카이스크레이퍼의 탄생이 있었다. 더 강하고 우수한 성능을 갖춘 재료, 더 높은 높이를 실현하기 위한 첨단 공법들은 지금도 끊임없이 진화하고 있다.

철골구조의 공헌자 리벳과 볼트, 최후의 승자 고력볼트

이제 철재로 집을 지을 수 있다는 건 알았다. 그런데 철골빌딩을 보면, 철 기둥이나 보가 통나무나 콘크리트 구조물처럼 긴 막대기 형태가 아니라 H형, I형의 모양을 하고 있는 것을 알 수 있다. 또 이런 부재들은 공장에서 일부 조립하기도 하지만, 큰 트럭에 길이가 꽤 긴 부재 1~2가닥씩을 싣고 와 현장에서 조립을 한다. 우리가 눈으로 보는 철골 뼈대는 통째로 만들어지는 것이 아니라 이렇게 가닥 가닥의 부재가 현장에서 조립되는 것이다. 이를 위해서는 무거운 부재를 들어 올리는 양중기술과 오차 없이 수직수평을 맞춰야 하는 측량기술, 부재의 적당한 크기를 결정해야 하는 구조공학 기술 등이 모두 합쳐져야 한다. 하지만, 가장 중요한 것은, "그래서 튼튼하게 조립될 수 있는 거야?"라는 문제다. 여기에도 일반사람들이 잘 모르는 기술의 역사가 숨어 있다. 리벳과 볼트, 고력볼트, 그리고 용접이라는 기술이다.

리벳rivet? 어디서 들어본 것도 같고, 본 것도 같은 물건이다. 주방에서 쓰는 냄비의 손잡이나 꼭지를 보면 본체와 접합되는 부분에 볼록 튀어나온 못같이 생긴 물건. 바로 요것이 리벳이다. 사전적인 정의를 보면 "강철판·형강形鋼 등의 금속재료를 영구적으로 결합하는 데 사용되는 막대 모양의 기계요소"라고 설명되어 있는데, 2장 이상의 금속판을 겹쳐놓고 이를 관통하는 구멍에 리벳을 꽂아 머리 부분을 받친 후 반대편 끝을 기계나 해머로 두들겨 체결한다.* 못이나 볼트는 금세 빠지거나 느슨해질 우려가 있는 반면, 리벳으로 체결된 접합부는 리벳의 강도가 버틸 수 있는 한 영구적이다. 만일 덜거덕거리는 냄비 손잡이가 있다면 이건 리벳이 늘어났다는 얘기다.

19세기 말에서 20세기 초까지 에펠타워나 엠파이어스테이트 빌딩과 같은 건축물에는 철골접합부에 이 리벳을 사용했다. 지금은 용도에 따라 특수합금을 사용하기도 하지만, 이 당시 철골구조물에 사용된 리벳은 연철로 만들었으며 에펠타워에는 총 1,050,846개, 엠파이어스테이트 빌딩에는 10만 개 이상의 리벳이 사용됐다.** 그

---

* 리벳은 금속재를 접합시킬 때만 사용되는 것이 아니다. 활동복으로 즐겨 입는 청바지에 호주머니를 보면 작은 구리 리벳이 부착돼 있는 것을 볼 수 있는데, 이 리벳은 청바지의 역사와 함께 해왔다. 미국에서 금광산업이 불붙었던 1873년 제이콥 데이비스(Jacob Davis)와 리바이 스트러스(Levi Strauss)가 광부들을 위한 질긴 옷감의 바지, 즉 청바지를 개발하면서 이 옷의 호주머니가 무거운 소지품 무게를 잘 버틸 수 있도록 리벳 처리를 한 데에서부터 유래됐다.

** 정확한 숫자는 기록된 바 없으나 엠파이어스테이트 빌딩의 경우, 철골재 체결에 볼트(bolt)를 같이 사용했으므로 에펠타워에 비해 사용된 리벳의 개수가 적다.

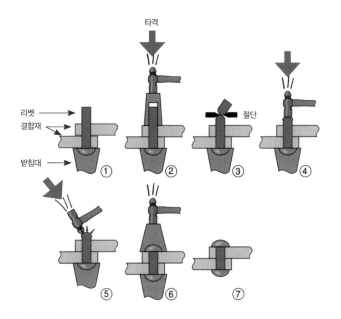

타격

리벳
결합재
받침대

① ② ③ 절단 ④

⑤ ⑥ ⑦

일반 리벳의 시공 순서

야말로 '인간승리'라 할 수 있는 작업이었을 것이다. 리벳은 공구를 사용한다 해도 기능공이 직접 하나씩 체결해야 하기 때문이다.

놀랍게도 리벳은 BC 3000년경 고대 이집트에서 최초로 사용된 흔적이 발견되었다고 한다.[14] 하지만 이때는 재료가 철이 아닌 나무였고, 이집트인들은 이 나무 리벳을 벽돌 만드는 형틀을 만들 때나 점토로 만든 물병에 손잡이를 달 때 사용했다고 하는데, 아마도 쐐기와 같은 형태가 아니었을까 생각된다. 이집트는 이미 이 시기에 '청동 못'을 만들어 쓰고 있었으므로 리벳의 원리만 알았다면 금속 리벳도 충분히 가능했을 것 같지만 정확한 기록은 없다. 다만 이집트 유물 중 손잡이가 있어야 할 자리에 리벳 구멍이 나있는 검

엠파이어스테이트 빌딩의 리벳 작업 광경

과 창이 발견되었다고 하니 여기에 사용된 리벳은 분명 금속이었
을 것 같다. 한편, 로마 시대로 넘어오면 갑옷에 경첩을 붙일 때 사
용한 리벳에서부터 창호에 각종 철물을 달거나 장식용으로 사용한
리벳에 이르기까지 많은 유물들이 남아 있어서 리벳이 로마인들에
게 아주 익숙했음을 알 수 있다.

　리벳은 매우 유용한 접합철물이긴 했지만, 19세기 초까지 일일
이 수작업으로 두들겨 만들어야 하는 번거로운 공정을 거쳐야 했
다. 그러던 중, 19세기 중반부터 시작된 제철산업의 부흥과 철골구
조의 본격적인 등장은 리벳의 강도와 생산 효율성에 큰 변화를 가
져왔으며, 그 결과가 엠파이어스테이트 빌딩과 같은 초고층 철골빌
딩이 만들어질 수 있었다.

철골재 접합에 사용되는 고력볼트

당시의 기술로는 리벳이 최상의 결합재였지만, 한계는 분명히 있었다. 우선 건축공사에서의 리벳 작업은 리벳을 고온으로 달구고 해머나 기계로 꼬리 부분을 두들겨 체결한 다음, 필요시 코킹 caulking까지 해야 하는 매우 번거로운 과정을 거쳐야 한다. 또 영구적인 접합이 가능하다고 하지만, 이런 과정에서 모든 리벳 접합부의 품질을 100% 신뢰할 수 없게 된다. 누구나 잘 아는 타이타닉 호의 침몰이 리벳 불량 때문이라는 일부 과학자들의 주장이 있듯이 특히 눈에 보이지 않는 건물 속에서 리벳이 느슨해지면 매우 위험한 상황이 발생할 수도 있다. 결국 용접기술의 발전과 특히 1960년 '고력 볼트high strength bolt, high tension bolt, 高力볼트'의 개발로 현대 철골구조와 철골빌딩에서 리벳은 자취를 감추게 된다.[15]

고력볼트는 고장력강으로 만들어진 항복점 $7t/cm^2$ 이상, 인장 강도 $9t/cm^2$ 이상의 볼트를 말하는데, 한마디로 이 고력볼트 하나가 매우 큰 하중을 받아낼 수 있으며 연속적으로 힘이 가해져도 재질의 변형이 거의 없다고 보면 된다. 특히 리벳이나 일반 볼트보다 마찰력을 극대화해 체결력을 향상시켰고 시공도 간단하다는 장점을 가지고 있다.

고력볼트가 나타나기 전까지는 리벳과 함께 일반적인 볼트도 철골구조에 사용됐다. 이 볼트의 기원이 어디부터인가를 연구한 사람들도 있는데, 볼트 둘레에 새겨진 나삿니의 기원부터 따져보면 스크루의 원리를 이용해 물을 끌어올리는 기계를 발명한 아르키메데스Archimedes(BC 287~BC 212)부터, 심지어 고대 이집트까지 올라간다는 주장도 있고 그리스의 아르키타스Archytas(BC 428~BC 347)가 나삿니의 최초 발명가라는 설도 있다.

하지만, 요즘 우리가 아는 볼트와 너트, 나사못이 개발된 것은 15세기 초부터로, 조악한 품질이긴 했지만, 인쇄기 발명자 구텐베르크Johann Gutenberg(1397~1468)의 기계에도 나사못이 사용됐고 레오나르도 다 빈치도 나사못 제작 기계를 설계했었다고 한다. 이후 한 세기가 흐른 1568년, 프랑스의 발명가이자 철학자였던 자크 베송Jacques Besson(1540?~1573)[1]이 생산기계를 발명하면서 좀더 제대로 된 볼트와 나사못이 만들어지기 시작했고, 18세기 중반 영국의 와이어트 형제Job and William Wyatt가 대량 공장생산 시스템을 완성함으로써 볼트와 나사못의 표준화가 이루어진다.[17] 하지만 이 표준화는 각 나라 안에서의 이야기였기 때문에 제1, 2차 세계대전 동안 장비와 무기 체계를 공유해야 했던 연합군에게 서로 다른 크기의 볼트와 나사못은 큰 골칫거리를 안겨주게 된다.[18] 이후 한참이 지나서야 많은 나라들이 ISO 표준을 받아들이게 되었고 현재까지 일반 볼트와 너트, 나사못은 어느 나라에서든 쉽게 구하고 사용할 수 있는, 특히 건설공사에 필수적인 요소로 자리잡았다. 그러나 일반 볼트는

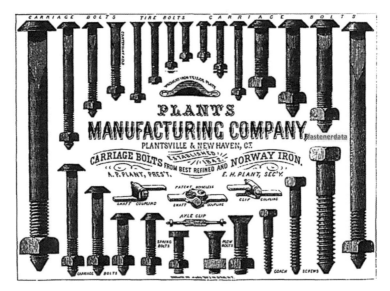
19세기 볼트와 너트 광고물

철골재 접합에 관한 한 리벳에 밀릴 정도로 접합 신뢰도가 떨어져 고력볼트의 등장과 함께 리벳과 운명을 같이 하게 된다.

녹여서 하나로 만드는 용접

많은 사람들이 어릴 적 과학시간에 납땜질 한 번쯤은 해 보았을 것이다. 그 기억 때문에 "나도 '용접'해 봤어"라고 자랑한다면 그건 엄밀한 의미에서 틀린 말이다. 현대적 의미에서 용접welding 이란 '같은 종류 또는 다른 종류의 금속재료에 열 또는 압력을 가하여 고체 사이에 직접 결합이 되도록 접합시키는 방법'이라 정의된다.

그러나 납을 이용한 '땜질' 또는 '브레이징 brazing 또는 soldering'은 '접합제(납 등)를 비교적 용융점이 낮은 온도에서 가열해 금속재, 즉, 모재母材를 접합하되, 모재는 녹이지 않는 방법'이기 때문에 용접과 구분된다.

좀 양보해서 브레이징까지 넓은 의미의 '용접'에 포함시킨다면 용접의 역사는 인류가 금속을 다루기 시작했을 때부터 시작된다 보아야 하고 이러한 브레이징은 18세기 이전까지 용접의 주를 이루고 있었다. 고대의 장식품이나 무기 등의 생산에 브레이징 방식이 사용됐음은 고대 이집트 벽화에서도 발견할 수 있다. 그러다가 4세기경부터 중세시대에 걸쳐 단조용접 forge welding 방법이 나타난다. 이 방법은 두 재료를 가열한 다음 망치로 두들겨 일체가 되도록 하는 것으로, 1540년 이탈리아의 야금기술자 반노초 비링구초 Vannoccio Biringuccio (1480~1539)는 『신호탄에 관하여 De la pirotechnia』라는 저서에서 당시의 야금술과 이 단조용접에 대한 기술을 구체적으로 소개하고 있다.[19]

브레이징을 제외하면 용접은 크게 융접법 fusion welding과 압접법 pressure welding 으로 구분되는데, 전자의 방법은 접합하는 금속재료를 가열·용융시켜 서로 다른 두 재료의 원자 결합을 재배열시킴으로써 결합을 완성하는 것이다. 여기에는 아크용접 arc welding, 가

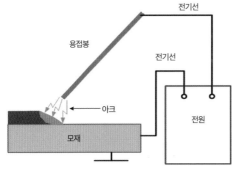

아크용접의 원리

스용접 gas welding, 테르밋용접 thermit welding 등이 있다.* 이중 철골부재를 접합, 체결하는 데 일반적으로 사용되는 용접법은 아크용접으로 1881년 러시아의 니콜라이 베나도스 Nikolay Nikolayevich Benardos (1842~1905)가 처음 발명했다. 이 용접법의 원리는 용접봉과 모재에 강한 전류를 흘려보내고 그 사이를 조금 떼면 방전에 의한 흰색 불꽃 즉 아크가 발생하는데, 이 아크로 인해 발생한 고열을 이용해 모재를 용융 상태로 만들어 접합하는 것이다.[20] TV에서 어떤 용접공이 얼굴에 안전마스크를 쓰고 불꽃을 튀기며 무엇인가 용접하고 있는 광경이 나온다면 십중팔구 아크용접의 한 방법이라고 생각하면 되겠고, 실제로 건설현장에서 철골재를 용접할 때는 주로 이 아크용접 계열의 용접법이 사용된다.

* 가스용접법은 1836년 아세틸렌영국의 화학자 에드먼드 다비(Edmund Davy, 1785~1857)가 아세틸렌의 특성을 밝혀내면서 가스가 연소할 때 나는 높은 열로 금속을 녹여 용접하는 방법으로 발전하였고, 테르밋 용접은 1980년경 독일의 화학자 한스 골드슈미트(Hans Goldschmidt, 1861~1923)가 알루미늄분과 산화철과의 혼합물, 즉 테르밋이 염화바륨과 마그네슘의 혼합물과 만나면 이 물질들 간의 화학반응으로 발화, 고열이 발생하는 원리를 이용해 개발했다.

한편, 후자의 '압접법'은 외부에서 접합부에 물리적으로 강한 압력을 가해 접합하는 것으로 접합재를 가열하느냐 아니냐에 따라 가열식 압접과 비가열식 압접으로 구분되며, 건설현장에서는 거의 사용되지 않는다.

이상과 같은 용접법의 구분은 대략 큰 틀을 보여준 것이고, 세부적으로 들어가면 무수히 많은 기술과 재료, 복잡한 화학식들이 등장한다. 관건은 누가 뭐라 해도 신뢰도 100%이면서 품질 100%의 용접을 해내는 것. 그러니 건설산업에서 용접기술자, 용접전문가는 매우 중요한 위치를 차지하며, 특히 해외 유명 건설사의 경우 헬기로 이들을 모시고 다닐 정도로 대우가 좋다고 한다.

한 가지, 철골재를 용접한다고 하면 궁금해지는 부분이 있다. 납땜질도 시간이 지나면 떨어지기 일쑤인데 용접을 어떻게 믿을 수 있을까? 제대로 된 용접에서 용접 부위의 강도는 원래 재료의 강도와 같거나 그 이상이 되도록 하는 것이 원칙이므로 그런 걱정은 안 해도 될 듯하다.

이대로 건물을 짓는다 ... 설계도면과 시방서

드라마나 영화에서 건축가가 주인공이거나 건축 현장이 주무대가 되면 빠지지 않고 등장하는 소품이 있다. 바로 '설계도면drawing(도면)'이다. 몹시 어색하거나 말도 안 되는 방법으로 그림을 그리는 장면이 나오기도 하지만, '건축가=설계=도면'이라는 공식은 대부분의 사람들이 잘 알고 있는 것 같다. 또 건물을 지으려면 반드시 도면이 필요하다는 것도 모르는 사람이 없으리라.

그러면 먼 옛날 이집트의 피라미드나 유럽의 멋진 성당들을 건설할 때도 건축가들은 도면을 그렸을까? 그렇다면 지금과 같은 방법과 모양의 설계도면이 있었을까? 아니면 어떻게 설계를 했고 언제쯤에서야 현대적인 도면이 등장한 것일까?

한편, 건축공사에는 '도면' 못지않게 필수적인 문서가 있는데, '시방서specification'가 바로 그것이다. 도면은 건축물 내외부에 걸쳐 여러 공간과 부재가 어떤 모양으로 어디에 위치하는가를 시각적으로 보여주고 주요 치수와 재료의 구성 등을 나타낸다. 반면 시방서란 도면이 주는 정보만으로는 건물을 지을 수 없으므로, 건물을 짓는 데 필요한 시공 방법, 순서, 공법, 재료의 구성과 품질, 시험 방법 등을 글로 풀어쓴 문서를 말한다. 흔히 사람을 대상으로 "그 사람 스펙이 어때?"라고 할 때 그 '스펙'이 바로 이 '스펙'과 같은 말이다.

이처럼 현대 건축에서 도면과 시방서는 떼려야 뗄 수 없는 관계인데, 그 옛날에도 마찬가지였을까?

'도면'과 '시방서'란?

도면과 시방서의 기원을 알아보기 전에 우선 그것이 무엇인지 좀더 알아보도록 하자. 먼저 건축설계에 있어 도면은 "건축물 또는 그 구성요소들의 위치, 치수, 재질, 색, 마무리 방법 등을 약속된 표현방법과 기호, 문자 등으로 나타낸 그림"을 말한다. 크게 배치도site plan, 평면도plan 또는 floor plan, 입면도elevation, 단면도section 등으로 구분되고 실제 건물을 지을 때는 부위별로 평면, 입면, 단면에 대한 '상세도detail drawing'가 그려진다.

'배치도'는 건물이 들어서는 대지 위에 건물이나 외부공간이 어떤 위치에 놓이는가를 하늘 위에서 바라본 그림이고, '평면도'는 사람의 눈높이쯤에서 건물을 수평방향을 잘라 내려다 본 그림(입체를 수평면상에 투영하여 그린 도형)을 말한다. 그래서 건물이 여러 층으로 구성되고 내부의 구성이 서로 다르다면 각 층마다 평면도가 만들어져야 한다.

'입면도'는 건물 밖의 위치에서 한 방향으로 대상을 바라보고 그린 그림이다. 사람이 주로 드나드는 정면이 있다면 그 방향의 입면도를 '정면도', 뒤쪽에서 보고 그린 그림은 '배면도', 양 측면에서 바라보면 '우측면도', '좌측면도'라는 표현을 쓰기도 한다(동서남북의 방향을 따 동측면도, 서측면도 등의 이름을 붙이기도 한다). '단면도'는 건물을 수직방향으로 절단해 눈에 보이는 단면 형태를 그린 그림으로, 단면 뒤쪽에 보이는 외부 형태를 함께 보여주기도 한다.

그 외에 실제 건물을 짓는 데 필요한 도면 한 세트에는 천장도나 전개도, 창문과 문짝을 모아놓은 창호도, 또 다른 구분 방법으로 건물의 뼈대와 공간 구성을 중점적으로 보여주는 건축도면, 철근이나 철골, 콘크리트 등 구조부재의 모습을 보여주는 구조도면, 전기나 기계, 설비 부분을 나타내는 전기도면, 기계도면, 건물 외부와 식재 등을 나타내는 조경도면 등, 무수히 많은 종류의 도면들이 포함된다.

시방서에는 앞서 설명한 내용과 정보들이 공사의 종류별로 상세하게 서술되어 있다. 도면과는 본질적으로 다른 기능을 담당하므로 서로 상충되는 내용 없이 보완관계를 잘 유지할 수 있도록 작성하는 것이 포인트이며, 건축가 또는 설계자는 이 두 문서의 작성에 책임을 진다.

설계도면의 기원

인류는 언제부터 도면이란 것을 만들기 시작했을까. 그 기원과 역사는 고대 이집트와 메소포타미아 시대로 거슬러 올라간다. 다만 지금까지 알려진 이 시대의 설계도면은 '평면도'에 국한되어 있

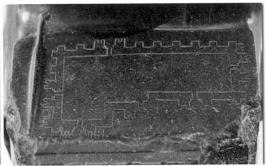

메소포타미아 라가쉬 왕조의 구데아 동상과 닝기르수 신전의 평면도

다고 한다. 대표적인 증거물로 기원전 22세기경 메소포타미아 라가쉬 왕조Lagash 의 '구데아Gudea (수메르 지방의 도시 라가시의 지배자) 동상'을 들 수 있는데, 그의 무릎 위에 넓적한 책자 한 권이 놓여 있고 거기에 평면도로 보이는 그림이 또렷하게 나타나있다.[1] 아마도 그가 주도하던 건축공사*에 대해 무언가 지시를 내리는 장면이 아니었을까.

이보다 10세기 정도 지난 후, 바빌로니아Babylonia 시대의 것으로 추정되는 주거 평면(BC 1500~BC 1100) 그림에는 벽선과 개구부의 모습이 뚜렷이 표현되어 있고,[2] 비슷한 시기(BC 1500년경) 메소포타미아의 도시 니푸르의 지도는 단일 건물의 평면도는 아니지만 건축물을 포함한 도시 전체를 나타내는 도면이라는 점에서 또 다른 의미를 갖는다.[3]

도면이라기보다는 그림에 더 가까워 보이지만, 이집트 파라오 아

---

* 라가쉬시(市) 기르수 지구의 수호신인 닝기르수를 숭배하는 신전(Ningirsu's temple)

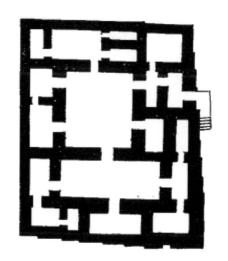

고대 바빌로니아의 주거 평면

케나텐^{Pharoah Akhenaten} 시대의 것으로 알려진 '태양신 신전^{Temple of} Aten'**의 평면도(BC 1300년경)도 오래된 도면의 흔적으로 유명하다.[4]

　서양건축사에서 빼놓을 수 없는 것이 고대 그리스의 건축물인데, BC 500년경 당시의 건축가들은 주로 모형을 만들어 놓고 건물의 모습과 공사방법을 말과 글로 소통했다고 한다. 즉, 실물 크기의 모형인 '파라데이그마^{Paradeigma}'***를 만들어 보기도 하고, 치수까지도 상세하게 글로 표현해 놓은 '신그라파이^{Syngra-phi}'를 이용해 건물의 몰딩이나 장식을 어떻게 만들어야 할지 시공자들에게 정보를 제공했다.[5] 지금까지 '신그라파이'의 원형이 남아 있지는 않지만 대

**　여기서의 Aten은 '태양의 신'을 일컫는다.

***　패러다임-paradigm의 어원이기도 하다.

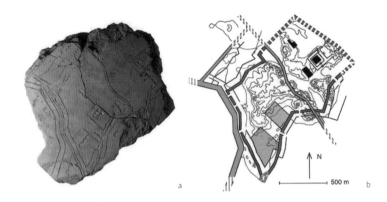

메소포타미아 니푸르 시의 지도 원본(a)과 현대적 도면(b)

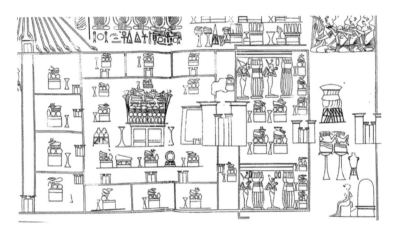

이집트 파라오 아케나텐 시대에 태양의 신을 모시는 신전 평면도

략 이것이 시방서의 기원이라 해도 무리가 없을 것 같다. 한편, 평
면도 다음으로 탄생한 도면의 종류는 '단면도'로서, 고대 그리스 도
시 프리에네Priene 의 '아테나 신전Temple of Athena (BC 340년 경)', 이
집트 필라에Philae 에 있는 '이시스 신전Temple of Isis (BC 100년 경)' 등
에서 단면도가 그려졌다고 한다.

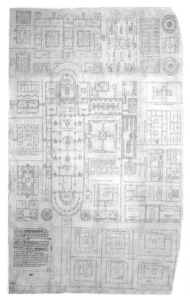

스위스 생갤 수도원의 평면도 　　　　랭스 성당의 플라잉 버트리스 단면/입면

중세에 들어서면서 고딕Gothic (AD 1000~1500년) 양식의 건축에
서 비교적 정확한 도면이 조적공사용으로 만들어졌고, 부분적이지
만, 직각 투영에 의해 도면을 그리는 방법도 이 시대에 개발됐다.
그중에서 스위스 '생갤 수도원The Abbey of St. Gall'의 경우, 유일하게
초기 중세시대의 건축물 도면이 남아 있는데, 비록 공사용은 아니
지만 복잡한 공간 구성을 평면도를 통해 잘 보여주고 있다.

르네상스 시대Renaissance (AD 1400~1600)에 들어서면 건축도면
은 좀더 세련된 모습으로 발전한다. 사실 이러한 발전은 건축설계
를 위한 것이라기보다 그 당시 예술가들이 고대 건축물들을 그림

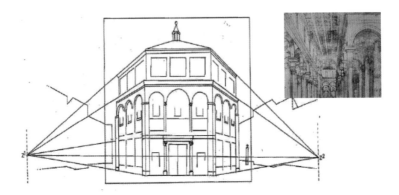

플로렌스 세례당을 통해 본 필리포 브루넬리쉬의 투시도 작성 원리와
그가 그린 산토 스피리토 성당(Church of Santo Spirito)의 내부 투시도(1428)

으로 그려내기 위한 목적에서 시작됐다. 비록 건물 부위의 치수를
적어 넣는다든가, 약속된 도면 작성법을 적용한다든가 등 현대의
방법과는 차이가 있지만, 제대로 된 비례 관계를 따져 건물을 그리
고, 섬세한 묘사를 통해 건축가가 의도하는 바를 나타낼 수 있었다.
또 이때부터는 종이 위에 그린 도면도 많아졌다.

　건물을 입체적으로 표현하는 투시도법도 이 시대에 처음 완
성됐다. 이탈리아 플로렌스의 건축가 필리포 브루넬리쉬Filippo
Brunelleschi (1377~1446)는 '플로렌스 세례당Florence Baptistery' 그
림(1415)에서 '직선 원근법linear perspective'을 선보였고[*6] 르네상
스 회화의 창시자라고도 불리는 마사초Masaccio, 본명 Tommaso Cassai

---

* 　브루넬리쉬가 그린 '플로렌스 세례당'의 그림은 현재 소실되고 없지만, 실존하는 이 건물의 파사드는
　 투시도의 개념을 잘 보여주고 있다.

이탈리아 화가 마사초의 작품, '성전세(The Tribute Money, 1425)'

(1401~1428)의 그림에는 건물과 조경이 제대로 된 투시도법에 의해 묘사되어 있다.[7] 15세기 후반에 이르러서는 많은 회화에서 이 투시도법을 통해 현실 세상을 사실적으로 표현할 수 있게 되었고, 누구나 다 아는 레오나르도 다 빈치Leonardo da Vinci (1452~1519)의 '최후의 만찬'에서도 투시도의 일면을 찾아볼 수 있다.

이 모든 방법들이 건축가가 건물을 표현하고 그가 의도하는 정보를 전달하는 방법이었지만, 과연 시공용 도면으로서의 역할을 했는지는 미지수다. 시공자의 입장에서 건물의 생김새 정도야 이해할 수 있었겠지만, 그 정도 디테일의 그림만 가지고는 공사가 불가능했을 테니 말이다. 다만, 옛날에는 마스터 아키텍트master architect 또는 마스터 빌더master builder 라 해서 건물을 설계한 자가 시공까지 책임지고 완성하는 시스템이 주를 이뤘기 때문에 설계자는 도면이 없어도 머릿속에 모든 계획을 다 준비해 놓았을 수도 있다.

현대적인 도면작성법은 18세기 후반에 등장한 정사투영법正射投

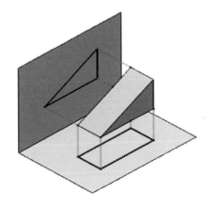

정사투영법의 개념도

影法, orthographic projection (또는 정사도법正射圖法)에서 시작된다. 그 주인공은 프랑스 군대에서 활동하던 수학자이자 엔지니어였던 가스파르 몽주Gaspard Monge (1746~1818)다.[8] 정사투영법이란 "어떠한 물체의 한쪽 면에서 광선을 비추었을 때 그 광선과 직교하는 화면에 투사된 형상을 그대로 그려내는 방법"을 말하는데, 몽주가 개발한 이 작도법은 곧바로 프랑스군의 엔지니어들에게 채용되었고 현대의 도면작성법으로 이어져오고 있다. 이제야 비로소 평면도, 입면도, 단면도의 합으로 건물을 표현할 수 있게 된 것이다.

청사진이 건축도면?

도면 작성과 관련해 또 다른 획기적인 발명품으로 '청사진blueprint'을 들지 않을 수 없다. 요즘 젊은 세대는 '청사진'이라는 단어를 미래에 대한 희망적인 계획이나 구상 정도로 알고 있겠지만, 본래의 뜻은 건축 용도로 찍어낸 그야말로 '청색'의 '사진'을 말한다.

청사진 만들기

　1842년 영국의 화학자이자 발명가였던 존 허쉘^{John Herschel}
(1792~1871)은 철염의 감광성을 이용한 사진법을 발명하는데, 감
광지에 빛을 쪼이면 노출된 부분은 화학반응에 의해 청색으로, 빛
이 투과되지 못하는 부분은 흰색으로 남게 된다는 것이 그 원리다.[9]
이 원리로 도면이 그려진 트레이싱지(도면 작성에 이용되는 반투명
의 종이)와 감광지를 겹쳐서 청사진기에 넣으면 감광지에 연필이나
펜으로 그린 선, 즉 빛이 통과하지 못하는 부분은 흰색으로, 나머
지 여백은 청색으로 된 복사 도면이 만들어진다. 이 청사진기로 현
대의 대형 복사기나 프린터기가 등장하기 전까지 같은 도면을 무
한반복으로 생산해 낼 수 있는 설계의 혁명이 이루어진 것이다. 단,
이 기계로 축소, 확대는 불가능했기 때문에 같은 부위라 해도 그곳
을 더 크게 또는 더 상세하게 보거나 표현하고 싶으면 무조건 따로
따로 도면을 그려야만 했다.

시방서의 등장과 발전

앞서 건물의 형상과 구성, 크기 등을 상세하게 표현해 놓은 고대 그리스 시대의 '신그라파이 Syngra-phi'가 '시방서의 조상'쯤 된다고 이야기했었다. 그런데 그 후 시방서가 어떻게 발전해왔는지를 말해 주는 자료는 찾아보기 힘들다. 도면작성법이 완성되고 정착된 19세기 이후에도 마찬가지이다. 다만, 이런저런 문헌들을 종합해 보면, 초기 시방서는 기본적으로 도면을 보완하기 위한 목적으로 도면 위에 적어 놓은 노트 정도였고, 건물의 규모가 커지면 이 노트들을 모아 책자 형식으로 만들었는데, 이 문서가 시방서의 최초 형태라 정리할 수 있다. 그렇다 해도 그 내용이 지금의 시방서처럼 기술적이고 과학적이고, 상세하지는 않았을 것이다.

이런 형태의 시방서는 20세기 초까지도 계속된다. 이 시기쯤 우리나라에서 만들어진 시방서를 보면, 그 내용이 너무 간단해서 굳이 이런 문서를 시방서라 부를 필요가 있었는지 의심스러울 정도다. 다만, 설계도면에 '시방'에 해당되는 내용들을 많이 기재해 놓을 것이므로 부실했다고 단언할 수는 없다.

그러던 중, 시방서의 발전은 제2차 세계대전 이후 큰 전환점을 맞게 된다. 전쟁 피해를 복구하고 본격적인 경제발전이 시작되면서 건축물들이 점점 더 대형화, 복잡화되고 신기술, 신재료, 신공법들이 등장해 도면만으로는 건설 그 자체가 불가능했던 것이다. 시방서는 설계자와 시공자 간의 소통에 매우 중요한 매체가 되었고 계약문서로서의 중요성 또한 높아졌다. 그러면서 선진국에서는 시방서 전문단체가 생겨나기 시작했는데, 1948년 정부기관의 시

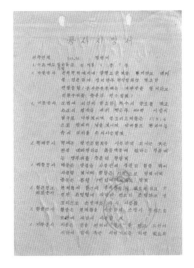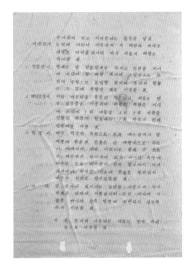

1960년대 우리나라 건축 시방서

방서 전문가들이 모여 창립한 미국의 '공사시방서협회Construction Specification Institut, CSI'가 대표적인 예이다.

옛날에는 마스터 아키텍트가 설계고 시공이고 다 알아서 한다고 했는데, 산업혁명 시대를 경계로 설계자와 시공자의 역할이 완전히 분리되었다는 사실도 주목할 만한 대목이다. 설계자는 그의 생각을 도면과 시방서로 표현하고 시공자는 이를 가지고 건물을 지어야 했으니, 정보가 정확하지 않거나 서로 이해가 어긋나는 부분이 발생하면 그 공사는 혼란과 분쟁에 빠질 수도 있었다. 사실 지금도 이런 분쟁은 늘 일어나는 일이다.

어쨌거나 현대의 시방서는 그 작성 방법도 다양하고, 새로운 기술의 등장이나 쓸모없어진 기술의 퇴장 등으로 그 내용을 분류하는 방법과 분류체계도 날로 진화하고 있다. 시방서 작성방법에는 도면으로 표현하지 못하는 내용을 모두 글로써 서술하는 방법, 아니면 재료나 부품과 같은 구성요소에 대해 제작사에서 만든 사용법을 따르게 하는 방법, 또는 이를 모두 생략하고 건물이나 공간, 설비 등의 성능만을 제시하여(예를 들어 사용자가 원하는 온도, 습도, 에너지 사용 등) 재료나 공법의 선택을 시공자에게 맡기는 방법 등 여러 가지가 있다.

여기서 시방서의 '분류체계'란 다양한 종류의 공사를 체계적으로 정리해, 사용과 관리에 편리하도록 만들어 놓은 방식을 말한다. 예를 들어, 건축공사의 경우 토공사, 콘크리트 공사, 목공사, 조적 공사 등 공사의 종류를 큰 틀에서 분류하고 그 다음 단계로 더 세밀한 공사를 다시 분류해 내용을 기술해간다.

'도면'과 '시방서'. 더 중요한 문서는 무엇일까? 과거에도 그러했고 상당수의 현대 건축가들도 설계도면에 더 큰 비중을 두는 경향이 있다. 아마도 건축물의 형태와 구성을 바로 시각적으로 표현해주는 도구가 도면이기 때문인 것 같다. 그러나 실무적으로 보면 시방서가 도면보다 더 중요한 의미를 갖는 측면이 있다. 원칙적으로 도면과 시방서의 내용이 중복되어서는 안 되는데, 그럼에도 각각의 문서가 같은 이슈에 대해 서로 상충되는 내용을 담고 있다면, 그리고 시공자가 어느 한쪽만 믿고 공사를 진행했다면 심각한 품질 문제나 당사자 간 분쟁이 발생될 수도 있다. 이런 문제를 방지하기 위해서 건축주는 계약조건에 미리 우선순위를 설정해 놓곤 하는데 이때 일반적으로 시방서가 도면보다 해석상 우선순위를 갖는다.

집 속의 기계, 집을 짓는 기계

'나는 의자'에서 시작해 마천루까지 ... 엘리베이터

우리는 엘리베이터를 기다린다. 그리고 탄다. 엘리베이터를
기다리는 것은 짜증나는 일이지만, 마침내 그것을 탈 때는 즐
거워진다.

앤디 루디Andy Rudy(미국 유명 방송인)

우리가 살고 있는 아파트나 직장이 있는 오피스 빌딩에 엘리베
이터가 없었더라면? 4~5층 정도의 비교적 낮은 건물이라면 모를
까, 더 높은 곳까지 매일 오르내려야 한다면 출근길, 귀갓길이 고역
일 것이고, 그제야 사람들은 엘리베이터의 편리함과 고마움을 절실
히 느끼게 될게다. 사실상 엘리베이터가 없었더라면 아예 고층빌딩
이란 것 자체가 존재하지 않았을 것이다.

'높은 곳까지 힘들이지 않고 오를 수 있는 방법이 없을까'하는
생각은 아주 옛날부터 사람들의 염원이었던 것 같다. 누구나 한 번
쯤 어렸을 때 들어봤을 「선녀와 나무꾼」 이야기에도 선녀를 찾기

위해 두레박을 타고 나무꾼이 하늘로 올라가는 장면이 나온다. 아마도 이것이 우리 선조들이 생각한 최초의 '컨셉 엘리베이터'가 아니었을까? 또 "떡 하나 주면 안 잡아먹지"로 유명한 「해와 달이 된 오누이」에서 오누이는 튼튼한 동아줄을 타고 하늘로 올라가 해와 달이 되고 나쁜 호랑이는 썩은 동아줄을 타고 올라가다 수수밭에 떨어져 죽는다. 우리나라 최초의 엘리베이터 사고가 아니었을까?

엘리베이터의 시작과 역사

이런 설화들에서 나오는 '자동-수직-이동수단'은 오랜 옛날, 그저 상상 속에서 그려진 아이디어라 생각되지만, 놀랍게도 가장 원시적인 엘리베이터는 BC 236년 그리스의 아르키메데스에 의해 처음 발명되었다고 한다.[1] 물론 그 당시에 요즘과 같은 기계 장치가 있었을 리 없었으니, 굵은 밧줄을 도르래에 매달고 이것을 사람이나 가축의 힘으로 잡아당겨 탈 것을 움직이는 형태였고, 사람이 타는 장치가 아니라 물건을 운반하는 수단으로 사용됐다. 이런 장치가 가능했던 것은 역시 아르키메데스가 개발한 도르래 덕이었는데, 본래는 깊은 우물에서 물을 떠올리기 위해 고안된 작은 장치였지만, 작은 힘으로 큰 힘을 얻을 수 있다는 원리가 원시적인 형태의 엘리베이터를 탄생시킨 것이다.

그 외에도 고대 이집트의 피라미드나 멕시코의 사원을 건설할 때도 노예의 노동력으로 작동하는 유사한 장치의 기록을 찾아볼 수 있고, 고대 로마에서도 검투사나 맹수들을 콜로세움 경기장 안

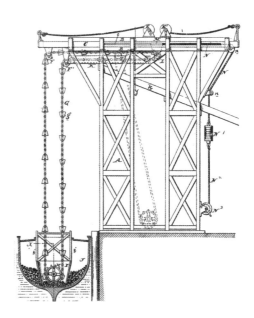

선박을 들어 올리는 사용된
아르키메데스의 엘리베이터

으로 등장시킬 때 비슷한 장치를 사용했다고 한다. 이후 좀더 발전된 형태의 엘리베이터는 11세기 스페인의 기계공 알 무라디^{Al-}Muradi가 전쟁에서 성곽을 공격할 때 엘리베이터와 유사한 장치를 사용했었다는 기록이나 독일의 군사 기술자 콘라트 키저^{Konrad}Kyeser(1366~1405)의 설계도 등에서 나타나지만, 그 실체를 파악하기는 어렵다.

한편, 실제로 엘리베이터로 사람을 운반한 예는 18세기에 등장한다. 프랑스의 베르사유 궁전^{Château de Versailles, Palace of Versailles}에 설치된 '나는 의자^{flying chair}'가 바로 그것으로, 루이 15세^{Louis XV}(1710~1774)가 자신의 정부情婦를 남몰래 침실로 불러들일 때 이 장치를 사용했다는 일화로도 유명하다. 사랑하는 연인을 만나려면 궁전 내부의 넓은 정원과 수많은 계단을 거쳐야 했던 터라, 루이 15세

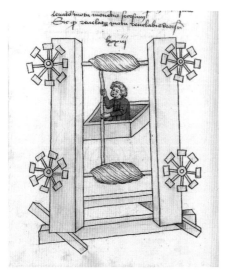
콘라드 키저의 엘리베이터 설계도

는 사람들의 시선을 피할 수 있는 특별한 장치를 원했고, 1743년, 마침내 그의 명을 받은 블레즈 앙리 아흐눌트Blaise-Henri Arnoult가 이 장치를 개발했다. 지금까지 원본 설계도가 그대로 남아 있는 이 장치는, 아르키메데스의 장치처럼 여러 개의 도르래를 사용해 로프를 당기거나 늘어뜨려서 아래위로 움직일 수 있었는데, 평형추counterweight를 사용했다는 점에서 더 발전된 모습을 보이고 있다.[2]

밧줄과 도르래, 그리고 밧줄을 감는 장치winch로 구성된 초기 개념의 엘리베이터를 한 단계 업그레이드 시킨 것은 '톱니바퀴'의 발명이었다. 톱니바퀴의 사용은 힘을 전달하는 방법이나 제어 측면에서 엘리베이터의 효율성을 크게 향상시킬 수 있었고 러시아의 기계공 이반 쿠리빈Ivan Kulibin (1735~1818)은 이 원리를 이용한 엘리베이터를 상트페테르부르크의 겨울궁전The Winter Palace in St.

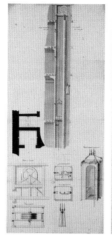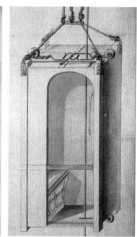

'나는 의자'의 설계도와 설치 모형도

Petersburg에 설치했다.

하지만 이때까지도 엘리베이터는 기계적인 동력을 사용하는 장치가 아니었고 19세기 중반, 증기기관이 발명되면서 엘리베이터가 운반할 수 있는 중량에 큰 변화가 생긴다. 힘이 세진 엘리베이터는 광산에서 석탄을 운반하거나 산 속에서 목재를 운반하는 용도로 발전하게 되었으며 영국의 프로스트 앤드 스터트Frost & Stutt라는 회사가 1835년, 기존의 기계 시스템에 벨트와 평형추counterweight를 도입한 '티글Teagle'이라는 엘리베이터 시스템을 내놓게 된다. 비로소 현대적인 엘리베이터의 모습이 갖춰지기 시작한 것이다.[3]

그 후에도 몇몇 발전된 형태의 장치들이 개발되었지만, 현대식 엘리베이터의 발명가라 하면 누가 뭐래도 엘리샤 오티스Elisha Graves Otis(1811~1861)를 꼽지 않을 수 없다. 1852년 뉴욕 만국박람회에서 오티스가 손수 제작한 엘리베이터에 올라타 직원들에게 자신이 탄 엘리베이터 케이블을 자르게 한 일화는 매우 유명하다. 수많은 관중들 앞에서 그의 엘리베이터가 안전함을 몸소 보여준 것인데, 케이블이 끊어져도 승강기가 추락하지 않도록 두 개의 철제 톱니바퀴가 제어해주는 소위 '안전 엘리베이터 safety elevator'를 개발한 것이다.[4] 그는 이후 그의 이름을 딴 'E. G. Otis'사를 설립하고 화물용은 물론 승객용 엘리베이터를 개발해 1857년 세계 최초로 뉴욕시 호와웃 E.V. Haughwout & Company 백화점에 승객용 엘리베이터를 설치했다. 이 엘리베이터는 단순히 승객을 운반하는 역할만 한 것이 아니라 백화점의 평면과 동선을 바꾸어 놓기도 했다. 안타깝게도 오티스 자신은 엘리베이터의 화려한 성공을 보지 못한 채 박람회장 발표가 있은 지 9년 후 세상을 떠나고 말았지만 이 회사는 안전 엘리베이터 발명 후 불과 20년 만에 오피스, 호텔, 백화점 등에 2,000여 대가 넘는 엘리베이터를 설치하는 큰 성장을 이루어 냈다. 오티스사는 아직까지도 200여 개국에 약 190만 개가 넘는 엘리베이터와 에스컬레이터를 관리하면서 연간 120억 달러(약 1조 2천억 원)의 매출을 올리는 세계 최대의 엘리베이터 · 에스컬레이터 회사로 남아 있다. 사실 많은 사람들이 엘리베이터의 '최초 발명가'를 오티스로 알고 있지만, 그의 이름 앞에 '최초'라는 수식어를 붙이는 것은 맞지 않다. 엘리베이터를 보다 안전하게 만들고 이를 상용화한 그의 공로가 크게 인정받아야 하는 것은 분명하지만, 그보다 앞에 이미 여러 아이디어와 장치들이 존재했기 때문이다.

이 무렵에 일어난 또 다른 변혁은 증기식 대신 유압식 엘리베이터가 소개되었다는 것이다. 증기식 동력장치는 부피도 많이 차지

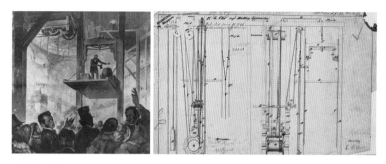

뉴욕 만국박람회의 오티스와 그의 엘리베이터 특허 도면

할 뿐만 아니라 운전 효율과 안전성에도 문제가 많았는데, 수도관
으로 물을 공급받아 작동하는 유압식 동력장치는 고효율에 사용상
안전하고 저렴하다는 장점이 컸다. 실제로 프랑스의 에두L. Edoux 가
1867년 파리 만국박람회에 유압식 엘리베이터를 선보이고 난 후
미국과 유럽에서는 같은 방식의 엘리베이터가 대세를 이루게 되었
고 최대 속도는 분당 150m까지 높아졌다.

　1880년에는 최초의 전기식 엘리베이터가 등장한다. 독일의 베
르너 폰 지멘스Werner von Siemens (1816~1892)가 발명한 이 장치는
엘리베이터 제어장치와 자동화에 기여한 프랭크 스프레이그Frank
Sprague (1857~1934) 등의 인물을 거치면서 안정성과 속도에서 획기
적인 발전을 이룩하게 된다. 그 후 1874년 미커J.W. Meaker 의 엘리베
이터 도어 개폐 안전장치, 1887년 알렉산더 마일즈Alexander Miles 의
자동개폐 장치 등이 더해지면서 1900년경에는 엘리베이터의 완전
자동화가 완성되었고, 드디어 우리가 매일 타는 엘리베이터의 모습
이 제대로 갖춰지게 된다.[5][6]

엘리베이터의 구조와 작동 원리

엘리베이터는 용도에 따라 승객용, 화물용, 자동차용, 덤웨이터 등으로 구분되고 속도에 따라 저속(분당 15~45m), 중속(분당 60~105m), 고속(분당 200~300m)으로 나뉜다. 엘리베이터를 움직이는 구동방식은 크게 로프식rope system과 유압식oil hydraulic system 등으로 나눠지는데, 일반적으로 로프식이 많이 사용된다.

엘리베이터의 기본적인 작동 원리는 예나 지금이나 고정도르래의 원리를 기본으로 한다. 사람이 타는 승강차elevator car와 평형추가 서로 반대 방향으로 로프에 매달려 있고 전동기가 로프를 풀었다 감았다 하면서 승강차를 아래위로 움직인다. 이때 균형추는 전동기의 부하를 줄여주는 역할을 하고 무게는 승강기 최대 정원의 40~50% 정도이다. 반대로 말하면 균형추의 무게에 따라 최대 정원이 정해지는 것이다. 하지만, 로프는 최대 정원 무게의 2배 이상 견딜 수 있도록 설계되기 때문에 로프가 끊어진다 해도 여러 안전장치가 있어 자유낙하를 하는 일은 거의 없다. 어떻게? 우선 엘리베이터의 속도가 비정상적으로 빨라지면 조속기가 전동기 전원을 차단하여 브레이크를 작동시키고, 그래도 속도가 빨라지면 비상정지 장치가 가이드레일을 잡아 승강차를 정지시킨다. 여기에 이중 안전장치로 바닥에서 충격을 흡수할 수 있는 완충기가 있어서 승강차가 낙하한다 해도 승객의 안전을 유지할 수 있다.[7]

사실 우리는 엘리베이터를 매일 타고 있지만 그것을 구성하는 '고마운 이름들'에 대해서는 잘 모른다. 이번 기회에 그 고마운 이름들을 호명하면서 소개해 본다.[8]

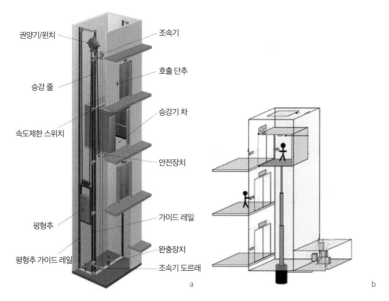

권양기/윈치

승강 줄

속도제한 스위치

평형추

평형추 가이드 레일

조속기

호출 단추

승강기 차

안전장치

가이드 레일

완충장치

조속기 도르래

a

b

a. 로프식 엘리베이터   b. 유압식 엘리베이터

엘리베이터의 유형과 구조

- 승강차 elevator car : 승객을 이동시킬 수 있도록 설계된 엘리베이터의 가동 공간
- 승강 줄 hoisting rope : 승강기 차가 수직 이동할 수 있게 하는 케이블
- 평형추 counterweight : 무거운 덩어리로 이루어진 이동식 설비. 그 무게는 승강차 및 승객의 무게와 평형을 이룸.
- 권상기(또는 권양기, 윈치 winch) : 연결 로프의 방식에 따라 승강차를 움직이는 기계 장치
- 조속기 speed governor : 승강차가 너무 빨리 이동할 경우 승강기 안전장치를 작동시키는 기계 장치
- 조속기 도르래 governor tension sheave : 조속기의 케이블이 팽팽하게 유지하는 장치

- 안전장치 car safety : 승강차가 너무 빠르게 움직이거나, 또는 연결 로프가 끊어지거나 훼손되었을 때 승강기 차를 정지시키는 보안 장치
- 속도제한 스위치 limit switch : 승강차가 층마다 정지할 수 있도록 하는 스위치
- 평형추 가이드 레일 counterweight guide rail : 평형추가 그것을 따라 미끄러지는 금속 막대. 평형추가 좌우로 흔들리는 것을 방지함.
- 가이드 레일 car guide rail : 승강차의 움직임을 지지하는 금속 막대. 승강차가 좌우로 흔들리는 것을 방지함.
- 완충장치 buffer : 승강차를 정지시키고 충격을 흡수하는 장비
- 호출 단추 call button : 승강차를 부를 때 누르는 버튼

엘리베이터의 또 다른 기록

그렇다면 우리나라에 엘리베이터가 처음 소개된 것은 언제일까? 기록마다 약간씩 차이를 보이는데, 1910년 조선은행에 처음으로 설치됐다고 설명하는 문헌도 있고, 1914년 우리나라 최초의 근대식 호텔인 조선호텔에 설치되었다는 기록, 1937년 재건축된 화신백화점에 엘리베이터와 에스컬레이터 시설이 구비돼 있었다는 기록 등이 있다. 시작은 서양에 비해 많이 늦었지만, 오늘날 우리나라는 세계적으로 손꼽는 엘리베이터 보유국이다. 한 기록에 의하면, 2015년까지 우리나라에 설치된 엘리베이터 수는 53만 대가 넘으며 엘리베이터 유지관리 시장의 규모도 연간 10억 달러를 넘는다고 한다.

엘리베이터 기술은 과학의 발전에 따라 하루가 다르게 발전하고

있는데, 현재 세계에서 가장 빠른 엘리베이터는 높이 632m에 달하는 중국의 초고층 빌딩 '샹하이 타워Shanghai Tower'에 설치된 것으로 분당 1,230m, 초속 20.5m의 속도를 자랑한다. 미쓰비시Mitsubishi사가 제작한 이 엘리베이터는 지하 2층부터 119층을 올라가는 데 불과 53초밖에 안 걸린다고 한다.[9] 그 전까지의 기록은 대만의 '타이페이 101 빌딩'에 설치된 엘리베이터가 가지고 있었는데, 높이 약 509m에 속도는 분당 약 1,010m였다.

세계에서 가장 긴 엘리베이터는? 아마도 이 기록은 가장 높은 빌딩의 기록과 같이 변해갈 것 같다. 현재로는 아랍에미리트 두바이에 있는 '부르즈할리파'의 엘리베이터로 828m 높이에 분당 600m 속도로 움직이며 1층에서 최고층까지 걸리는 시간은 1분 22초다. 2개층의 승객을 한꺼번에 운송할 수 있는 더블데커 방식double-decker elevator의 이 엘리베이터는 오티스사의 작품이다.

엘리베이터의 미래

앞으로의 기술 발전은 엘리베이터를 전혀 새로운 모습으로 바꿔놓을지도 모른다. 한 예로 독일의 철강회사 티센크루프ThyssenKrupp가 지금과는 전혀 다른 방식의 엘리베이터를 제안했는데, 멀티MULTI라는 이름의 이 새로운 엘리베이터에는 로프가 없다.[10] 자기부상 열차에 사용되는 '리니어 모터 linear motor'를 이용해 엘리베이터를 움직이는 원리로, 미래를 묘사한 공상과학 영화에서 보는 것처럼, 위아래는 물론 수평방향까지 자유자재로 움직여 승객을 운반한

티센크루프 사의 MULTI 엘리베이터

다. 이 회사는 '멀티 엘리베이터'가 수송 능력을 50% 향상시킬 수 있으며 엘리베이터에 필요한 공간은 기존 방식 대비 50%에 불과하다고 주장한다. 건축주 입장에서 이 부분은 특히 매력적일 수 있는데, 줄어든 엘리베이터 공간은 그만큼 임대 공간이 늘어남을 의미하고, 따라서 이것이 수입 증가로 이어질 수 있기 때문이다. 승강장에서 엘리베이터를 기다리는 시간도 획기적으로 줄어들어서, 길어야 15~30초 정도 대기하면 엘리베이터가 도착한다고 한다. 아직은 효용성이나 기술적인 완성도를 지켜 봐야겠지만, 이 시스템이 정착된다면 아무도 상상하지 못했던 고층빌딩의 혁신적인 모습이 엘리베이터로 인해 탄생할지도 모른다.

현재의 기술로는 아직 불가능하지만, '우주 엘리베이터 Space elevator'라는 개념도 이미 오래전에 소개된 바 있다.[11][12] 러시아의 로켓 과학자 콘스탄틴 치올콥스키 Konstantin Tsiolkovsky (1857~1935)는 지구에서 거대한 타워를 세워 '우주의 성 celestial castle'을 짓는다는 꿈같은 계획을 세웠고, 1960년 같은 러시아의 엔지니어 유리 아

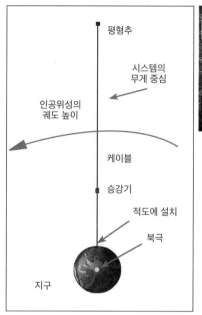

평형추

시스템의
무게 중심

인공위성의
궤도 높이

케이블

승강기

적도에 설치

북극

지구

우주 엘리베이터의 개념도와 상상도

스타노프Yuri Artsutanov (1929~2019)가 우주 엘리베이터로서의 개념
을 등장시켰으며, 1975년엔 미국의 엔지니어 제롬 피어슨Jerome
Pearson (1938~)이 이를 기술논문으로까지 발전시켰다. 그 후 몇 년
뒤, SF 소설의 거장 아서 클라크Arthur C. Clarke가 이 소재를 그의 소
설 『낙원의 샘The Fountains of Paradise』(1979년)에 사용하면서 대중들
은 이 이야기를 꿈이 아닌, 이루어질 수 있는 현실로 받아들이기 시
작했다. 2000년도부터는 미국항공우주국NASA까지 여러 관련된 연
구들을 발표하면서 다시금 주목을 끌고 있는데, 이름 그대로 우주
에 떠 있는 우주정거장까지 케이블을 연결해서 필요한 부품과 화

물, 관광객 등을 실어 나른다는 개념이다. 우선 지구상에서 풍속이 가장 느린 적도상의 한 지점에 30마일 높이의 탑을 설치한 뒤, 여기서 3만 5,786km 떨어진 우주정거장까지 케이블을 연결하고 그 속에 물품이나 사람을 태워 곧바로 우주로 올려 보낸다는 것. 지금의 엘리베이터 작동 원리나 개념과는 전혀 다를 수밖에 없는 이 엘리베이터가 과연 실현될 수 있을까? 최근에는 일본까지 가세해 한 건설사에서 2050년까지 실현 가능하다고 큰 소리를 쳤다는데[13], 그때까지 30년 정도밖에 남지 않은 셈이니 두고 지켜볼 일이다.

움직이는 계단 ... 에스컬레이터

에스컬레이터는 절대 고장나지 않아요. 단지 계단이 될 뿐이
죠. 당신은 에스컬레이터를 '못 쓰게 되는' 경우는 보지 못했
을 겁니다. 그저, 일시적으로 계단이 되는 것이죠.

미치 헤드버그(미국 코미디언)

엘리베이터 이야기가 나왔으니 에스컬레이터를 빼놓고 갈 수 없
다. 우리나라에 에스컬레이터가 맨 처음 설치된 곳은 1941년 종
로에 있던 화신백화점이라고 한다. 현재 종로타워가 자리 잡고 있
는 바로 그 자리에 1937년 지하 1층, 지상 6층으로 지어진 우리나
라 최초의 현대식 백화점이었다. 이곳에 설치되었던 에스컬레이터
의 사진은 어디에서도 찾을 수 없었지만, 필자의 조모께서 어린 외
삼촌을 안고 에스컬레이터에 올라탔다가 넘어져 난리가 났었다는
일화를 들은 적이 있으니, 생생하게 증명된 셈이다. 하지만 1987년
철거될 때까지 필자의 기억으론 그곳에서 에스컬레이터를 본 적이

없다. 아마도 세월이 지나면서 관리상의 문제였는지, 다른 문제였는지 철거된 것이 아닌가 싶다.

그보다 20여 년이 지나 서울 청계천에 위치했던, 지금은 사라진 이름인 '조흥은행' 본점에 신식 에스컬레이터가 설치된다. 1940년대나 1960년대나 우리나라의 경제 수준은 보잘것없던 시절이어서 많은 사람들에게 에스컬레이터는 신기함 그 자체였고, 심지어 지방에서 수학여행을 온 학생들에겐 필수 방문 코스이기도 했다. 필자도 초등학생일 때 움직이는 계단에 놀라 그 위에 발을 디디면서 무서웠던 기억이 또렷하다.

이후 우리나라의 경제가 발전하고 도시에 고층건물이 들어서면서, 특히 백화점이나 호텔처럼 방문객이 건물 안을 두루두루 살펴야 하는 경우라면, 에스컬레이터는 필수적인 기계가 되어버렸다. 어린 꼬마에서부터 어르신까지 에스컬레이터는 더 이상 신기한 기계도, 두려움의 대상도 아닌 당연하고 편리한 건물의 일부일 뿐이다.

엘리베이터와는 또 다른 신기함이 있었던 에스컬레이터. 그 역사를 살펴보도록 하자.

놀이기구 에스컬레이터?

뉴욕의 호와웃백화점에 세계 최초로 승객용 엘리베이터가 설치된 것이 1857년. 그로부터 2년 뒤인 1859년에 미국의 나단 아메스 Nathan Ames (1826~1865)가 세계 최초로 현대의 에스컬레이터와 닮은 기계의 특허를 받아낸다. 그가 붙인 이 기계의 이름은 '돌아가

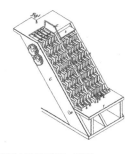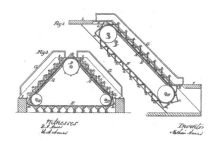

아메스의 '돌아가는 계단'

는 계단Revolving Stairs'! 힘들여 계단을 올라야 하는 노약자를 위한 발명품이자, 일반 주택에서 수동으로도 작동할 수 있다는 것이 그의 설명이었다. 하지만 이 기계는 지금의 에스컬레이터처럼 계단이 도착 층에 이르렀을 때 납작하게 눕혀져 바닥 속으로 들어가는 것이 아니라 견고한 삼각형 모양을 유지하고 있기 때문에 타고 내릴 때 타이밍을 잘 맞춰야 했고 안전에도 문제가 많아 보였다. 작가이자 시인, 변호사였던 이 천재 발명가는 이외에도 특이한 발명품과 특허를 여럿 남기고 젊은 나이에 요절했는데, 그 바람에 그의 특허는 한 번도 시제품으로 만들어지지 않았다. 결국 최초의 에스컬레이터 발명가라는 영예는 30여 년 뒤 제시 레노Jesse Wilford Reno (1861~1947)에게 돌아가게 되었다.[1]

제시 레노는 1892년 '경사 엘리베이터Inclined Elevator' 또는 '무한 컨베이어Endless Conveyor'라는 기계로 특허를 받고, 1896년 뉴욕의 코니아일랜드Coney Island에 그 실물을 설치한다. 경사도 25°*, 불과

---

* 현대 에스컬레이터의 경사도는 30° 내외로, 인체공학적으로 보았을 때 이 각도가 사람들이 에스컬레이터를 이용하기에 가장 편리하다.

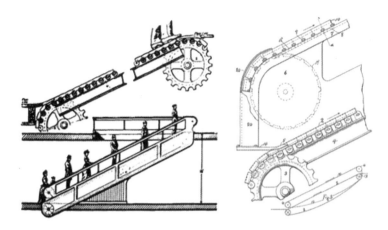

제시 레노의 에스컬레이터 개념도

2m 남짓한 높이의 이 움직이는 계단을 타 보려고 사람들이 구름같
이 몰려들었고 불과 두 주일 만에 75,000명이 이 계단을 밟았다고
한다. 당시의 인구 규모로 보면 엄청난 인기가 아닐 수 없는데, 사
람들은 이 에스컬레이터를 운송수단이라기보다 신기한 놀이기구
쯤으로 생각했다. 실제로 1800년대 말의 코니아일랜드는 유원지
와 놀이시설이었던 동시에 뉴욕의 관문으로 막 떠오르던 곳이었다.
따라서 롤러코스터나 거대한 조명탑 등 신기한 물건과 발명품들을
선보이기에 안성맞춤이었고 레노의 '경사 계단'도 기대했던 것처럼
대박을 터트린 것이다.

아메스의 특허가 실현된 적이 없어서인지, 일반적으로 에스컬레
이터의 최초 발명가로 레노를 꼽지만, 생긴 모양으로 보면 아메스
의 '돌아가는 계단'이 좀더 요즘의 에스컬레이터답다. 레노의 '경사
엘리베이터'는 주철로 만든 컨베이어벨트처럼 생겼기 때문이다. 좋

뉴욕 코니아일랜드에 설치된 레노의 에스컬레이터   레노 에스컬레이터의 컨베이어벨트식 발 디딤판

게 봐 주면 요즘 대형마트에서 볼 수 있는 경사진 무빙 워크와 비슷한 모습이랄까? 그래도 이 기계에는 계단 대신 미끄럼 방지턱과 손잡이를 설치해 제법 안정성이 있었고, 무엇보다 시간당 3,000명 가량을 실어 나를 수 있다는 점에서 투자자들의 눈을 끌기에 충분했다. 몇 달 후 이 '경사 엘리베이터'는 뉴욕의 브루클린 브리지Brooklyn Bridge에 한 달여 간 설치되어 좀더 실용적인 테스트를 거치게 된다.[2]

재미있는 것은 발명의 동기다. 수십 년 만에 다시 등장한 에스컬레이터의 개념이 아메스로부터 받은 영감 때문이 아니라 계단에 대한 레노의 지긋지긋한 경험에서 비롯됐다는 것. 레노는 대학생일 때(미국 펜실베이니아 주 리하이 대학교 졸업), 기숙사로 가려면 약 100m 길이에 300개 계단을 반드시 거쳐야 했는데 그의 발명품에 영감을 준 것이 바로 이 고난의 계단이었단다.

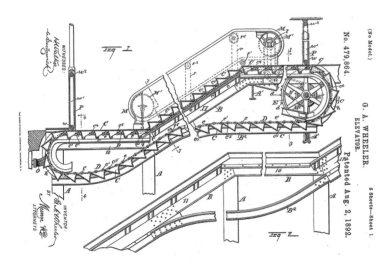

조지 휠러의 에스컬레이터 개념도

　하지만 아무리 천재적인 발상이라 해도 세상 어딘가엔 비슷한 생각을 가진 사람들이 있는 법. 레노의 특허기 나온 지 불과 몇 달 뒤* 조지 휠러George Wheeler는 진짜 '에스컬레이터스러운' 특허를 취득하는 데 성공한다. 레노의 컨베이어벨트식과는 달리 접히고 펴지는 계단이 설치된 에스컬레이터가 등장한 것이다. 하지만 그는 레노처럼 시제품을 만드는 데에는 성공하지 못했고 1899년 발명가이자 사업가였던 찰스 시버거Charles D. Seeberger (1857~1931)에게 그의 특허권을 팔아버린다.

---

* 　레노는 1892년 3월, 휠러는 8월에 각각 특허를 받았다.

현실이 된 에스컬레이터

시버거는 오늘의 에스컬레이터가 있기까지 사업적으로 기여한 바가 가장 크다고 할 수 있다. 그는 휠러에게서 사들인 특허를 가지고 곧바로 당대의 엘리베이터 1위 기업, 오티스사에 합류하면서 엘리베이터 못지않은 에스컬레이터 시장을 만들어가기 시작한다. 뿐만 아니라 시버거는 '에스컬레이터'라는 고유명사를 탄생시킨 장본인이기도 하다. '계단'을 뜻하는 라틴어 '스칼라scala'에 시대의 발명품 '엘리베이터elevator'의 'E'와, 접미사 'tor'를 따와 그 이름을 만든 것이다.[3] '등산', 또는 '오른다'라는 뜻의 프랑스어 '레스칼라드l'escalade'에서 유래됐다는 설도 있지만, 전자의 설이 시버거의 자필 메모로 증명되었다나. 어쨌든 시버거는 1900년 이 기계의 이름을 '에스컬레이터ESCALATOR'로 상표 등록하였고 이후 생산회사나 모델에 관계없이 에스컬레이터는 그냥 '에스컬레이터'가 되어버렸다.

이 무렵 레노와 오티스는 치열한 경쟁관계에 있었다. 레노는 1899년 뉴욕의 블루밍데일즈Bloomingdale's 백화점, 그리고 1900년 뉴욕의 전철역과 영국의 수정궁 등에 그의 '경사 엘리베이터'를 설치하고 프랑스 파리 만국박람회에도 참가하면서 주가를 올렸다. 이에 질세라, 오티스도 같은 프랑스 파리 만국박람회에** 시버거의 휠러식 에스컬레이터를 선보였는데, 혁신적인 디자인으로 '대상first prize'을 받으면서 레노의 '경사 엘리베이터'를 무색하게 만들어버렸다. 오티스는 이듬해 이 기계를 미국으로 옮겨와 필라델피아의

** 1900년 열린 파리 만국박람회는 최초로 대한제국이 참가했던 대회로 알려져 있다. 비록 큰 성과는 없었지만, 국제사회에 대한제국을 소개하고 독립국의 일원으로 인정받고자 했던 목적이 컸다.

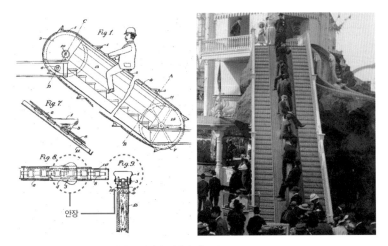

레노의 앉아 타는 에스컬레이터 특허안과 실제 운행 모습

짐벨스Gimbel's 백화점에 설치하고 계속 시장을 넓혀 갔다.

이 둘 간의 경쟁은 오래지 않아 오티스의 판정승으로 끝을 맺는다. 오티스가 1911년 레노의 회사마저 인수한 것이다. KO승이 아니라 판정승이라 한 것은 레노가 사업에 실패했다기보다 그의 특허를 오티스에 판 것이고, 이후 오티스가 휠러식만 고집한 것이 아니라 레노식 에스컬레이터도 계속 생산을 했기 때문이다. 아마도 당시에는 두 모델 간에 장단점이 있었던 모양이다. 결과적으로 오티스는 1910년 시버거의 특허권까지 넘겨받아 1930년대 일본의 미쓰비시일렉트릭Mitsubishi Electric사 등 다른 경쟁사들이 등장할 때까지 에스컬레이터 시장을 독점하게 된다.

재미있는 에스컬레이터 기록들

세계적으로 유명한 엘리베이터는? 아마 바로 떠오르는 것이 없을 것 같다. 엘리베이터는 주로 구석진 곳에 숨겨져 있고, 전망대 엘리베이터 정도면 눈에 띄는 곳에 설치되기도 하지만, 그렇다고 해서 밖이 내다보이는 유리 엘리베이터 등등은 이미 새로울 것도 없다. 유명하다면 가장 빠른? 가장 높은 곳까지 가는 엘리베이터 정도? 하지만 에스컬레이터는 사람들이 가장 찾기 쉽고 눈에 띄는 곳에 설치되어 좀 특색이 있으면 그 자체가 관광 상품이 된다. 레노의 코니아일랜드 에스컬레이터나 파리 만국박람회의 휠러식 에스컬레이터가 좋은 예이다. 그 외에 어떤 재미난 에스컬레이터와 기록들이 있는지 살펴보기로 하자.

• 앉아 타는 에스컬레이터

1902년, 레노는 자신의 디자인을 기반으로 걸터앉아 이용하는 에스컬레이터를 개발해 처음 그가 '경사 엘리베이터'를 설치했던 코니아일랜드에 내놓는다. 이 에스컬레이터에는 안장이 설치되어 있었고, 사람들이 올라탈 때 방석을 나눠주기도 했단다.[4] 신기해 보이긴 했겠지만 누가 봐도 실용성은 꽝! 그 후론 이런 기계를 다시 볼 수 없었다.

• 나선형 spiral 에스컬레이터

미국의 리아몬 사우더Leamon Souder 는 1889년과 1903년, '움직이는 계단Moving stairway'이라는 이름의 나선형 에스컬레이터로 특허

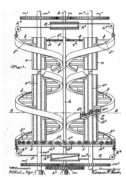

리아몬 사우더의 나선형 에스컬레이터 특허 도면(1903)과
미쓰비시의 세계 최초 나선형 에스컬레이터

를 획득하고 1906년엔 영국 런던의 홀로웨이 지하철역Holloway Road
tube station에 이 기계의 설치를 제안한다. 시기적으로 보면 일반 에
스컬레이터의 탄생과 큰 차이가 없지만 그의 창의적인 계획은 실
현되시 못한다. 레노(1906)나 휠러(1905), 시버거(1906, 1911) 역시
비슷한 아이디어를 내놓지만, 실제 나선형 에스컬레이터가 설치
되기까지는 70~80년의 시간이 더 걸렸다.[5] 1985년이 되어서야 미
쓰비시사가 일본 오사카에 있는 국제전시센터International Exhibition
Center에 세계 최초로 나선형 에스컬레이터를 설치한 것. 미쓰비시
는 그 이후로 나선형 에스컬레이터 시장을 독점하고 있다.

• 세계에서 가장 긴 에스컬레이터 시스템

단일 에스컬레이터가 아닌 시스템 차원에서 보았을 때, 홍콩의
센트럴中环 (중환)과 미드레벨半山区 (반산구)을 연결하기 위해 만들
어진 약 790m에 달하는 에스컬레이터 시스템The Central-Mid-Levels

Escalator이 세계에서 가장 긴 것으로 알려져 있다.[6] 1993년에 개통된 이 시스템은 총 20개의 에스컬레이터와 3개의 무빙워크로 이루어져 있고, 중간 중간 거리로 나갈 수 있는 출구가 있어서 홍콩의 구석구석을 구경하고 싶은 관광객들에겐 꼭 가보아야 할 장소로 꼽힌다. 가장 낮은 곳의 에스컬레이터 입구에서부터 해발 약 135m 지점까지 올라가며, 하루 평균 5만 5천 명의 인구가 이 시스템을 사용하고 있다.

· 세계에서 가장 긴 단일 에스컬레이터[7]

길이로만 보았을 때 가장 긴 단일 에스컬레이터는 러시아 상트페테르부르크 지하철 Saint Petersburg Metro 의 플로시지 레니나 Ploshchad Lenina (1958)와 체르니셰브스카야 Chernyshevskaya (1958), 그리고 어드미럴테이스카야 Admiralteyskaya (2011) 이 3개 역사에 설치된 에스컬레이터이다. 이 세 개 역사의 에스컬레이터는 똑같이 길이가 138m, 높이가 69m이고, 특히 앞의 두 에스컬레이터는 1958년에 완공되었으니 이때 이미 에스컬레이터 기술이 이 정도 길이와 높이를 커버할 수 있는 수준이었음을 알 수 있다.

이 에스컬레이터들은 지반면을 이용할 수 있었다는 점에서 구조적으로 유리한 반면, 독립된 구조물로서 가장 긴 것 free standing escalator 은 미국 애틀랜타 시의 CNN센터에 있는 길이 62m의 에스컬레이터로 8개층을 한 번에 올라갈 수 있다.

미국 CNN센터의 에스컬레이터

• 세계에서 가장 빠른 에스컬레이터

위의 사례들처럼 기네스북에 올라 있는 것은 아니지만, 에스컬레이터 속도로는 모스크바 지하철에 설치된 것이 분낭 50m(0.82m/sec)로 가장 빠르다고 한다. 우리나라의 경우, 일반적으로 분당 30m(0.5m/sec), 최대 허용 속도는 분당 40m(0.66m/sec)로 규정하고 있어서 모스크바의 것이 우리의 것보다 약 1.5배나 빠르다. 홍콩과 런던의 에스컬레이터도 아주 빠른 편이어서 분당 45m(0.7m/sec) 정도.[8] 이 도시에 가서 에스컬레이터를 타려면 순발력과 타이밍이 꽤나 중요할 것 같다.

속도가 빠른 것이 좋을까, 느린 것이 좋을까? 에스컬레이터가 빨리 움직이면 특히 어린이나 어르신들에게 위험할 텐데? 하지만 속도가 빨라지면 급한 사람이라도 뛰거나 걸어 다닐 필요가 없어져서 오히려 안전사고가 줄어든다는 이론도 있다.

• 에스컬레이터 양옆 검은색 솔의 용도는?

누구나 한 번쯤 신발에 먼지라도 털어보려고 발을 가져다 대본 경험이 있을 것 같은 에스컬레이터 끝의 이 검은색 솔. 과연 그 용도는 무엇일까? 그것은 바로 신발끈이나 이물질이 에스컬레이터 옆 틈새로 들어가는 것을 막기 위한 것이다. 이 검은색 솔의 정식 명칭은 생긴 그대로 '브러시brush'. 길이는 2.5cm 정도로, 움직이는 에스컬레이터 계단 부분과 고정된 부분 사이에 거리를 유지해 운행이 자연스럽게 이루어지도록 도와주는 동시에 이물질이 끼는 것을 막아준다.[9] 그러니 이제부터 이 브러시가 정상적인 역할을 할 수 있도록 발을 대어 보고 싶은 유혹은 뿌리치도록 하자.

빼놓을 수 없는 무빙워크

엘리베이터와 에스컬레이터를 얘기했으면 '무빙워크Moving Walk, 또는 Moving Walkway, Moving Sidewalk'를 빼놓을 수 없다. 앞의 두 기계가 수직방향의 운송을 도와주는 것이라면, 무빙워크는 긴 수평거리를 빠른 속도로 이동하게 해준다. 처음 무빙워크를 탔을 때에 든 생각은 '무협지에 나오는 축지법縮地法이 바로 이런 것이었겠구나!'였다. 필자가 이 세 가지 기계를 경험한 순서는 엘리베이터, 에스컬레이터, 그리고 한참 뒤 무빙워크 순. 그래서 무빙워크는 비교적 최신의 기계일 것 같지만, 이것 역시 만만치 않은 역사를 가지고 있다.

무빙워크가 처음 등장한 것은 1893년 미국 시카고에서 개최된 세계박람회The World's Columbian Exposition에서다. 그러니까 레노의 '경

시카고 세계박람회와 파리 세계박람회의 무빙워크

사 엘리베이터'보다 오히려 빨랐다는 얘기인데, 이렇게 시대를 앞서간 발명가는 의외로 미국의 건축가 조세프 실스비Joseph Lyman Silsbee (1848~1913)였다. 그가 설계한 이 기계는 좌석이 있는 모델과 서서 타는 모델 두 가지가 있었는데, 그로부터 6년 후인 1900년 프랑스 파리 만국박람회에서 최대 시속 10km까지 속도를 내는 무빙워크를 선보였다.[10] 하지만 이 두 사례는 박람회에서나 볼 수 있는 '깜짝 기술'에 그쳤고, 일반 대중이 사용하는 장치가 되기까지는 약 50년을 더 기다려야 했다.

1924년엔 미국 뉴욕의 컨설팅 회사 빌러 오거니제이션The Beeler Organization이 애틀랜타 지하철역에 좌석식과 입식이 혼합된 무빙워크 설치를 제안하지만, 비용상의 문제로 이루어지지 못했고, 바야흐로 1954년, 미국 뉴저지 주 저지시티의 한 기차역The Hudson & Manhattan Railroad Erie station에 최초의 상업용 무빙워크가 설치된다.

'굿이어Goodyear 사'*가 설치한 '스피드워크Speedwalk'라는 이름의 이 무빙워크는 길이 84.5m인 10°의 경사길을 시속 2.4km로 운행해 인기를 끌었는데, 안타깝게도 역사 내부의 구조가 바뀌는 바람에 얼마 안 가서 철거되고 만다.[11]

초창기의 무빙워크가 설치되었던 세계박람회와는 달리, 요즘 이 기계가 설치되는 곳은 주로 긴 통로가 있는 건물 내부다. 그래서 자주 볼 수 있는 곳이 바로 공항터미널이다. 더구나 규모가 큰 국제공항에서 짐 가방을 끌고 긴 통로를 지나오려면 무빙워크에 감사한 마음이 절로 나온다. 그 시초는 1958년 미국 달라스의 러브필드 공항Love Field Airport 으로, 그 이후 무빙워크는 누구에게나 익숙하고 편리한 기계로 자리 잡게 됐다.[12] 하지만 무빙워크 위를 걸을 때마다 전해지는 '축지법'의 느낌은 어른이 된 지금도 언제나 신기하고 재미있다.

---

* 현재 타이어 회사로 유명한 '굿이어(Goodyear)'는 1954년 최초의 무빙워크를 시작으로 이 사업 부문을 소유하고 있었지만, 1975년 웨스트몬트(Westmont)사에 이를 매각하고 더 이상 이 사업에 관여하고 있지 않다.

추위와 더위로부터의 해방 ... HVAC

"여보, 아버님 댁에 보일러 놓아드려야겠어요~"

수년 전 보일러 제품 광고에 사용되었던 카피다. 참 정감이 넘치고 따뜻한 말이다. 그리고 추운 겨울을 따뜻하게 만들 수 있는 방법이 아주 간단하게 들린다. 보일러 한 대로 단번에 해결이라니.

이렇게 우리는 움츠러드는 겨울에도, 또는 무더운 여름에도 집 안에만 들어오면 편안함을 누릴 수 있는 좋은 세상에 살고 있다. 다 현대 문명과 과학 기술의 발전 덕분이리라. 그런데 몇 십 년 전만해도 이렇게 편한 세상은 아니었다. 필자의 학창시절만 해도, 교실마다 에어컨이 설치되어 있다는 것은 상상도 못할 일이었고, 겨울에는 '조개탄' 난로 하나로 교실 전체를 덥히던 기억이 생생하다. 난로 바로 옆에 앉은 학생은 뜨거운 열기에 얼굴이 벌게져 땀을 흘리고 저 끝 구석에 앉은 학생은 여전히 추위에 몸을 웅크리고 있던 장면들. 여름에는? 그냥 더웠다. 집에 돌아와서도 그 환경은 크게 다르지 않았다. 부채나 선풍기만이 무더위를 조금이나마 식힐 수 있는 수단이었다.

그런데 하물며, 수백 년, 수천 년, 아니 수십만 년 전의 인류는 이런 추위와 더위를 어떻게 견뎌냈을까? 집을 따뜻하게 하고 시원하게 해주는 기술들은 언제부터 생겨났을까?

공기조화, 냉난방시스템, HVAC?

더운 날에는 "에어컨 좀 틀어라", 추운 날에는 "보일러(또는 히터) 때라" 흔히 듣는 말이다. 요즘은 에어컨에 '제습' 기능도 있어서 찬바람이 싫다면 이 기능만으로도 웬만큼 쾌적함을 누릴 수 있다. 에어컨, 보일러, 히터, 제습 이 모두는 기본적으로 실내에서 온도와 습도를 조절하는 장치들로, 이것을 통틀어 이야기할 때 우리말로 공기조화시스템, 냉난방시스템 등의 용어를 사용한다. 이 용어들에는 어떤 차이가 있을까?

먼저 '공기조화空氣調和'란 '실내의 온도·습도·세균·냄새·기류 등의 조건을 그 장소의 사용 목적에 적합한 상태로 유지하는 일'로 정의된다.[1] 여기서 몇 가지 정리하고 넘어가야 할 부분이 있다. 첫째, 공기조화를 영어로 찾아보면 'air conditioning'이라고 나오는데, 우리가 말하는 '에어컨'이 바로 이것인가? 맞기도 하고 아닌 부분도 있다. 즉, 실내의 온도를 낮추는 기능도 '공기조화'에 포함되니까 이 부분은 맞는 말이고, 그 외에 습도, 세균, 냄새, 기류 등 공기와 관련 많은 요소들을 조정하고 제어한다는 것이 본래의 의미이니 우리가 일반적으로 이야기하는 에어컨의 기능보다는 더 큰 의미를 갖는다. 둘째, 우리는 에어컨이 온도를 낮추는 것으로만 알고 있으니 '공기조화=air conditioning'에 '난방'은 포함되지 않는 것인가? 위의 정의대로 엄밀히 보면 '난방'까지 포함하는 의미여야 하므로 뭔가 의미가 맞지 않는다. 셋째, 이미 고유명사로 굳어버린 '에어컨'은 완전 우리말식 영어라는 것. 이것은 'air conditioner'의 줄임말로 영어를 쓰는 나라에 가서 "에어컨 틀어주세요"하면 절대 못 알아들으니 조심하자.

'냉난방冷煖房'이란 표현은? 이것은 말 그대로 '실내 공간의 온도를 낮추거나 높이는 일'을 말하는데, '공기조화'의 개념에 포함된 '공기의 제어'나 '공기의 질' 개념은 빠져 있다. 그러므로 이 모든 개념들을 포괄하는 표현이라면 건축분야에서 일반적으로 사용하고 있는 'HVAC Heating, Ventilation, Air-Conditioning'가 제일 적합할 것 같다. 건축과 관련된 일을 하는 사람이 아니라면 그다지 쓸 일이야 없겠지만 상식으로 알아두자.

자, 그러면 이제 위에서 나온 용어들 중 난방, 냉방, 벤틸레이션에 대해서 알아보자. 그 전에 먼저, 인류는 난방을 먼저 시작했을까, 냉방을 먼저 시작했을까? 이 질문에 대한 답은 쉬워 보인다. 상식적으로 '냉방'이 뭔가 더 어려울 것 같으니 '난방'이 먼저 생겨나지 않았을까? 물론 사람이 사는 지역이 어디인가에 따라 원하는 것은 달랐을 것이다. 적도 부근, 1년 내내 덥기만 한 지역이라면 서늘한 환경을 필요로 했을 것이고, 지구의 북쪽이나 남쪽 끝에 사는 사람들은 어떻게든 긴 추위를 막아냈어야 했을 테니 말이다. 하지만 인공적으로 온도를 제어하는 것이라면 '불'이라는 존재가 있었으니 난방이 먼저 시작됐다고 보는 것엔 큰 무리가 없을 것 같다.

인류, 불을 사용하다.

인류에게는 동물과 다른 여러 가지 차이점이 있지만, 그중 대표적인 것이 '불'을 사용할 줄 알았다는 것이다. 여기에는 직립 보행과 손을 사용할 수 있었다는 점, 그리고 지능이 뛰어나 불을 사용할 생각을 할 수 있었다는 점 등이 큰 도움이 됐을 것이다. 지금의 우리들도 야외활동을 하다가 싸늘한 저녁이 되면 모닥불을 지피고 거기에 손을 쬐듯이 '불'이 없는 '난방'이란 생각할 수 없다. '불'은 곧 '난방'의 시작이란 이야기다.

그렇다면 인간은 언제부터 불을 사용하기 시작했을까? 그 시점을 말해주는 가장 확실한 증거는 이스라엘의 케셈 동굴Qesem Cave에서 발굴된 유물들로, 고고학자들은 적어도 30만 년에서 40만 년전 인간의 조상이 불을 사용했다고 한다. 재미있는 것은 이 동굴에서 발견된 유인원들의 치아를 연구하던 카렌 하디 교수Karen Hardy와 란 바르케이 교수Ran Barkai가 이 동굴에서 '세계 최초의 실내 바비큐world's first indoor BBQ'가 행해졌으며 그것이 최초의 실내 공기오염을 유발했다고 주장한 것이다.[2] 그 치아에 붙어 있던 플라그에서 숯의 성분이 발견됐다나.

한편, 이와 같이 실증적인 증거가 남아 있지는 않더라도 케셈 동굴의 시대보다 훨씬 전인 100만 년 전부터 인류가 불을 사용했다는 연구결과도 있다. 남아프리카의 본데르베르크 동굴Wonderwerk Cave이 그 근거로, 여기에는 잿더미나 동물의 타고 남은 뼈 등 인간 이 반복적으로 사용한 모닥불의 흔적이 남아 있다고 한다.[3] 다만, 이 동굴에서 200만 년 전부터 1900년대 초까지 사람이 살았다고 하니까 정확히 언제부터 불을 사용했는지는 특정하기 어렵다. 그 런가 하면, 한발 더 나아가, 사람이 불로 음식을 요리한 것은 150만 년 전부터이고 적어도 79만 년 전에 화로hearth를 사용했다는 주장 도 있다.[4] 고고학적으로 몇 십만 년의 차이가 어떻게 증명되는지는 모르겠지만, 어느 설이 맞는지 알 길이 없고, 몇 년 뒤면 또 어떤 주 장이 나올지 모르니 그냥 아주 아주 먼 옛날이라 정리하도록 하자.

시기적으로는 그렇다 치고, 인류는 불을 어떻게 만들었을까? 인 류를 포함한 모든 동물은 불을 무서워했을 텐데 말이다. 영국 리버 풀 대학의 존 가울렛 교수John Gowlett는 인간이 불을 처음부터 만들 어 낸 것이 아니라 번개나 다른 기후적 요인으로 발생한 자연 화재 가 그 시작이라고 주장한다. 인간은 그 불이 꺼지기를 기다렸다가 먹을거리를 채집했는데, 불에 익은 먹거리는 먹기에도, 영양에도 좋았으며 채집하기도 쉬웠다. '불이란 것이 유용한 것이구나'를 깨 우친 인간. 그 다음 과제는 그 불을 어떻게 꺼지지 않도록 지키는가 였다. 그래서 불을 전문적으로 지키는 직업도 생겨났고, 타는 속도 가 느린 동물의 배설물을 이용해 불씨를 지켰다고도 한다.[5]

인류의 조상이 불을 사용함으로써 가능해진 것은 무엇일까? 음 식물을 익혀먹을 수 있었다는 것은 누구나 상상할 수 있는 해답인 데, 영장류 연구 전문가인 리차드 랭햄Richard Wrangham은 그것 자체가 인류의 발전에 큰 영향을 미쳤을 것이라 주장한다. 즉, 불로 음식을 조리해서 먹으면 더 많은 칼로리를 섭취할 수 있고 그로 인해 뇌의 크기가 더 커졌으며 지능도 높아졌다는 것이 그의 이론이다.[6]

일리 있는 이야기다. 그의 이론에 필자의 생각 한 가지를 더한다면, 불이 있음으로 썰렁한 동굴 안이든, 엉성한 움집이든 온기를 지킬 수 있었고 '난방'이 되는 실내 공간이 생겨났다는 것이다. 그들의 건강상태가 보존되면서 수명도 길어졌고 불로 인해 사람들이 모여살 수 있었으며, 가족과 부족이 생겨나고 마을과 도시까지 생길 수 있었던 것이 아닐까? 불은 그저 음식물을 익혀먹는 것 이상의 축복을 가져다 준 것이다.

모닥불에서 '난방'으로

백여만 년 전 야외에서 또는 동굴에서 피웠던 모닥불은 인류가 집을 짓기 시작하면서부터 집 안으로 들어왔을 것이다. '난방煖房'이 시작된 것이다. 사실 이 단어는 '방이나 건물을 덥게 만든다'란 뜻이므로 그 자체가 집의 존재를 전제로 한 것이기도 하다.

30만~40만 년 전 인류가 집을 짓기 시작했고 약 3만 년 전의 것으로 추정되는 집터가 발견됐다는 사실에 비추어 보면 모닥불을 집에서 사용하기까지 꽤 오랜 시간이 걸린 셈이다. 그런 뜻에서 79만 년 전 것이라는 화로의 흔적은* 적어도 난방용은 아니었던 것 같다.

---

* 필자의 눈에는 이 화로의 흔적이란 것이 모닥불 둘레에 쌓았던 불에 그슬린 돌멩이 정도로 보인다.

어쨌든 집을 짓고, 실내에서 음식을 조리하거나, 추운 날씨에 따뜻하게 지내려면 일정한 장소에 불을 피웠을 텐데, 이 경우 치명적인 문제가 발생한다. 바로 연기다. 집 안에 화재가 발생한 것과 다를 바가 없었을 것이고, 아무런 조치 없이 집 안에서 모닥불을 피워놓고 잠들었다가 목숨을 잃는 일은 없었을지 걱정도 된다. 이 문제를 해결하기 위한 가장 쉬운 방법은 굴뚝을 만드는 것. 하지만, 거기까지 생각이 미치기 전에 만들어 낸 아이디어가 있었으니 천장에 구멍을 뚫는 것이었다. BC 2500년경의 것으로 추정되는 고대 그리스 지역의 한 집터에서 바로 이런 시스템이 발견됐는데, 실내 한가운데 불을 지피는 화로가 있고 위쪽 천장에 구멍을 내어 연기가 빠져나가도록 만들었다.[7] 한편, 제대로 된 굴뚝이 등장한 것은 의외로 한참 뒤의 일로 뒤에서 다시 얘기하도록 하자.

상식적으로 생각해 보면, 이 원시적인 화로가 좀더 효율적인 '난로'로 차츰차츰 발전해갔을 것 같지만, 의외로 혁신적인 난방 시스템이 종종 눈에 띈다. 대표적인 예가 서아시아 반도에 위치했던 아르자와Arzawa 왕국*의 궁전에서 사용했던 방식이다. 여기서는 건물의 바닥을 짧은 기둥들로 띄우고 그 아래 공간에 더운 공기를 흘려보내 바닥을 데워 방 안의 온도를 높이는 놀라운 방식을 사용했다.[8] 직접 불의 온도를 전달하는 것이 아니라 전도傳導에 의한 난방 방식이었고, 게다가 중앙난방이었으며 무려 BC 1300년경의 일이다.

이 시스템은 BC 80년경 고대 로마인들에 의해 다시 꽃피우게 되

---

*   지금의 터키의 베이세술탄(Beycesultan) 지역

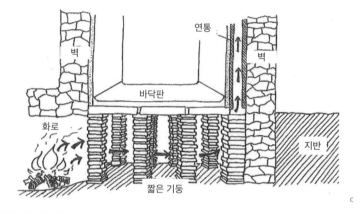

a. 고대 로마의 바닥 난방 시스템의 바닥 구조
b. 엘라가발루스 황제의 궁에 설치된 바닥과 벽 난방 시스템 모형도
c. 바닥 난방 시스템의 원리

고대 로마의 바닥 난방 시스템

는데, 당대의 최고 건축가 비트루비우스Vitruvius는 또 다른 건축가 세르지우스 오라타Sergius Orata(BC 95년경)가 이 바닥 난방hypocaust 시스템을 로마의 목욕탕에 처음 설치했다고 기록하고 있다.[9] 이 시스템은 아르자와와 같이 바닥판 밑으로 더운 공기를 공급하게 되어 있고, 바닥판만 덥힌 것이 아니라 온풍을 직접 실내로 유입시키기도 했으며, 후에 엘라가발루스 황제Elagabalus(203~222)는 벽면까지 열을 전달하는 더 발전된 난방시스템을 그의 궁전에 설치했다.

바닥 난방 하면 빼놓을 수 없는 것이 우리나라의 '온돌'인데, 삼국시대, 그러니까 가장 빠른 시기로 보면 BC 1세기쯤부터 그 기록이 있다 하고 주로 북쪽 지방을 중심으로 발전했으며 고려시대에는 남부 지방까지도 널리 퍼져 보편적인 난방 방식이 되었다고 한다.[10] 일부 사료에 의하면, 우리의 온돌이 약 3,000년 전 중국에서 돌을 달구어 난로 대용으로 사용했던 데에서 유래했는데,[11] 별로 와닿지는 않는다.

어쨌든 로마의 이 혁신적인 난방시스템은 유럽지역에서 더 이상 찾아보기 힘들어진다. 아마도 귀족이나 부유층만이 사용 가능했던 고가의 방식이었기 때문 아닐까. 특히 로마의 몰락 후 중세시대에는 암흑시대라는 별명처럼, 난방 방식에도 눈에 띠는 발전이 없었다.

다만, 그리스의 화로가 방 한가운데에서 자리를 옮겨 벽 쪽으로 이동하면서 '벽난로fireplace'가 되는데 이런 형태의 난방법은 9세기에서 13세기까지 유럽의 대부분 지역에서 흔히 사용되었다. 문제가 됐던 연기는 집 밖으로 바로 빠져나갈 수 있도록 짧은 통로를 내어 해결했고 불을 지피는 곳 둘레엔 돌을 쌓아 난로의 형태를 만들었다. 이 돌로 된 벽난로는 뜨거운 열이 직접 돌에 닿아 재료를 손상시키는 부작용이 있었는데 후에 주철 판을 대는 방식으로 발전한다.

벽난로가 대세였던 시절, 이것이 유일한 난방 기구는 아니었는데, 바로 '스토브stove'라는 것이 등장했기 때문이다.

여기서 잠깐 용어를 정리하고 가보자. 우리말로 '난로'라 하면 '벽난로'도 난로요, 연탄난로, 석유난로, 전기난로 등 난방을 위한 기구라면 별 차이 없이 이 용어를 사용한다. 그런데 영어로 표현하

자면, 'hearth', 'fireplace', 'stove' 등 뭔가 다른 의미를 갖고 있는 듯
한 단어들이 여럿 있다. 여러 문헌을 통해 비교해 보면 'hearth'는
고대 그리스 유적에서처럼, 단순히 불을 지펴놓을 수 있는 장치로,
위에서처럼 '화로'라 표현하는 것이 맞겠고, 그것이 벽에 가 붙으
면 'fireplace' 즉, 벽난로가 된다. 그런데 '스토브'는 초기 형태를 고
려했을 때, 엄청난 발전이 있는 장치다. 즉, 모양새 측면에선 '연통'
이 달려 있고, 불타는 땔감이 그대로 노출되는 화로나 벽난로와 달
리 문짝이 달려 있다. 폐쇄된 공간에서 불을 피우니 땔감의 연소 수
준이 크게 올라가고, 결과적으로 스토브는 열효율이 20% 정도 수
준에 불과한 오픈형 화로와는 반대로 열효율을 80% 이상 올릴 수
있다. 가히 획기적이지 않은가? 이 스토브는 9세기경부터 사용되기
시작했는데 초기의 것은 점토벽돌로 만든 것이었고 15세기경에는

독일과 네덜란드를 중심으로 주철제 스토브가 생산되기 시작한다.[12]

이제 난방시스템의 또 다른 혁신은 굴뚝에서 시작된다. 누구든 굴뚝을 발명품으로 생각해 본 적이 있을까? 요즘이야 굴뚝이 주는 이미지가 공해와 환경문제로 별로 좋지 않지만, 난방에서 굴뚝은 그야말로 히트 상품이라 할 수 있다.

굴뚝의 유래는 방 한가운데 천장에 뚫었던 구멍을 대신해 벽면에 개구부를 내어서 환풍 문제를 해결했던 노르만족의 집 구조에서 왔다고 한다. 이 노르만족 사람들은 11세기경부터 종종 이층집을 짓고 살았는데, 그러다보니 집 가운데의 천장은 쓸모없는 존재가 되었고 그 위치를 벽 쪽으로 옮기게 된 것이다.[13]

그 후 서서히 형태를 갖추기 시작한 굴뚝은 14세기 들어서 일반화되었고, 영국 튜더 왕조Tudor Dynasty (1485~1603) 당시 영국 상류층에서는 굴뚝 있는 집이 큰 자랑일 만큼 부의 상징이 되기도 했다. 하지만 나무와 진흙으로 엉성하게 만든 평민들의 굴뚝은 화재의 위험이 높아 17세기 영국 법원은 이 위험한 굴뚝들을 모두 벽돌과 모르타르로 새로 지을 것을 명령하기도 했다.[14]

그런 가운데, 벽난로 시스템에 반짝이는 아이디어 하나가 등장한다. 프랑스 건축가 루이 사보Louis Savot (1579~1640)가 1624년 파리 루브르 궁The Louvre 을 건설하면서* 벽난로 겸 온풍식 난방장치를 고안해 낸 것이다. 그는 땔감이 놓이는 받침대grate 를 높여 그 아

---

* 지금의 루브르박물관으로 12세기 필립 2세(Phillippe Auguste, 1165~1223) 때 앵글로노르만족의 공격을 방어하는 요새로 건축되어 프랑수아 1세(Francis I, 1494~1547) 때부터 왕궁으로 사용되었다가, 1682년 루이 14세(Louis XIV, 1638~1715)가 베르사유 궁으로 처소를 옮기면서 박물관으로 사용되기 시작했다.

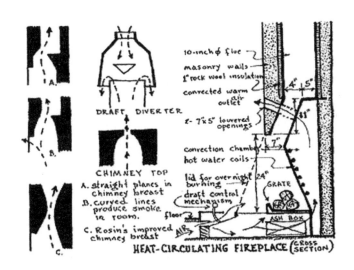

루이 사보의 온풍 벽난로(1624)

래쪽으로 좁은 공기 투입구를 만들고, 뒷부분으로 이어지는 공기 통로를 만들어 차가워진 공기가 통로 아래쪽으로 들어와 덥혀지면 위쪽의 개구부로 빠져나오도록 만들었다.[15] 땔감이 타면서 만들어 내는 직접적인 열도 있었겠지만 일종의 '온풍구'로 더운 바람이 나오도록 만든 것이다. 그는 또 화로에서 굴뚝으로 이어지는 통로의 크기를 조절해, 그동안 골칫거리였던 역류하는 연기를 효율적으로 뽑아낼 수 있도록 했다.

루이 사보의 온풍식 난방시스템은 엘라가발루스 황제를 위한 난방에서 천 년 이상을 뛰어넘어 다시 등장한 것이지만, 그 모습은 현대에도 흔히 볼 수 있다. 물론 기술적, 기계적인 수준과 효율은 천지차이겠으나 여름엔 찬바람이, 겨울엔 더운 바람이 술술 나오는 냉난방기가 그와 다를 바 없다.

이제 18세기로 들어서면서 드디어 산업혁명 시대가 열린다. 잘 알려져 있다시피, 산업혁명을 대표하는 기술 중에 하나가 바로 증기기관인데, 뜨거운 증기를 난방에 사용한다는 발상은 어쩌면 당연했을 것 같다. 그 발상의 첫 주인공은 위리엄 쿡William Cook 으로 1745년에 처음으로 증기난방 시스템을 제안했으며, 증기기관의 선구자 제임스 와트James Watt (1736~1819)와 매튜 볼턴Matthew Boulton (1728~1809)은 그들의 주택에 이 시스템을 직접 설치하기도 했다. 핵심적인 개념은 뜨거운 증기를 라디에이터radiator 속으로 통과시켜 열을 전달하는 것으로, 얼핏 현대적 개념과 유사하게 보인다. 하지만 이때의 라디에이터는 동판을 납땜으로 붙여놓은 수준 정도였다고 한다.

그런데 정작 산업혁명의 본거지였던 유럽에서는 증기난방이 큰 관심을 끌지 못했다. 뜬금없지만 그 이유 중 하나가 정치적인 문제였다고 한다. 예를 들어, 1817년 독일 건축가 루드비히 카텔Ludwig Catel 은 그가 저술한 『증기난방 매뉴얼』에 "다른 사람들을 도우려면 영국산 증기난방 장치를 사는 데 돈을 낭비하지 마라"라고 적었다고 한다. 영국과 사이가 좋지 않았던 독일 그리고 경쟁관계에 있던 유럽의 국가들이 영국의 발명품을 인정하려 하지 않았던 당시의 상황이 수십 년간 증기난방 기구의 확산에 걸림돌이 되었던 것이다.[16]

반면, 바다 건너 미국에선 실용적인 사고방식 때문이었는지 그런 경쟁심 따위 문제될 것이 없었고, 영국에서 개발된 증기난방의 개념을 곧바로 받아들였다. 그 결과 공장과 같이 규모가 큰 시설부터 증기난방 시설이 도입되기 시작해, 마침내 1854년 스테판 골드 Stephen Gold 가 낸 특허로[17] 증기난방이 주택으로까지 확산되게 된다. 그의 난방시스템은 기본적으로 보일러와 라디에이터, 그리고 이 두 기구를 연결하는 파이프로 구성되어 있으며 당시 라디에이터는 마치 침대 매트리스와 닮았다고 해서 '매트리스 라디에이터'라 불렸다.[18] 이 무렵 일반 가정에선 벽난로와 스토브가 주요 난방 기구였는데, 항상 그을음과 연기에 시달려야 했던 불편을 이 안전하고 건강한 시스템이 단번에 날려버렸으니 그야말로 전 세계적인 혁신이 아닐 수 없었다. 그리고 이제부터 난방의 방법과 시스템은 일사천리로 발전된다.

불과 몇 년 전까지만 해도 겨울 아침에 출근해 오피스 문을 열면 "쉭, 쉭" 라디에이터에서 스팀 새는 소리가 정겨웠던 추억이 있다. 이것이 스페판 골드 덕분이었던 것이다.

부채에서 에어컨으로

옛날 사람들은 더운 여름을 어떻게 지냈을까? 우리나라 같이 사계절이 있는 나라라면 "조금만 참자"하고 버틸 수 있었겠지만, 40℃ 가 넘는 강렬한 햇빛의 나라, 일 년 내내 덥기만 한 나라에서는 그 더위를 어떻게 해결했을까? 가장 손쉬운 방법은 부채였을 것이다.

부채에 대한 최초의 기록은 중국 진나라의 최표崔豹가 쓴 『고금 주古今註』에서 발견할 수 있는데, 순舜 임금이 현인을 구하여 견문을 넓히고자 오명선五明扇을 만들었다고 적혀있단다. 부채와 현인, 견

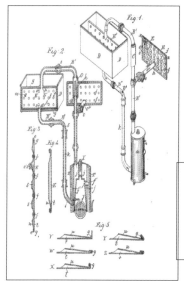

스테판 골드의 스팀난방 시스템 개요와 라디에이터

문이 무슨 관계인지는 모르겠지만, 아주 오래된 물건임에는 틀림 없다. 우리나라에서는 『삼국사기(三國史記)』 견훤조에 "우리 태조 를 추대하여 즉위하였다. 견훤은 이 말을 듣고 그해 8월에 일길찬 一吉湌 민극閔郃 을 파견하여 이를 하례하고 드디어는 공작선孔雀扇 과 지리산 대화살竹箭 을 보냈다"라는 대목이 있어서, 적어도 10세기 초에는 부채가 존재하였으며, 잘 만든 부채는 귀한 선물용으로까 지 활용되었음을 보여준다.[19] 하지만, 예나 제나 날씨가 더우면 손 에 집히는 넓고 편편한 모든 물체가 부채였을 것이다. 심지어 침팬 지도 더우면 부채질을 한다. 그러니 좀더 그럴듯한 냉방장치로서의 물건을 찾아보기로 하자.

손부채는 부채질을 하면서 오히려 더 더워지는 경험을 해 보았 을 것이다. 하지만, 다른 사람이 부채질을 해주면 이야기는 달라진다. 옛날 왕들 옆에서 커다란 부채를 들고 서 있는 시종들의 그림이 충분히 이해된다. 여기서 착안한 것인지 기원전 1세기경 한漢 나라 (206~220)의 발명가 정원丁緩은 7개의 날개가 달린 직경 3m의 회전 부채를 발명해 낸다. 이 부채를 돌리는 것은 시종들이 아니라 죄수들의 몫이었다고 하니, 꽤나 힘든 노동이었던 것 같다. 더 발전된 시스템은 당唐 나라(618~907) 현종(685~762) 때 '양전涼殿'이라는 커다란 홀에 설치된 회전부채로, 이젠 사람이 아니라 수력을 이용해 이 부채를 돌렸고 분수에서 물보라를 뿜어내는 장치까지 있었다고 한다.[20]

부채는 열기를 식히는 방법 중에서 가장 먼저 떠오르는 것이지만, 중국의 부채 훨씬 이전에 우리의 상상력을 뛰어넘는 냉방장치들을 여럿 찾아볼 수 있다. 먼저 고대 이집트인들이 고안해 낸 세계 최초의 '스왐프 쿨러swamp cooler 또는 evaporative cooler'를 들 수 있다. '스왐프 쿨러'를 우리말로 번역하면 '증발식 냉각기' 정도가 되는데, 현대의 것처럼 거창한 기계 장치가 있었던 것은 아니고, 나일강 주변에 흔하게 널려있는 갈대를 뽑아 물에 충분히 적신 후 창문 앞에 걸어놓으면 바람과 함께 물기가 증발하면서 온도를 낮춰준다는 원리다.[21] 또 고대 그리스인들은 그들이 발전시킨 수로水路 덕택에 도시의 기온을 낮추는 효과를 얻었으며, 로마인들은 난방시스템에서 보았던 바닥 밑 통로에 더운 공기뿐만 아니라 찬 공기까지 흘려보내 냉방 효과를 얻을 수 있었다.[22]

가히 엽기적인 방법도 있었는데, 로마의 혁신적 난방 시스템의 소유자로 소개했던 엘라가발루스 황제는 덥고 추운 날씨를 도대체

못 견뎌했던 모양이다. 그는 수많은 노새를 동원해 멀리 떨어진 높은 산에서 눈을 퍼 날라 왕궁 뒤편에 '인공 눈산'을 만들고 여름 내내 시원한 바람을 만끽했다고 한다. 불과 열여덟의 나이에 황제에 올라 이런 폭정을 펼쳐 4년 만에 암살을 당했으니 인과응보라 할 수 있겠지만, 그의 상상력과 아이디어만큼은 정말 반전 그 자체다. 그런데 그 많은 노력을 들일 거였으면 얼음 창고를 만드는 것이 더 효과적이지 않았을까? 조선의 동빙고나 서빙고처럼 말이다. 우리 조상은 1396년(조선 태조 5년)에 이 시설을 만들었고 유럽의 경우 비슷한 개념의 얼음창고가 17세기 후반부터 나타났다고 하니[23] 엘라가발루스 황제의 인공 설산보다는 한참 뒤의 얘기다.

한편, 자연과 공기의 흐름을 이용한 사례도 적지 않다. 예를 들어, 생각만 해도 열이 풀풀 솟을 것 같은 중동지역에서는 건축물의 일부에 타워를 설치해 지면에서 시원하게 부는 바람을 잡아 건물 속으로 유입시켰는가 하면, 집 안의 더운 공기를 밖으로 효과적으로 빼내는 환풍 시스템을 만들었다. 이것은 현대식 벤틸레이션 시스템에도 적용되고 있는 아주 효과적인 방법이다.

사실 바람의 원리를 활용한 냉방 기법에 대해서는 우리 조상들도 빠질 수 없는데, 우리 한옥의 구조가 바로 그것이다. 지면으로부터 띄워 습기를 막고 열전도를 낮춘 목재 대청마루, 모든 공간을 탁 트이게 할 수 있는 분리식, 조립식 문짝, 그리고 바람의 흐름을 이용할 수 있도록 낮은 산이나 언덕을 등지고 앉힌 건물의 배치, 더운 바람을 걸러낼 수 있게 집 뒤에 심어놓은 소나무와 대나무 숲까지, 소박해 보이는 집 한 채에도 조상들의 놀라운 지혜가 담겨져 있다.

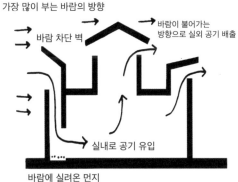
가장 많이 부는 바람의 방향

바람 차단 벽

바람이 불어가는
방향으로 실외 공기 배출

실내로 공기 유입

바람에 실려온 먼지

중동 건축의 환풍 개념과
윈드 타워

이렇게 인류의 조상들은 추운 기후, 더운 기후와 맞서기 위해 온
갖 아이디어를 짜냈다. 각각의 시대를 생각하면 하나하나가 놀라운
것들이지만, 결정적인 한계가 있다. 이런 장치들에도 불구하고 더
울 때는 그냥 덥다는 것이다!

이런 문제의 해결사로 스위치만 켜면 찬바람이 나오는 에어컨이
발명된 것은 20세기 초의 일이다. 그러니까 그 유구한 인류의 역사
중에 시원한 여름을 마음껏 누릴 수 있었던 시간은 불과 200년 남
짓이란 얘기다.

현대식 에어컨의 원리는 액체가 기체로 기화할 때 열을 흡수하
는, 즉 기화열에 의한 냉각 현상을 이용한 것이다. 에어컨의 기본
구성은 압축기, 증발기, 응축기 그리고 팬 등으로 이루어지며, 먼저
기체 상태인 냉각제를 압축기에서 액체로 응축해 증발기로 보내
면 액체 상태의 냉각제가 증발기 안에서 기화하면서 주위의 온도
를 낮추게 되고, 여기에 팬으로 바람을 불어 찬바람을 내보내는 방

식이다. 기체 상태가 된 냉각제가 다시 증발기로 돌아오면 이 기체를 액체로 응축할 때 열이 발생하므로 에어컨 실외기에서 더운 바람이 나오는 것은 바로 이 때문이다.

지금과는 여러 가지 면에서 차이가 있겠지만, 이 에어컨의 발명가는 어디선가 많이 들어본 듯한 이름이자 에어컨 브랜드로 잘 알려진 윌리스 캐리어Willis Haviland Carrier (1876~1950)다. 그는 1902년 25살이라는 약관의 나이에 현대식 에어컨 시스템의 모델을 최초로 개발해 냈다.

캐리어의 에어컨에는 의외의 에피소드가 있는데, 사실 이 기계가 사람들을 쾌적하게 해주려는 목적에서 만들어진 것이 아니라 인쇄공장의 습도를 조절할 목적으로 시작됐다는 것이다. 뉴욕 브루클린의 새킷 앤 빌헬름스사Sackett & Wilhelms Lithography and Printing Company가 유명 컬러잡지 《저지Judge》를 인쇄하던 중, 공장 내부의 습도 변화 때문에 인쇄용지가 늘었다 줄었다 하는가 하면 종이에 잉크가 잘 먹지 않아서 인쇄 품질이 떨어지는 문제가 발생했다. 이 회사는 스팀엔진과 펌프 등을 생산하던 버펄로 포지 컴퍼니Buffalo Forge Company에 문제해결을 의뢰했고 그 프로젝트의 담당자가 바로 캐리어였다. 그는 차가운 물로 채워진 코일 위에 공기를 불어 습도를 낮추는 아주 간단한 방식으로 문제를 해결해 버렸고 이것이 에어컨의 탄생이었다. 요즘 에어컨에 비하면 아주 허술하게 보이지만 이렇게 대단한 의미를 부여할 수 있는 것은, 캐리어의 에어컨이 온도조절, 습도조절, 공기순환, 공기정화 등의 조건을 모두 충족했기 때문이다.[24][25]

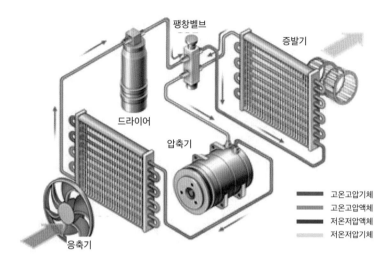

에어컨의 구조도(이미지 출처 : 두산백과사전)

　　이후로 캐리어의 냉방 시스템은 주로 공장 등을 중심으로 성공을 거두었으며 그는 1915년 동료들과 독립해 '캐리어 엔지니어링 코퍼레이션Carrier Engineering Co.(지금의 Carrier Global Corporation)'을 설립해 성공을 이어간다. 하지만 그의 꿈은 거기서 멈추지 않았다. 캐리어는 버펄로 포지 인쇄소에서 시원해진 작업환경에 만족해하는 공장직원들을 보고 이 시스템이 사람들에게도 충분히 도움을 줄 수 있을 것이라 확신했고 1906년 '공기 처리 장치Apparatus for treating air' 특허 및 1922년 원심력을 이용한 새로운 냉각기 개발 등 수년 간의 연구를 거쳐 마침내 1925년 뉴욕의 한 극장에 건물용 에어컨을 최초로 선보인다. 이후로 사람들이 극장으로 피서를 가는 진풍경이 이어졌는가 하면, 사무실, 호텔, 병원 등은 물론이고 미국

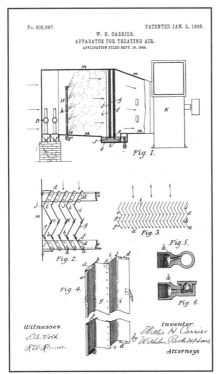

캐리어의 '공기 처리 장치' 특허(1906)

상원 의회와 백악관에도 그의 에어컨이 설치됐다.

　에어컨은 시원함만 가져다 준 것이 아니다. 집에서는 안락함과 편안함을, 학교와 직장에서는 학업과 업무의 효율성을 높여주었다. 에어컨이 가져다 준 경제적 이득을 돈으로 환산해 본다면 어마어마한 액수가 될 것이다. 게다가 에어컨은 더위와 관련된 질병 사망률을 최대 40%까지 감소시켰다고 하니 엄청난 발명품임에 틀림없다.

환기와 통풍, 벤틸레이션

HVAC에서 'V'에 해당하는 'ventilation'은 사전적으로 볼 때 '공기를 교환한다'라는 뜻의 '환기' 또는 '바람을 통하게 한다'라는 의미의 '통풍'으로 번역된다. 벤틸레이션은 이중 하나가 아니라 두 가지 의미를 모두 포함하고 있다고 봐야 한다. 어떤 공간의 공기를 적정한 품질로 유지하기 위해선 새로운 공기로 바꾸는 것이 필요하고 그 방법이 공기의 흐름을 이용해야 하기 때문이다. 그 과정에서 온도와 습도, 냄새 등을 해결하니 그 다음 단계는 공기의 상태를 제어한다는 의미의 'air conditioning'이 된다.

벤틸레이션 시스템은 크게 자연방식과 기계방식, 그리고 이 둘의 원리와 장점을 혼합한 혼합방식으로 나눌 수 있는데, 난방과 냉방을 설명하면서 기계적 힘을 빌리지 않은 방식에 대해 이미 많은 사례가 소개됐다. 로마의 바닥 난방 시스템이나 루이 사보의 온풍 벽난로에서 본 공기의 흐름이 그 예이고, 고대의 냉방 기법에서도 바람의 흐름은 빠질 수 없는 요소였다.

하지만, 현대 건축물에서는 아무래도 기계적 방법에 의한 벤틸레이션이 더 큰 비중을 차지하고 쾌적한 실내 환경을 만드는 데 훨씬 유리하다.

기계식이라는 관점에서 재미있는 장치 하나가 16세기 중엽 등장하는데, 스테판 헤일즈Stephen Hales (1677~1761)가 대형 환기용 풀무를 만들어 런던의 뉴게이트 교도소Newgate Prison에 강제 순환식 환기를 시킨 것이다.[26] 실내로 공기를 유입했다가 내보내는 방법은 필요에 따라 어느 한쪽이든 강제적인 장치가 필요한데 특별한 동력

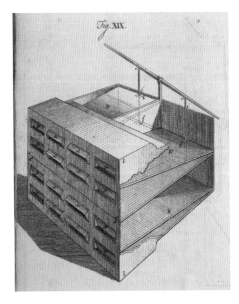

장치가 없었던 당시로선 괜찮은 아이디어로 보인다. 다만, 이 장치의 문제점은 풀무를 작동시킬 때 사람의 힘이 필요하다는 것. 당연히 그 노동은 죄수들이 담당해야 했을 것이고, 요즘 같으면 인권 문제가 당장 튀어나왔을 것 같다.

이 장치를 그저 지나가는 에피소드 정도라 한다면, 19세기 중엽 건축물 전체에 벤틸레이션 시스템의 개념을 도입한 획기적인 사례가 나타난다. 1834년 영국의 국회의사당House of Parliament이 화재로 소실되자 물리학자이며 화학자이자 동시에 발명가로 명성을 떨쳤던 데이비드 리드David Boswell Reid (1805~1863)가 새로운 벤틸레이션 시스템을 신축 건물에 적용한 것이다. 이 방식은 외기를 끌어들여 중앙에서 덥힌 후, 덕트duct를 이용해 더운 공기를 각 실로 보내 난방을 했다는 점에서 현대식 벤틸레이션의 기초를 마련해 주었다.[27]

리드는 1844년 『벤틸레이션 이론서 Illustrations on the Theory and Practice of Ventilation』를 펴내면서 그의 이론을 정립하기도 하였고, 1854년에는 당시로서는 세계 최대의 기계식 벤틸레이션 시스템을 리버풀의 세인트 조지 홀 St. George's Hall 에 설치하기에 이른다. 이 건물은 연회, 전시, 음악회 등을 개최할 수 있는 호화로운 홀과 재판정이 함께 있는 복합시설물로, 최대 5,000명을 한꺼번에 수용할 수 있는 규모다. 리드는 여기에 총 4개의 스팀 보일러, 4개의 대형 스팀 엔진을 설치해 보일러로는 온수를 만들고, 엔진으론 직경 3m에 이르는 팬을 돌려 공기를 공급했다. 또, 이 시스템은 더운 날씨에는 온수 대신 찬물을 파이프로 흘려보내고, 공기가 들어오는 통로에 분수를 만들어 유입공기를 차갑게 만드는 방식으로 냉방 기능까지 갖추고 있었다. 이렇게 덥혀지거나 차갑게 만들어진 공기는 건물을 횡으로 가로지르는 공기통로를 통해 이곳저곳으로 전달됐고, 벽에 낸 그릴 구멍을 통해 홀 안으로 들어온 공기는 천장의 그릴로 다시 빠져나가도록 했다.[28] 이 정도면 갖출 만한 것은 모두 갖춘 벤틸레이션 시스템이었으니 현대 기술의 모델로서도 손색이 없는 데다 아직도 이 건물에서 잘 작동하고 있다니 정말 대단한 발명이 아닐 수 없다.

요즘은 집 안 거실에 서 있거나 벽에 붙어 있는 에어컨, 또는 난방기가 아니면 웬만한 건축물이나 공중시설 안에선 냉난방 장치의 존재조차 모르기 쉽다. 어디선가 따뜻하고 시원한 바람이 나오지만 기계, 덕트 등이 모두 숨어 있기 때문이다. 이마저도 너무 흔해서 당연히 더워야 할 여름에 짜증이 나고, 당연히 추워야 할 겨울에 추

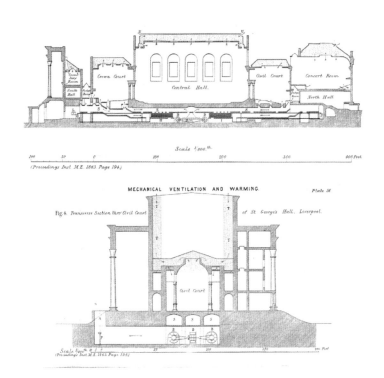

세인트 조지 홀의 벤틸레이션 시스템을 보여주는 단면도

위를 불평한다. 이 기계들이 날씨에 대한 사람의 정서를 바꿔 버렸다. 이제 실내에서 기분 좋은 바람이 불어오면 이것이 우리 선대 누군가의 창의력과 노력을 바탕으로 이뤄진 결실이란 것을 한 번쯤 되새겨 보자.

현대 건축을 가능케 하다 ... 건설기계와 장비

어린이들에게 인기 있는 〈밥 더 빌더 Bob the Builder〉, 우리말로는 〈뚝딱뚝딱 밥 아저씨〉라는 애니메이션이 있다. TV 시리즈만 251 부작을 이어갈 만큼 대단한 작품으로, 건설기술자 밥 아저씨가 그의 친구들과 에피소드를 만들어가는 이야기다. 어른 입장에서 무엇이 재미있고 매력적인지 잘 모르겠지만, 그림만 봐도 부러운 생각이 든다. '건설'이 만화의 배경이라니! 심지어 우리나라에선 흔히 '노가다'라 불리는 건설기술자가 만화의 주인공이라고? 이 만화를 보면서 어린이들은 건설을 친밀하게 느끼고 건설기술자를 장래희망으로 꿈꾸기도 한다. 실제 유럽에 가면 중고등학교 때부터 건설기술자가 되기를 원하는 학생들을 심심치 않게 만날 수 있다.

여기서 특이한 것은 밥 아저씨의 친구들이다. 사람 친구도 있지만, 동물 친구 그리고 크레인, 불도저, 롤러, 덤프트럭, 콘크리트 믹서 등 의인화 된 건설장비 친구들이 밥과 함께 한다. 이것도 부럽다. 우리나라 사람들 중에 건설업에 종사하는 사람들을 빼고 건설

TV 애니메이션 <뚝딱뚝딱 밥 아저씨>

장비에 어떤 것들이 있는지 아는 사람들이 몇이나 될까? 그 장비가 얼마나 요긴하고 중요한지 알고 있을까? 우리나라에서도 <뚝딱뚝딱 밥 아저씨>같은 애니메이션이 만들어졌으면 좋겠다.

건설현장에 있는 장비들은 이 책의 다른 발명품들에 비해 대부분 역사가 매우 짧다. 그도 그럴 것이, 옛날에는 현대처럼 대규모의 첨단 건설물들이 없었으니까. 다시 말해, 20세기를 전후해서 시작된 근현대 건축물들은 건설장비의 획기적인 발전을 이끌어 냈고, 건설장비의 발전은 다시 지금의 건축물들을 가능하게 했다. 이들이 무엇인지, 어떤 역사를 가지고 있는지 간단하게 살펴보도록 하자.

건설현장에 있으면 다 건설장비? 건설기계?

사전에서 '건설장비'를 찾아보면 '건설 분야에서 사용하는 장치와 설비'라는 설명이 나온다. '건설기계'를 찾아보면, '건설공사에 사용하는 기계, 건설장비라고도 한다'라고 역시 짧게 정의되어 있다. 그러면 아무 장비나 기계를 건설현장에 가지고 가서 쓰면 '건설장비'이고 '건설기계'일까? 말이 안 되는 것은 아니지만 좀 막연하다.

현대 사회에서 공사현장에 바쁘게 돌아다니는 '건설장비' 또는 '건설기계'는 일반적으로 건설회사가 소유하고 있지 않다. 과거에는 그런 경우도 있었다. 하지만, 장비나 기계를 관리해야 하는 일도 번거롭고 공사가 없을 때 이를 유지하기 위한 비용, 보다 효율적인 새로운 장비가 나타나거나 보유하고 있는 장비의 성능이 떨어질 때의 감가상각 비용, 특별히 필요한 기능의 장비가 단발성으로 요구될 때 이를 구매해야 하는가에 대한 부담 등, 여러 이유들 때문에 건설장비나 기계와 관련된 사업에 전문적인 회사들이 등장하게 된다. 우리나라에서는 이와 관련해 '건설기계관리법'이란 법까지 제정해놓고 있으며, 이 법에서는 '건설기계사업'이란 무엇인지, 그리고 '건설기계'란 어떤 것들인지 정해놓고 있다.

'법' 얘기를 하면 딱딱하고 복잡해지는데, 일단 이 법에서 규정한 '건설기계'를 알고 가면, 수많은 장비와 기계의 범위를 좁힐 수 있으니 다음 장의 표를 참고하도록 하자. 단, '건설기계'와 '건설장비'는 같은 용어로 본다.

또 종종 '중장비重裝備, Heavy Equipment'라는 용어를 사용하기도 한다. 장비나 기계 자체가 '무겁다'란 뜻일까? 국어사전이든 영어사전이든 이렇게 '무게'를 기준으로 정의하는 경우도 있지만, 어떤 일을 하느냐를 기준으로 정의하기도 한다. 즉, 사람의 힘으로 다루기에는 '무거운' 물건, 예를 들어, 토사土砂, 시멘트 포대, 철근, 철골 등을 나르고, 옮기고, 들어 올리는 작업을 하는 기계라는 것이다. 사전의 정의를 바꿔놓을 수는 없지만 개인적으론 후자의 정의가 더 적합한 것 같다.

뜻이야 어찌됐든지 또 종류야 어찌 됐든지 건설장비를 발명하고 발전시킨 사람들은 정말 훌륭한 일을 한 사람들로 칭찬 받아 마땅하다. 그들이 없었다면, 그런 장비들이 없었다면 우리가 살고 있는 고층 아파트나 대도시의 모습은 기대하기 어려웠을 테니까 말이다. 이제 그중에서도 우리가 가장 많이 볼 수 있었던 대표적인 건설장비 몇 가지에 대해 그 역사를 알아보도록 하자.

건설기계 종류와 정의 – 건설기계관리법

기계	설명
	01. 불도저 (Bulldozer) 트랙터 전면에 블레이드(blade)를 장착하여 흙을 밀어내어 지면을 고르거나 다지는 작업을 하는 기계
	02. 굴착기 (Excavator) 주 용도는 땅을 파거나 깎고 다질 때 사용되며 토사나 건설자재의 운반 등에도 사용되는 기계
	03. 로더 (Loader) 토사나 골재를 덤프 차량에 적재 및 운반할 때 사용하는 기계
	04. 지게차 (Forklift Truck) 팰릿을 이용해 중량물을 싣거나 내리는 하역작업과 짧은 거리의 이동에 사용하는 기계
	05. 스크레이퍼 (Scraper) 차량 하부에 장착된 날을 이용하여 땅이나 노반을 긁고 그 토사를 담아 처리하는 굴착기와 운반기를 결합한 기계
	06. 덤프트럭 (Dump Truck) 적재함을 동력으로 60°~70° 기울여서 토사나 골재 등의 적재물을 자동으로 내릴 수 있는 운반용 화물차량
	07. 기중기 (Crane) 동력을 사용하여 무거운 짐을 달아 올리고 상하·전후·좌우로 운반 및 이동시킬 때 사용하는 기계
	08. 모터그레이더 (Motor Grader) 주로 도로공사에서 장착된 블레이드로 땅을 깎거나 고르고 스캐리파이어(scarifier)로 땅을 파 일구는 작업을 하는 굴착기계
	09. 롤러 (Roller) 도로공사 등에서 중량의 원통형 롤러를 지면 위로 이동시키면서 일정한 압력을 가해 지면을 평평하게 다질 때 사용하는 기계

기계	설명
	10. 노상안정기 (Road Stabilizer) 노상에서 전진하며 토사를 파쇄 또는 혼합하며, 아스팔트 등 유재 살포작업도 가능한 장비
	11. 콘크리트 뱃칭 플랜트 (Concrete Batching Plant) 콘크리트의 각 재료를 요구되는 성능에 따라 소정의 배합비율로 계량하여 액상의 콘크리트를 제조해내는 기계
	12. 콘크리트 피니셔 (Concrete Finisher) 장착된 스크리드(screed)와 바이브레이터(vibrator) 등을 이용해 콘크리트 살포기가 깔아놓은 콘크리트 표면을 평탄하고 균일하게 다듬는 기계
	13. 콘크리트 살포기 (Concrete Spreader) 콘크리트펌프에 의하여 배관을 통해 압송되어진 생콘크리트를 형틀 내로 분사하는 기계
	14. 콘크리트 믹서트럭 (Concrete Mixer Truck) 배처 플랜트에서 재료를 혼합해 만들어진 생콘크리트가 굳거나 재료분리가 발생하지 않도록 계속 혼합해가며 운송하는 트럭
	15. 콘크리트 펌프 (Concrete Pump) 생콘크리트를 피스톤으로 압력을 가해 철관 속으로 압송(壓送)하는 펌프로 터널 속과 같이 좁은 곳이나, 높은 곳에 콘크리트를 운반할 때 사용함.
	16. 아스팔트 믹싱 플랜트 (Asphalt Mixing Plant) 아스팔트 도로공사에 사용되는 포장재료를 혼합·생산하는 기계
	17. 아스팔트 피니셔 (Asphalt Finisher) 아스팔트 믹싱 플랜트에서 제조된 혼합재[混合材]를 덤프트럭으로부터 받아 자동으로 주행하면서 정해진 너비와 두께로 깔고 다져 마무리하는 아스팔트 포장기계
	18. 아스팔트 살포기 [Asphalt Distributor] 아스팔트 도로공사에서 가열된 역청 재료를 노면에 균일하게 살포할 때 사용하는 기계

기계	설명
	19. 골재살포기 (Aggregate Spreaders) 도로나 활주로 등의 노반공사에서 각종 골재 또는 흙시멘트(soil cement) 등의 재료를 일정한 너비와 두께에 맞추어 신속하게 살포할 수 있는 기계
	20. 쇄석기 (Stone Crusher) 도로공사 및 콘크리트 공사에서 골재를 생산하기 위하여 원석을 부수어 자갈을 만드는 기계
	21. 공기압축기 (Air Compressor) 공기를 압축 생산하여 높은 공압으로 저장하였다가 필요에 따라 각 공압 공구에 공급하여 작업을 수행할 수 있도록 하는 기계
	22. 천공기 (Boring Machine) 공기압축이나 유압에 의해 바위나 지면에 구멍을 뚫는 기계
	23. 항타 및 항발기 (Driving Pile / Extracting Pile Machine) 드롭 해머나 디젤 해머로 강관파일이나 콘크리트파일을 때려 넣거나 가설용 널말뚝, 파일 등을 뽑는 데 사용되는 기계
	24. 사리채취기 (Gravel Digging Equipment) 자갈을 채취하여 그 속에 있는 자갈, 모래 등을 자동으로 선별하는 건설기계
	25. 준설선 (Dredger) 강·항만·항로 등의 바닥에 있는 흙·모래·자갈·돌 등을 파내는 시설을 장비한 배
	26. 특수건설기계 제1호부터 제25호까지의 규정 및 제27에 따른 건설기계와 유사한 구조 및 기능을 가진 기계류로 국토해양부장관이 따로 정하는 것
	27. 타워크레인 (Tower Crane) 수직타워의 상부에 위치한 지브를 선회시켜 중량물을 상하, 전후 또는 좌우로 이동시키는 기계

상하좌우 360° 회전까지, 크레인과 타워크레인

인류 역사상 가장 처음으로 등장한 건설장비는 바로 '크레인 crane'이다. 우리말로는 '기중기起重機'라 하고, 어떤 물건을 들어 올리거나 내리고, 좌우로 운반할 때 쓰인다.

그 시작은 건설공사용이 아니라 '샤도프 shaduf', 즉 농사를 지을 때 낮은 곳에서 물을 끌어올리기 위한 장치로 BC 3000년경 고대 메소포타미아에서 발명되었다고 한다.[1] 지렛대의 원리를 이용한 장치로 사람의 힘만으로도 꽤 묵직한 물동이를 손쉽게 들어 올릴 수 있었으니 매우 유용한 장치였음에 틀림없다.

BC 2000년경 고대 이집트인들도 이 장치를 사용했다고 하는데, 이들은 이 원리를 발전시켜 피라미드를 건설할 때 사용했다는 주장도 있다. 즉, 마치 '시소'처럼 한쪽에 바위 블록을 올리고, 다른 쪽에는 돌멩이를 채울 수 있는 나무상자를 만들어, 피라미드의 한 단이 완성된 후 그다음 단에 쌓을 블록을 옮길 때 이 장치를 사용했다는 것이다. 그런데 나무로 만든 이 장치가 2.5톤이나 되는 바위 블록을 옮길 만큼 튼튼했을지 의아하기는 하다.* 좀 가벼운 재료라면 몰라도.

진정한 건설용 크레인의 원조는 BC 6~5세기경 고대 그리스인들이 만들었다는 것이 정설이다. 어떤 학자들은 BC 515년에 지어진 사원의 석재 블록에서 크레인을 연결했던 구멍을 발견하고 적

---

* 당시 이집트에는 '바퀴'라는 것이 없었기 때문에 바퀴 달린 수레 역시 없었고, 그 대신 통나무를 깔아 그 위로 바위 블록을 움직여 운반했으며, 높은 곳에 운반할 때는 흙으로 임시 경사로를 만든 뒤, 같은 방법으로 블록을 이동시켰다.

고대 이집트의 샤도프

어도 이 시기가 크레인이 처음 사용된 때라 꼭 집어 얘기하기도 한다. 이 구멍은 사람이 두 손가락으로 물건을 집을 때처럼, 석재 블록을 잡을 때 집게 끝을 넣는 구멍이었단다.[2]

이미 이 시대에는 도르래pulley와 윈치winch가 일반화되어 웬만한 중량물을 아래위로 운반하는 일을 손쉽게 할 수 있었는데, 이 작은 장치들이 발전한 것이 바로 고대 그리스의 크레인이다. 학자들이 만들어 놓은 크레인의 복원도를 보면, 비스듬히 세워진 버팀대 위로 로우프를 걸어 그 끝에 도르래와 집게를 연결하고, 다른 한쪽에서 커다란 윈치로 로우프를 돌려 감아 물건을 들어 올리도록 되어 있다. 다만, 이때 사용된 도르래나 기타 장치들은 로마 크레인과 비교할 때 효율 면에서 크게 뒤졌던 것으로 보인다.**

** 도르래는 길게는 BC 1900~BC 1800년 이집트에서, 그리고 BC 1500년경 메소포타미아에서 주로 물을 긷는 데 사용된 흔적이 있다고 한다. 이후 BC 287~BC 212경 아리스토텔리스가 처음으로 복합도르래(compound pulley), 즉 고정도르래(fixed pulley)와 움직도르래(movable pulley)를 여러 개 이용해 만든 도르래 구조를 만들어 냈고, 이것으로 물건을 들어 올릴 때 필요한 힘을 조절할 수 있게 되어 이 원리를 이용한 여러 장비가 개발되었다.

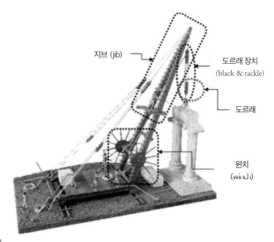

지브 (jib)

도르래 장치
(black & tackle)

도르래

윈치
(winch)

그리스 시대의 크레인 모형

이 장비는 그 성능에 맞게 시공방법도 바꾸어 놓았다. 예를 들어, 그 이전엔 신전의 돌기둥을 하나의 덩어리로 만들어서 이것을 일으켜 세우려면 수많은 사람들이 동원되어야 했지만, 크레인이 등장하고선 돌기둥을 작은 토막으로 나누어 무게를 줄이고 운반하기 쉽도록 만들었다. 우리가 잘 아는 파르테논 신전도 이런 예에 해당한다. 또 이 장비의 등장으로 건설현장에서 힘을 쓰는 노무자들을 고용하는 것보다, 크레인을 만들고 잘 다룰 줄 아는 '크레인 전문 기술자'를 고용하는 것을 더 선호했다니 노동시장에도 큰 영향을 준 셈이다.

다른 건축의 발명품에서도 그랬듯이, 크레인에 대해서도 고대 로마인들은 그리스 제품을 한 단계 업그레이드시킨다. 그도 그랬을 것이, 로마 시대에는 전체적인 물량으로나 개별 건축물의 규모로 보나 그리스를 뛰어넘는 건설시장이 있었고, 이런 공사를 효율적으로 추진하기 위해서는 나름 첨단의 방법과 기술이 필요했을 것이다.

로마의 대표적인 크레인은 '트리스파스토스trispastos'라 부르는 장비로, 크레인의 팔에 해당되는 '지브jib', 윈치, 로우프, 그리고 도르래 세 개가 한 세트로 된 복합 도르래 장치block and tackle로 구성되어 있다. 여기에 달린 세 개의 도르래는 같은 무게의 물건을 1/3의 힘만 들이고도 움직일 수 있게 해준다. 다른 말로 이야기하면 사람의 힘을 3배 높여주는 작용을 해서, 한 사람이 50kg을 드는 힘을 써서 크레인을 움직였다면 이 기계는 150kg의 물건을 들어 올릴 수 있게 된다.[3]

이 시스템을 기본으로 개별 도르래의 개수를 늘리거나 도르래 장치의 개수를 늘리면, 즉 크레인을 더 크게 만들면 당연히 더 큰 힘을 발휘할 수 있다. 그래서 5개씩 3개 세트의 도르래가 설치된 '폴리스파토스polyspastos'의 성능은 '트리스파스토스'의 성능을 훨씬 뛰어 넘는다. '폴리스파토스'에 윈치 대신 커다란 쳇바퀴treadwheel를 장착한 경우, 양쪽에서 두 사람씩 네 사람이 발로 밟아 이 바퀴를 돌리면 30톤에서 60톤까지의 물건을 30~40m 높이까지 들어 올릴 수 있었다고 한다. 고대 이집트 피라미드를 건설할 때 2.5톤의 석재 블록을 움직이는 데 약 50명의 인력이 필요했다고 하는데 그 무게와 인력을 비교하면 엄청난 발전이 아닐 수 없다. 아니, 웬만한 현대의 크레인과 비교해도 전혀 손색이 없다. 쳇바퀴를 돌리는 사람은 무척이나 힘이 들겠지만.

크레인의 원리를 충분히 이해한 사람들에게 얼마나 더 무거운 물건을 얼마나 높은 곳까지 운반하는가는 크레인의 규모와 동력의

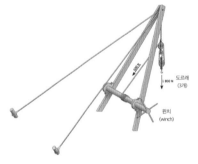

로마의 기본 크레인 '트리스파스토스'와 '폴리스파토스'의 모형

문제로 남게 된다. 중세시대에는 쳇바퀴식 크레인이 일반화되었으며, 산업혁명 시기에는 유압과 증기동력을 사용했으며 19세기 말부터는 전력을 이용한 크레인이 급속히 발달했다.[4] 목재로 시작한 크레인의 뼈대도 강한 철재로 대체됐고 이동이 가능한 모바일 크레인mobile crane까지 등장하는 등 그 규모와 성능은 지금도 계속 발전하고 있다.

한편, 시기적으론 유럽에 많이 뒤져 있지만, 우리나라도 독자적으로 크레인을 발명한 역사가 있다. 바로 정조 시대의 천재 학자, 정약용丁若鏞(1762~1836)이 만든 '거중기擧重機'다. 중국의 『기기도설奇器圖說』이란 책을 참고해 개발했다고 하는데, 처음 만들어진 것은 1789년, 한강에 배다리舟橋*를 놓을 때였고 1792년 수원화성을 건설하면서 진면모를 보여줬다. 이 기계는 화성 건축의 공사기간을

---

* 배를 일정한 간격으로 나란히 세워놓고 그 위에 판재를 건너질러 만드는 일종의 부교

『화성성역의궤』 속 정약용의 거중기와 그 모형

획기적으로 단축시키는 데 큰 역할을 했다는 평가를 받는다. 역시 도르래의 원리를 이용했으며 화성 건축의 공사지 『화성성역의궤華城城役儀軌』에 상세한 도면과 작동방법까지 남겨져 있지만, 아쉽게도 그 이후 크게 사용되었거나 발전된 기록은 보이지 않는다.[5]

다른 장비로 넘어가기 전에 '크레인'이라 이름 붙은 장비 중, 가장 익숙한 것에 대해 얘기해 보자. 사실 요즘 공사현장에서는 주위에 펜스를 둘러쳐서 정작 현장 내부에 어떤 장비들이 오고가는지 잘 안 보이지만 어느 정도 높이가 있는 건물이라면 어디든 보이는 것이 있다. 또 우리가 즐겨보는 영화에 가장 많이 출연한 건설기계를 꼽으라면 빼놓을 수 없을 이것. 주로 주인공이 공사 중인 건물에서 쫓기다 꼭대기 층 막다른 곳까지 몰릴 때 나타나는, 바로 '타워 크레인tower crane'이다.

아주 높이 긴 팔을 벌리고 서 있는 이 장비는 그 뼈대가 너무 앙상해서 보는 사람들을 불안하게 만들기도 한다. 실제로 아주 가끔

이 장비가 넘어져 큰 사고를 내기도 하는데, 모든 타워크레인이 항상 위험한 것은 절대 아니고, 너무 오래됐거나 정비가 불량했을 때 발생하는 드문 경우이니 걱정할 필요는 없다. 자동차든 비행기든 오래되고 정비를 하지 않으면 사고가 나는 것과 마찬가지다.

타워크레인은 현장의 조건과 건물의 형태에 따라 가장 적합한 형태를 골라 써야 한다. 타워크레인은 일반적으로 건물의 내부 또는 외부에 고정식으로 설치하는 것과 바퀴나 크롤러crawler에 탑재한 이동식으로 나뉘며, 가운데 마스트mast에서 뻗어 나온 지브jib 또는 붐boom의 각도에 따라 T형 크레인trolley jib type과 러핑 크레인 luffing jib type으로 구분된다. 지브가 수평으로 뻗어 있다면 T형 크레인으로, 이 지브가 360° 돌아갈 때 주변에 장애물이 없고 넓은 반경에 걸쳐 작업이 필요할 때 유용하며, 도심지 공사처럼 주변에 장애물이 많아 팔을 쭉 뻗기 어렵다면 러핑형을 사용한다.

타워크레인이라고 일반 크레인과 전혀 다른 원리를 사용하는 것은 아니다. 역시 도르래와 지렛대의 원리가 작용된다. 다만, 옛날 크레인에 비하면 사람의 힘 대신 파워풀한 전기 동력을 사용한다는 점이 가장 큰 차이점이겠다.

타워크레인의 역사를 찾아보면, 1900년에 세계 최초의 타워크레인 특허가 유럽에서 출원되어 1905년 고정식 타워크레인이 처음 설치되었다는 기록, 1908년 독일에서 공장 건물을 건설할 때 최초로 사용되었다는 기록, 1923년이 되어서야 현대식 타워크레인의 원형모델이 만들어졌다는 주장 등이 나온다. 모두 고정식 이야기인데, 더 디테일한 팩트를 찾기는 쉽지 않지만 재미있는 상황이 눈에

립벨의 이동식 타워크레인과 현대의 타워크레인

뗀다. 1900년대 초, 새로운 개념의 크레인이 나타나자 당시 유럽 도시에서 깜짝 주목을 받았지만 그 인기가 그리 오래가지 못했다는 것이다. 그 이유는? 무엇보다 설치비가 많이 들었다는 것. 또, 지금도 그렇지만 당시 유럽의 도시에는 크레인이 반드시 필요할 만큼 그렇게 높은 빌딩이 없었고 건물들이 서로 바짝 붙어 있었으니 고정식 크레인은 오히려 거추장스런 물건이 되어버렸다.

그래서인지 그다음 등장한 것이 이동형 타워크레인으로, 반세기가 지난 1949년, 독일의 한스 립벨Hans Liebherr (1915~1993)이 만들어냈다.[6] 그의 타워크레인은 제2차 세계대전이 끝난 후 이어진 1950년대 세계적인 건설 붐을 타고 전 세계 건설시장으로 퍼져나갔으며 그가 세운 회사는 본격적인 기술발전에 힘입어 현재 세계 제일의 건설 중장비 회사로 성장해 있다.

땅파고, 옮기고, 다지고 … 굴착기·포크레인·백호·파워샤블

'포크레인' 정말 많이 들어본 대표적인 건설장비 이름이다. 영어 겠지? 스펠링이 뭐지? 그런데 사전에 찾아보니 그런 말이 없다. 이 건 또 뭐지? 난감해진다.

'포크레인'은 우리말로 '굴착기excavator'에 해당하는 기계로, 언제 부터인지는 모르겠으나 잘못 사용되고 있는 용어다. 실은 프랑스 회사 '포클랭Poclain'이 생산한 굴착기를 영어식으로 발음해 부르다 굳어진 명칭으로 진짜 프랑스어 회사명과도 다르고, 심지어 이 회 사는 1974년 미국의 건설 중장비 회사 '케이스CASE'에 중장비 부분 을 매각해버려 아예 그 이름의 뿌리가 없어져버렸다. 영어이름으론 'Excavator'와 함께 'Backhoe'라고도 하는데, 여기서 'hoe'는 곡괭이 를 뜻하고 트랙터와 같은 운송장비의 '등back' 위에 곡괭이가 올려 져 있다는, 그런 뜻쯤 되는 것 같다. 또 종종 같은 기계를 놓고 '굴 착기' 대신 '굴삭기'라 부르기도 하는데, '굴삭기'는 일본식 표기 방 법이란 설이 있고, 그래서인지 국내 관련법에서는 '굴착기'란 이름 을 공식적으로 사용하고 있다.

이름이야 어찌되었던 이 굴착기 역시 건설의 세계를 바꿔놓은 장 비 중 하나다. 사람의 위팔에 해당하는 붐boom과 아래팔에 해당하 는 암arm을 뻗었다 오므렸다 하면서 암 끝에 달린 버킷으로 흙을 파 내고, 운반하고, 내려놓고, 때론 주먹으로 내려치듯 땅을 다지는 작 업도 한다. 엔진과 평형추, 운전석이 붙어 있는 부분은 360° 회전이 가능하고 이동은 무한궤도나 바퀴로 한다. 수십 명이 삽을 들고 달 려들어야 할 작업을 순식간에 해치울 수 있는 무척 감사한 장비다.

최초의 굴착기는 1947년 미국의 와이노 홀로파이넌 Vaino J. Holopainen (1918~1995)과 로이 핸디 주니어 Roy E. Handy Jr. 가 함께 발명했고 바로 다음해 '웨인-로이 Wain-Roy Corporation 사'가 특허를 얻어 포드 트랙터에 유압식 '백호'를 얹은 장비를 판매하기 시작했다.[7] 1952년에는 '로더 loader ' 즉, 굴착보다는 이동하면서 넓은 폭의 버킷을 이용해 토사 등을 퍼 올리고 운반하는 장비와 '백호'의 기능을 함께 갖춘 '로더 백호 Loader Backhoe '가 F. G. 휴 F. G. Hough Company 사에 의해 만들어졌다. 이어 1953년에는 유럽의 'JCB Joseph Cyril Bamford Excavators Ltd (1945)*사'가, 1957년엔 미국의 'CASE Jerome Increase Case 사(1842)'가 유사한 모델을 생산하기 시작한다.[8]

이 정도면 현대 장비의 작동 원리는 모두 갖추었다 볼 수 있겠고, 과거든 현재든 굴착기의 발전은 조작의 정밀성, 버킷의 용량, 파워, 장비 전체의 크기 등과 관련된다고 할 수 있다. 헌데 1950년대에서야 현대적 모습을 갖추게 된 굴착기가 급속도로 발전할 수 있었던 데에는 전쟁이 끝나고 난 뒤 미국과 유럽에서 일어난 건설 붐이 큰 역할을 했다. 특히 1956년부터 시작돼 30년 넘게 지속된 미국의 '인터스테이트 하이웨이 시스템 Interstate Highway System ' 건설 프로젝트는 건설장비의 발전과 함께 미국 건설사들이 세계적인 회사로 성장할 수 있었던 가장 큰 원동력이 됐다.

이렇게 굴착기, 즉 '백호'형 엑스커베이터만 놓고 보면, 비교적 그 역사가 짧다. 하지만 굴착기 버킷을 뒤집어 놓은 모양의 버킷을

---

*   우리나라에서 굴착기를 '포클랭' 회사의 이름에서 가져와 포크레인이라 부르듯이 유럽에서는 JCB가 굴착기를 대신하는 명칭으로 통용된다.

달고 있는 '파워 샤블power shovel'로 넘어가면 좀더 긴 역사가 나타난다. 이 장비는 굴착기처럼 토사를 긁어내기보다 손을 오므려 물을 떠먹듯, 버킷을 아래에서 위로 올리는 형태로 작업을 하므로 지면과 같거나 높은 위치의 토사를 퍼 올리는 데 적합하다. 또 파워 샤블은 비교적 단단한 토질의 굴착도 가능해서 '굴착기'의 범주에 포함시킬 수 있지만, 보통은 오히려 '로더loader'의 기능과 더 유사하게 보거나 같은 용도라면 아예 로더를 사용하기도 한다. 로더가 어떻게 생긴 장비인지는 앞에서 건설기계 종류를 설명한 내용을 참고하도록 하자.

사실 파워 샤블은 버킷의 방향만 거꾸로 된 것이지 작동 메커니즘은 굴착기 또는 백호와 거의 같으므로 이들 장비의 원조라 할 수 있는데, 산업혁명이 무르익어 갈 때쯤인 1796년에 처음 등장했다. '볼튼 앤 와트Boulton & Watt'* 사의 엔지니어 손 그림셔John Grimshaw (1763~1840)가 증기의 힘으로 작동하는 '샤블'을 처음 발명한 것이다. 이어 1833년에는 스코틀랜드 출신 엔지니어 위리엄 브루톤 William Bruton (1777~1851)이 좀더 세련된 장비를 선보이는데, 그림셔의 것이나 브루톤의 것이나 크게 빛을 보진 못했다.[9] 단순히 사람보다 힘센 기계가 '삽질'을 한다는 정도?

1839년에는 엘리베이터로 유명한 엘리샤 오티스의 사촌, 윌리엄 오티스William Smith Otis (1813~1839)가 철로 위에서 이동하며 작업할 수 있는 스팀 샤블steam shovel의 특허를 출원한다.[10] 이 장비는 샤블

---

* 증기기관의 발전에 혁혁한 공을 세운 제임스 와트(James Watt, 1736~1819)와 제조업자 매튜 볼튼 (Matthew Boulton, 1728~1809)이 합자해 만든 회사

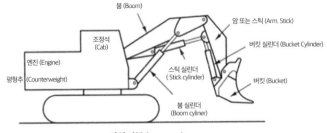

붐 (Boom)
조정석 (Cab)
엔진 (Engine)
평형추 (Counterweight)
스틱 실린더 (Stick cylinder)
붐 실린더 (Boom cyliner)
암 또는 스틱 (Arm. Stick)
버킷 실린더 (Bucket Cylinder)
버킷 (Bucket)

파워 샤블 (PowerShovel)

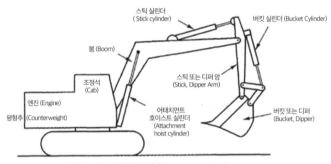

스틱 실린더 (Stick cylinder)
붐 (Boom)
조정석 (Cab)
엔진 (Engine)
평형추 (Counterweight)
어태치먼트 호이스트 실린더 (Attachment hoist cylinder)
스틱 또는 디퍼 암 (Stick, Dipper Arm)
버킷 실린더 (Bucket Cylinder)
버킷 또는 디퍼 (Bucket, Dipper)

굴착기 - 엑스커베이터, 백호 (Excavator, Backhoe)

파워 샤블과 백호의 구조

1839년 오티스의 스팀 샤블

1897년 킬고어 사의 유압십 스팀 샤블

1920년대 파워 샤블

1948년 최초의 백호 굴착기

파워 샤블과 백호의 발전

이 장착된 상부가 360° 회전하지는 못했지만, 어느 정도 회전도 가능했고 무엇보다 이동식이라는 장점을 갖추고 있었으며 실제 건설 현장에도 투입돼 실전용 장비로서의 면목을 갖추게 되었다.

19세기 후반, 동력기관이 증기기관에서 유압식으로 바뀌면서 그 트렌드에 따라 샤블형 굴착기도 발전하게 되었고, 마침내 1897년 '킬고어 머신 컴퍼니Kilgore Machine Company'가 처음으로 완전 유압식 굴착기를 개발해 낸다. 이 장비는 버킷을 움직일 때 사용했던 복잡한 체인과 케이블을 제거해 장치를 단순화했고 유압장치와 네 개의 증기 실린더로 성능을 향상시켜 특히 토공사가 많은 철도공사 현장에서 인기를 끌었다.[11]

한편, 이때까지의 샤블형 굴착기는 모두 증기력을 사용했기 때문에 '스팀 샤블steam shovel'이라 불렸는데, 1930년대에 들어와 디젤 엔신이 이를 대체하게 되고, 유압식 시스템의 힘은 더 커지게 된다. 그리고 머지않아 버킷을 거꾸로 단 '엑스커베이터excavator'가 등장하자 굴착장비의 형태와 기능은 큰 전환점을 맞게 된다.

밀어붙여라 ... 불도저

우리는 종종 저돌적이고 추진력 있는 인물을 일컬어 '불도저bulldozer'같은 사람이라 한다. 이런 표현은 아마도 불도저란 장비가 어떻게 생겼는지, 무슨 일을 하는지 이미 알고 있기에 가능할 거다. 아니면 'bull' 즉, '황소'라는 단어가 주는 이미지 때문일까?

'불도저'의 어원에 해당하는 'bulldose', 'bulldoze' 또는

'bulldozing' 등의 단어는 우리가 아는 건설장비 불도저가 나오기 전부터 사용되고 있었다. 대략 1870년대쯤 미국에서 'bulldose'란 용어는 황소 한 마리쯤은 넉넉히 쓰러뜨릴 만큼 센 약의 '투약량 dose' 또는 그 정도의 형벌을 의미했고 'bulldoze'나 'bulldozing'은 폭력적이고 위법적 방법에 의한 협박이나 위협을 뜻하기도 했다. 19세기 후반에는 한때 구경이 큰 권총을 일컫기도 했고 어떤 장애물이든 헤쳐 나가는 큰 힘을 묘사할 때 이 단어를 사용하기도 했다.

'불도저'라는 명칭의 장비는 이로부터 수십 년이 지난 1930년대에 등장했는데, 앞서의 표현들처럼 뭔가 무시무시한 성능을 갖춘, 다 밀고나갈 것 같은 이미지를 전하고자 이 이름을 붙인 것 같다. 그러니 이 장비 때문에 '불도저 같은 사람'이란 표현이 나타난 것이 아니라, 사실은 그런 사람의 이미지에서 이 장비의 이름이 나온 것이다. 그리 중요한 것은 아니지만 굳이 순서를 따지자면 그렇게 된다.

불도저는 바퀴나 무한궤도로 움직이는 트랙터 앞에 블레이드 blade를 장착해 흙을 밀어내어 지면을 고르거나 다지는 작업을 하는 기계다. 이 불도저는 당연히 건설현장을 떠올리게 하지만, 정작 시작은 밭을 갈기 위한 기계였다. 미국 캔자스의 농부였던 제임스 커밍스James Cummings와 얼 맥러드J. Earl McLeod가 1923년 '트랙터에다는 부착장비Attachment for Tractor'로 발명을 했고 2년 뒤 특허를 얻어낸 것.[12] 그런데 이들이 트랙터에 붙인 블레이드는 이전부터 밭에 쟁기질을 하고 땅을 일굴 때 노새나 말이 끌던 농사도구였고 이것을 기계화한 것이 발명과 특허의 핵심이라 볼 수 있다.

다른 건설장비에도 적용되는 얘기지만, 20세기 초, 대단한 발명품이 하나 등장한다. 1904년 미국의 발명가 벤자민 홀트Benjamin Holt (1849~1920)가 무한궤도 트랙터crawler tractor를 만들어 낸 것이다. 이 무한궤도로 무른 땅이나 습지에서 트랙터가 빠져 버리는 일이 없어지니 농사일에 더 이상 좋을 수 없었고 이 트랙터는 곧 주목을 받게 된다. 이를 간파한 홀트는 바로 '홀트 매뉴팩처링 컴퍼니Holt Manufacturing Company'를 설립하고 이 트랙터를 생산해 내기 시작한다. 몇 년 뒤 애벌레가 기어가는 것처럼 움직이는 이 장비에 캐터필러caterpillar라는 이름을 붙이고 회사 이름을 '홀트 캐터필러 컴퍼니Holt Caterpillar Company (1910)'라 바꾸었는데, 이때부터 캐터필러는 무한궤도의 대명사가 되었고 이 회사가 현재도 세계 굴지의 건설장비 회사로 이름을 떨치고 있는 그 '캐터필러'사다.[13]

커밍스가 트랙터용 블레이드를 발명한 같은 해, 라플란트E. W. LaPlant와 로이 쵸우트Roy Choate가 설립한 장비회사 '라플란트-쵸우트LaPlant-Choate'가 첫 상업용 불도저를 생산하기 시작한다. 이 회사의 불도저와 커밍스 특허의 가장 큰 차이점은 라플란트는 무한궤도의 트랙터에 불도저를 장착한 반면, 커밍스의 것은 바퀴형 트랙터를 기반으로 했다는 것이다.[14] 무한궤도는 일반 바퀴에 비해 앞서 말한 장점 외에도 큰 파워를 가질 수 있다는 점에서 훨씬 우월했고, 그 덕에 농사일에서 벗어나 건설현장에서 주역을 담당하게 된다. 하지만 이 회사는 약 30년쯤 지나서 또 다른 장비회사 '앨리스-챌머스Allis-Chalmers'에 매각되었고, 그 이후론 '캐터필러'가 불도저 시장을 거의 독점하게 된다.

우리가 매일 운전하고 다니는 자동차가 멀지 않은 미래에 무인

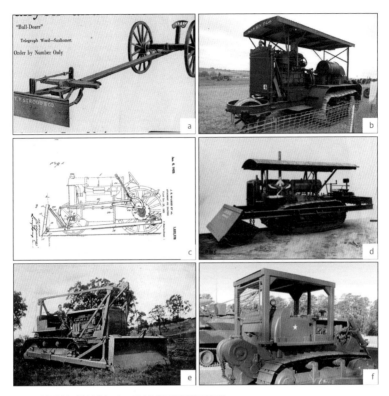

a. 1920년대 이전 농사용 블레이드 b. 1910년대 홀트의 캐터필러 트랙터
c. 1925년 커밍스와 맥러드의 불도저 특허 d. 1925년 이후 라플란트-쵸우츠사의 불도저
e. 1930년대 불도저 f. 2차 세계대전시의 캐터필러 불도저

불도저의 발전

운전, 자동운전 시스템으로 발전할 모양이다. 사람이 타고 있어야
할 비행기가 이젠 드론이란 비행물체로 혼자 날아다닌다. 앞으로
건설현장에서도 기계 혼자 움직여 다니며 공사를 하게 될 날도 멀
지 않았다. 이미 '건설자동화construction automation'란 이름으로 상당
한 성과를 거두기도 했다. 하지만 지금까지의 모습은 사람 운전자
만 없을 뿐, 움직임이나 하는 일이 기존의 기계나 장비와 크게 다르

지 않다. 이런 자동화 기계가 더 효율적이고 생산적이라 하여도, 그에 대한 공은 새로운 기계의 발명가보다 오리진을 만들어 낸 혁신가들에게 돌아가야 하지 않을까?

Reference

집의 탄생

1) 윤경철, "대단한 지구여행-인류의 탄생", 푸른길, 2011
2) 한림학사, "통합논술 개념어사전 - 인류의 기원", 청서출판, 2007
3) ThoughtCo., "Terra Amata (France) - Neanderthal Life on the French Riviera", https://www.thoughtco.com/terra-amata-france-neanderthal-life-173001
4) Don's Maps, "Dolni Vestonice and Pavlov sites", https://www.donsmaps.com/dolnivi.html
5) Don's Maps, "Dolni Vestonice and Pavlov sites"
6) Wikipedia, "Jericho", https://en.wikipedia.org/wiki/Jericho
7) Wikipedia, "Tower of Jericho", https://en.wikipedia.org/wiki/Tower_of_Jericho
8) The Editors of Encyclopaedia Britannica, "Neolithic agriculture in the Indus valley and Baluchistan", https://www.britannica.com/place/India/The-Indian-Paleolithic#ref484957
9) The Editors of Encyclopaedia Britannica, "Çatalhüyük", Britannica, https://www.britannica.com/place/Catalhuyuk
10) 시사상식사전, "한반도 구석기 유적지", 박문각
11) 두산백과, "막집",
12) 주남철, "한국건축사-인간의 출현과 동굴생활, 한데집짓기", 고려대학교출판부, 2006

높이를 극복하는 건축의 방법 ... 계단

1) StairSupplies, "Who Invented the Staircase?", https://www.stairsupplies.com/resources/design/who-invented-staircase/
2) StairSupplies, "Who Invented the Staircase?"
3) Eleve Stairs, "Stair History", http://www.elevestairs.com/stairs-history.php

4) Jewish Virtual Library, "Jericho", American-Israeli Cooperative Enterprise, https://www.jewishvirtuallibrary.org/jericho

5) The Editors of Encyclopaedia Britannica, "Ziggurat", https://www.britannica.com/technology/ziggurat

6) UNESCO, "Mount Taishan", https://whc.unesco.org/en/list/437/

7) BBC News, '1,000 die from stair falls", 2000, http://news.bbc.co.uk/2/hi/health/790609.stm

8) Lauren Applebey, "Stair Safety Factsheet", SHP Safety & Health Practitioner, 2016, https://www.shponline.co.uk/resources/stair-safety-day-25-facts-about-stair-safety/

9) Ava Lawson, "How Many People Have Died From Falling Down Stairs?", Ellis Law Corporation, https://ellisinjurylaw.com/premises/how-many-people-have-died-from-falling-down-stairs/

10) 소비자 안전국 위해정보팀, "계단 사고 관련 위해정보 분석 결과", 2011

11) A. J. Ley, "A History of Building Control in England and Wales 1840-1990", RICS Books, 2000, p. 174

12) BSI, "A brief history of BSI's standards on stairs and staircases", https://shop.bsigroup.com/en/Navigate-by/Membership/Benefits-and-services/BSI-Knowledge-Centre/Withdrawn-standards/A-brief-history-of-BSIs-standards-on-stairs-and-staircases/

13) 건축법 제49조(건축물의 피난시설 및 용도제한 등), 건축법 시행령 제34조(직통계단의 설치), 제48조(계단 · 복도 및 출입구의 설치, 국토교통부령(제665호, 2019) '건축물의 피난 · 방화구조 등의 기준에 관한 규칙' 등

14) Wikipedia, "Niesen Funicular", https://en.wikipedia.org/wiki/Niesen_Funicular

15) Wikipedia, "Jacob's Ladder (Saint Helena)", https://en.wikipedia.org/wiki/Jacob%27s_Ladder_(Saint_Helena)#cite_note-4

16) Wikipedia, "Canton Tower", https://en.wikipedia.org/wiki/Canton_Tower

17) Timestravel, "The djinn of Rajasthan's exquisite Chand Baori",

https://timesofindia.indiatimes.com/travel/destinations/the-djinn-of-rajasthans-exquisite-chand-baori/as65578034.cms

인류의 손이 만든 최초의 건축재료 … 벽돌

1) 나무위키, "2015년 네팔 대지진", https://bit.ly/3miEXb0
2) Wikipedia, "Brick", https://en.wikipedia.org/wiki/Brick
3) Wikipedia, "Brick"
4) K. Kris Hirst, "What Is a Tell? the Remnants of Ancient Mesopotamian Cities", https://www.thoughtco.com/what-is-a-tell-169849
5) Facts and Details, "Homes And Mud-Brick Construction In Ancient Egypt", http://factsanddetails.com/world/cat56/sub365/entry-6128.html
6) StudyJesus.com, "Egyptian Mud Bricks", https://www.studyjesus.com/Religion_Library/Biblical_Essays/026_Egyptian_Mud_Bricks.html
7) Robert Littman, et al., "With & Without Straw: How Isralite Slaves Made Bricks", Biblical Archaeology Review, 2014
8) Virginia L. Emery, "Mud-Brick", UCLA Encyclopedia of Egyptology, 2009
9) The Global Egyptian Museum , "Mud Bricks", http://www.globalegyptianmuseum.org/glossary.aspx?id=250
10) Islamic Awareness, "Were Burnt Bricks Used In Ancient Egypt In The Time of Moses?", https://www.islamic-awareness.org/quran/contrad/external/burntbrick
11) Kadim Hasson Hnaihen, "The Appearance of Bricks in Ancient Mesopotamia", Athens Journal of History, 2020
12) Wikipedia, "Kulla(god)", https://en.wikipedia.org/wiki/Kulla_(god)
13) Classroom, "How to Make Mesopotamian Bricks", https://classroom.synonym.com/make-mesopotamian-bricks-8573577.html
14) Wikipedia, "Ziggurat", https://en.wikipedia.org/wiki/Ziggurat

15) Slideshare, "Ziggurats The Giant Pyramid Temples Of Ancient Mesopotamia", https://www.slideshare.net/arounddeglobe3/ziggurats-the-giant-pyramid-temples-of-ancient-mesopotamia

16) Senta German, "Zigurat of Ur", Smarthistory, https://smarthistory.org/ziggurat-of-ur/

17) Wikipedia, "Roman Brick", https://en.wikipedia.org/wiki/Roman_brick

18) Xinhua, "Chinese brick-making history may be 2,000 years longer", China.org.cn, 2010, http://www.china.org.cn/china/2010-02/21/content_19445495.html

19) 나무위키, "벽돌", https://namu.wiki/w/%EB%B2%BD%EB%8F%8C

공간이 열리는 경계 ... 문

1) The Guardian, "Swiss unearth 5,000-year-old door", 2010, https://www.theguardian.com/world/2010/oct/20/swiss-unearth-neolithic-door-zurich

2) Bryan Hill, "False Doors: The Gateways to the Egyptian Underworld", 2018, https://www.memphistours.com/Egypt/WikiTravel/History-Egypt/wiki/The-False-Doors

3) Wikipedia, "Balawat Gates", https://en.wikipedia.org/wiki/Balawat_Gates

4) Wikipedia, "Door", https://en.wikipedia.org/wiki/Door

5) Wikipedia, "Door"

6) The Editors of Encyclopaedia Britannica, "Janus", Britannica, https://www.britannica.com/topic/Janus-Roman-god

7) Wikipedia, "Church of the Nativity", https://en.wikipedia.org/wiki/Church_of_the_Nativity

8) 주남철, "한국의 문과 창호", 대원사, 2011

9) 조전환, "한옥 전통에서 현대로(한옥의 구성요소)", 주택문화사, 2008

열려라, 참깨 ... 자동문

1) CBS News, "Almanac: The first automatic door", 2016, https://www.cbsnews.com/news/almanac-the-first-automatic-door/

2) Automatic Access Limited, "The History of Automatic Doors", https://www.automaticaccess.co.uk/blog/the-history-of-automatic-doors/

3) Greek Boston, "First Automatic Door Invented in Greece", https://www.greekboston.com/culture/inventions/automatic-door/

4) Wikipedia, "Aeolipile", https://en.wikipedia.org/wiki/Aeolipile

5) Greece High Definition, "First Automatic Door Invented in Ancient Greece - The History of the World's First Automatic Door", https://www.greecehighdefinition.com/blog/2019/10/5/first-automatic-door-invented-in-ancient-greece-3d-video-presentation-the-history-of-the-worlds-first-automatic-door

6) Pat Lowinger, "Hero of Alexandria: Bringing the Gods to Life", The Ancient World, 2017, https://discoveringancienthistory.wordpress.com/2017/02/15/hero-of-alexandria-bringing-the-gods-to-life/

문이 있으면 잠가야지 ... 자물쇠

1) Heleh, "Where does the oldest door lock in the world come from?", https://lh5.googleusercontent.com/PaXEyGkb7SoCXOl8yV3ZfbuIMbhveABO7Lx6LytJa8HmOi7O5_GDOCUDOFThBwzU513drSJRlOUITMBsr3itHR3WO9fz3TCAFHHNckugARZb4pLq2jsk3qVnl_bkB0ErPUuZiH_3

2) Historical Locks, "History of keys", https://www.historicallocks.com/en/site/h/articles/historyaboutlocks/history-of-keys/

3) Heleh, "Where does the oldest door lock in the world come from?"

4) Heleh, "Where does the oldest door lock in the world come from?"

5) The history of Yale, https://www.yalelock.com/en/yale/com/about-yale/history-of-yale/

6) Historical Locks, "Christopher Polhem", https://www.historicallocks.

com/en/site/h/keys/the-polhem-lock/christopher-polhem/
7) Historical Locks, "Padlocks in China", https://www.historicallocks.com/en/site/h/articles/padlocks-in-china/
8) 윤용현, "전통 속에 살아 숨 쉬는 첨단 과학 이야기", 교학사, 2012

바람의 눈 ... 창

1) 한국민족문화대백과, "한옥 전통에서 현대로(한옥의 구성요소)", https://bit.ly/3lh2nfx
2) 창호의 각 부위별 명칭 및 해설, https://bit.ly/3o4MKth
3) Wikipedia, "Window", https://en.wikipedia.org/wiki/Window
4) 표준국어대사전
5) The Window Shutters Authority, "The History of Window Shutters", https://www.allaboutshutters.com/shutter-history.htm
6) Rome Vitam, "Ancient Roman glass before the current era", https://www.romae-vitam.com/ancient-roman-glass.html
7) Wychavon District Council, "History of Windows and Glass", 2007
8) Hentie Louw, "The Origin of the Sash-Window", Architectural History, Vol. 26, 1983
9) UK Parliament, "Window Tax", https://www.parliament.uk/about/living-heritage/transformingsociety/towncountry/towns/tyne-and-wear-case-study/about-the-group/housing/window-tax/
10) Wikipedia, "Glass Tax", https://en.wikipedia.org/wiki/Glass_tax
11) The National Archives, "Window Tax", https://www.nationalarchives.gov.uk/education/resources/georgian-britain-age-modernity/window-tax/\

창문의 완성 ... 유리

1) 한국민족문화대백과, "한옥 전통에서 현대로(한옥의 구성요소)", https://terms.naver.com/entry.nhn?docId=1834680&cid=42671&categoryId=42671

2) 창호의 각 부위별 명칭 및 해설, https://bit.ly/3lhZWJq

3) Wikipedia, "Window", https://en.wikipedia.org/wiki/Window

4) 표준국어대사전

5) The Window Shutters Authority, "The History of Window Shutters", https://www.allaboutshutters.com/shutter-history.htm

6) Rome Vitam, "Ancient Roman glass before the current era", https://www.romae-vitam.com/ancient-roman-glass.html

7) Wychavon District Council, "History of Windows and Glass", 2007

8) Hentie Louw, "The Origin of the Sash-Window", Architectural History, Vol. 26, 1983

9) UK Parliament, "Window Tax", https://www.parliament.uk/about/living-heritage/transformingsociety/towncountry/towns/tyne-and-wear-case-study/about-the-group/housing/window-tax/

10) Wikipedia, "Glass Tax", https://en.wikipedia.org/wiki/Glass_tax

11) The National Archives, "Window Tax", https://www.nationalarchives.gov.uk/education/resources/georgian-britain-age-modernity/window-tax/

숨어 있는 위대한 소품들 ... 경첩 그리고 못과 망치

1) Wikipedia, "Three-age System", https://en.wikipedia.org/wiki/Three-age_system

2) Makin Metal Powders, "History of Bronze Timeline", http://www.makin-metals.com/about/history-of-bronze-infographic/

3) Sayce, Rev. A. H., "The Archaeology of the Cuneiform Inscriptions", Society for Promoting Christian Knowledge, 1908, pp. 98-100

4) William Smith, "Cardo", A Dictionary of Greek and Roman Antiquities, John Murray, 1875

5) 안성찬 외, 그리스로마신화 인물백과, "카르나"

6) D. Lawless Hardware, "A Brief & Interesting History of Hinges", https://www.dlawlesshardware.com/history-of-hinges.html

7) Mutual Screw & Supply, "History of Hinges", http://blog.

mutualscrew.com/2015/07/07/history-of-hinges/

8) Wikipedia, "Nail", https://en.wikipedia.org/wiki/Nail_(fastener)

9) Monroe, "Nailed It: The history of Nails", https://monroeengineering.com/blog/nailed-it-the-history-of-nails/

10) Wikipedia, "Nail", https://en.wikipedia.org/wiki/Nail_(fastener)

11) 한국민족문화대백과, "못", 한국학중앙연구원, https://terms.naver.com/entry.nhn?docId=546263&cid=46631&categoryId=46631

12) Langs A., "The history of the hammer from its prehistoric beginnings", https://langs.co.uk/blog/2017/06/30/the-history-of-the-hammer-from-its-prehistoric-beginnings/

13) Haus of Tools, "The History and Evolution of the Hammer", https://hausoftools.com/blogs/news/the-history-and-evolution-of-the-hammer

우리 집의 기둥, 우리 집안의 대들보?

1) Wikipedia, "Column", https://en.wikipedia.org/wiki/Column

2) Fact About Ancient Egyptians, "Ancient Egyptian Columns", https://ancientegyptianfacts.com/ancient-egyptian-columns.html

3) Stephanie Przybylek , "The Great Hypostyle Hall at Karnak: Architecture & Facts", Study.com, https://study.com/academy/lesson/the-great-hypostyle-hall-at-karnak-architecture-facts.html

4) 최성일 외, "르 코르뷔지에", 인물세계사, 2012, https://terms.naver.com/entry.nhn?docId=3574965&cid=59014&categoryId=59014

더 넓은 공간을 덮어라! … 아치, 볼트, 돔

1) Wikipedia, "Natural Arch", https://en.wikipedia.org/wiki/Natural_arch

2) Wikipedia, "Arch", https://en.wikipedia.org/wiki/Arch

3) Gus w. Van Beek, "Arches and Vaults in the Ancient Near East", Scientific American, Vol. 257, No. 1 (July 1987), pp. 96-103

4) Study.com, "The Roman Arch: Definition, Construction & History", https://study.com/academy/lesson/the-roman-arch-definition-construction-history.html

5) Britannica, "Roman achievements", https://www.britannica.com/technology/construction/Roman-achievements

6) 한국민족문화대백과, "홍예교", 한국학중앙연구원, https://terms.naver.com/entry.nhn?docId=528556&cid=46656&categoryId=46656

국민 건축재료 ... 시멘트, 콘크리트, 철근콘크리트

1) Giatec Scientific, "The History of Concrete", https://www.giatecscientific.com/education/the-history-of-concrete/

2) Wikipedia, "Mortar", https://en.wikipedia.org/wiki/Mortar_(masonry)

3) World Cement Association, "Hisgtory of Cement", https://www.worldcementassociation.org/about-cement/our-history

4) Giatec Scientific, "The History of Concrete"

5) 한일시멘트, "시멘트의 제조공정", https://www.hanilcement.com/html/business/bc_04.html

6) Nick Gromicko, "The History of Concrete", International Association of Certified Home Inspectors, https://www.nachi.org/history-of-concrete.htm

7) Wikipedia, "Pantheon, Rome", https://en.wikipedia.org/wiki/Pantheon,_Rome

8) J. van Wijngaarden, "The history of reinforced concrete", https://www.betonstaal.nl/en/blog/the-history-of-reinforced-concrete/

9) Collins, Peter et al., "Concrete: the vision of a new architecture", McGill-Queen's Press - MQUP, 2004

10) Richard W. Steiger, "The history of concrete", The Aberdeen Group, 1995,

11) HistoricBridges.org, "Alvord Lake Bridge", https://historicbridges.

org/bridges/browser/?bridgebrowser=california/alvordlake/

12) American Society of Civil Engineers, "Alvord Lake Bridge", https://
www.asce.org/project/alvord-lake-bridge/

13) Atla Obscura, "Thomas Edison's Concrete Houses", https://www.
atlasobscura.com/places/thomas-edisons-concrete-houses

14) History.com, "Hoover Dam", 2020, https://www.history.com/
topics/great-depression/hoover-dam

15) Michael A. Hiltzik, "Colossus: Hoover Dam and the Making of the
American Century", New York, 2010, pp. 325 – 326

16) Joseph E. Stevens, "Hoover Dam: An American Adventure",
University of Oklahoma Press., 1988, p. 104

쇠로 건물을 짓다 ... 철골구조

1) 포스코 뉴스룸, "철이 미래다", https://bit.ly/2Jqi9Hv

2) 문화원형백과, "철이야기", 한국콘텐츠진흥원, https://terms.naver.
com/entry.nhn?docId=1781942&cid=49307&categoryId=49307

3) 박준우, "철", 화학원소, 2011, https://terms.naver.com/entry.nhn?d
ocId=3573585&cid=58949&categoryId=58982

4) 박준우, "철", 화학원소

5) A Short History of Steel, "A Short History of Steel",
THEHERITAGEPORTAL, 2016, https://bit.ly/33skwAO

6) A Short History of Steel, "A Short History of Steel"

7) Popular Mechanics, "The Entire History of Steel", https://www.
popularmechanics.com/technology/infrastructure/a20722505/
history-of-steel/

8) Wikipedia, "The Iron Bridge", https://en.wikipedia.org/wiki/The_
Iron_Bridge

9) Wikipedia, "Ditherington Flax Mill", https://en.wikipedia.org/wiki/
Ditherington_Flax_Mill

10) History.com, "Eiffel Tower", 2019, https://www.history.com/
topics/landmarks/eiffel-tower

11) Steel LLC, "A Brief History of Steel Construction", 2018, https://www.steelincga.com/a-brief-history-of-steel-construction/

12) Condit C., "A History of Commercial and Public Building", Chapter 4, "Jenney and the New Structural Technique, The University of Chicago Press, 1964, 1964, p. 81.

13) Popular Mechanics, "The Entire History of Steel"

14) GoebelFastener, "History of Rivets & 20 Facts You Might Not Know", 2019, https://www.goebelfasteners.com/history-of-rivets-20-facts-you-might-not-know/

15) Dennis DeBruler, "High-Strength bolts replaced rivets during the 1960s and 70s", Industrial History, 2018, http://industrialscenery.blogspot.com/2018/05/high-strength-bolts-replaced-rivets.html

16) Britanica, "Jacques Besson", https://www.britannica.com/biography/Jacques-Besson

17) How Products are Made, "Screw", http://www.madehow.com/Volume-3/Screw.html

18) Nord-Lock Group, "The history of the bolt", 2017, https://www.nord-lock.com/insights/knowledge/2017/the-history-of-the-bolt/

19) 두산백과, "반노초 비링구초", https://terms.naver.com/entry.nhn?docId=1105973&cid=40942&categoryId=34364

20) 최천규 외, 학문명백과: 공학, "용접", 형설출판사, https://terms.naver.com/entry.nhn?docId=2083719&cid=44414&categoryId=44414

이대로 건물을 짓는다 ... 설계도면과 시방서

1) BluEnt, "A brief history of architectural drawings", https://www.bluentcad.com/blog/a-brief-history-of-architectural-drawings/

2) H. W. F. Saggs, "Everyday Life in Babylonia And Assyria", Assyrian International News Agency Books Online, 1965, http://www.aina.org/books/eliba/eliba.htm

3) Paul Sinclair, et al, "The Urban Mind, Cultural and Environmental Dynamics", African and Comparative Archaeology, Department of Archaeology and Ancient History, Uppsala University, 2010

4) Laure Cailloce, "The Lost City of Akhenaten", 2016, https://news.cnrs.fr/articles/the-lost-city-of-akhenaten

5) Elif Ongut, "ARCHITECTURAL HISTORY 1, Question 4: How common were architectural drawingsbefore the Renaissance, for what purposes were they used, and how necessary were they?", https://www.academia.edu/5430618/Origins_of_Architectural_Drawing

6) Construction Productivity Blog, "The History of Blueprints", https://blog.plangrid.com/2016/04/the-history-of-blueprints/

7) Op-art.co.uk., "Op Art History Part I: A History of Perspective in Art", http://www.op-art.co.uk/history/perspective/

8) Tolerancing.net, "Engineering drawing history", 2016, http://tolerancing.net/engineering-drawing/engineering-drawing-history.html

9) F. E. Go, "Blueprint". Encyclopædia Britannica, William Benton, 1970, p. 816

'나는 의자'에서 시작해 마천루까지 ... 엘리베이터

1) Wikipedia, "Elevator", https://en.wikipedia.org/wiki/Elevator

2) Le Petit Voltaire, "Blaise-Henri Arnoult", http://lepetitvoltaire.e-monsite.com/blog/do/tag/blaise-henri-arnoult/

3) Wikipedia, "Elevator"

4) Britannica, "Elisha Otis", https://www.britannica.com/biography/Elisha-Otis

5) Mary Bellis. "History of the Elevator". About.com Money

6) Wikipedia, "Elevator"

7) 조행만, "과학의 원리가 숨어 있는 엘리베이터", The Science Times, 2010

8) 브리태니커 비주얼사전, "승강기", https://terms.naver.com/entry.nh
n?docId=1833426&cid=49061&categoryId=49061

9) Jenni Marsh, "Shanghai Tower Picks Up 3 Guinness World Records
Including Fastest Elevator", CNN, 2017, https://edition.cnn.com/
style/article/worlds-fastest-tower/index.html

10) ThyssenKrupp, "MULTI, A new era of mobility in buildings",
https://www.thyssenkrupp-elevator.com/en/products-and-service/
multi/

11) 두산백과, "우주엘리베이터", https://terms.naver.com/entry.nhn?d
ocId=1221971&cid=40942&categoryId=32290

12) 국립중앙도서관, "우주로 나아가는 또 다른 방법, 우주 엘리베이
터", https://blog.naver.com/dibrary1004/221308627309

13) Michelle Z. Donahue, "People Are Still Trying to Build a
Space Elevator", Smithsonian Magazine, 2016, https://www.
smithsonianmag.com/innovation/people-are-still-trying-build-
space-elevator-180957877/

움직이는 계단 … 에스컬레이터

1) Mitsubishi Electric, "History of the Escalator", https://www.
mitsubishielectric.com/elevator/overview/e_m_walks/history.html

2) Wikipedia, "Escalator", https://en.wikipedia.org/wiki/Escalator

3) De Fazio, Diane H. "Like Blood to the Veins: Escalators, their
History, and the Making of the Modern World", Master's Thesis,
Columbia University Graduate School of Architecture, Planning,
and Preservation, 2007, pp.58~61

4) Favorite News, "How the Escalator Forever Changed Our Sense of
Space", 2019, https://favorite-news.com/blog/how-the-escalator-
forever-changed-our-sense-of-space-innovation/

5) Matt Blitz, "Movin' On Up: The Curious Birth and Rapid Rise of
the Escalator", Popular Mechanics, https://www.popularmechanics.
com/technology/gadgets/a20291/moving-on-up-the-escalator/

6) Matthew Keegan, "Ride the World's Longest Escalator in Hong Kong", Culture Trip, 2019, https://theculturetrip.com/authors/matthew-keegan/

7) Wikipedia, "Escalator"

8) 강지현, "에스컬레이터가 느리다", CIVIC 뉴스, 2013, http://www.civicnews.com/news/articleView.html?idxno=721

9) 한정신, "에스컬레이터 옆 검은 솔의 정체는?", 이데일리, 2018, https://www.edaily.co.kr/news/read?newsId=01479286619409656&mediaCodeNo=257

10) Wikipedia, "Moving Walkway", https://en.wikipedia.org/wiki/Moving_walkway

11) Matt Novak, "Moving Sidewalks Before The Jetsons", Smithsonian Magazine, 2012, https://www.smithsonianmag.com/history/moving-sidewalks-before-the-jetsons-17484942/

12) Elevator History, "History of Moving Walkway", http://www.elevatorhistory.net/elevator-history/moving-walkway/

추위와 더위로부터의 해방 ... HVAC

1) 두산백과, 공기조화, https://terms.naver.com/entry.nhn?docId=1063139&cid=40942&categoryId=32824

2) Michael d'Estries, "Preserved cavemen teeth show evidence of world's first indoor BBQ", From The Grapevine, 2015, https://www.fromthegrapevine.com/nature/preserved-cavemen-teeth-show-evidence-worlds-first-indoor-bbq

3) Bruce Bower, From the ashes, the oldest controlled fire", Science News, 2012, https://web.archive.org/web/20160308113337/https://www.sciencenews.org/article/ashes-oldest-controlled-fire

4) Smithsonian, "Hearths & Shelters", 2018, https://humanorigins.si.edu/evidence/behavior/hearths-shelters

5) Alex Berezow, "How And When Did Humans Discover Fire?", American Council on Science and Health, 2016, https://www.acsh.

org/news/2016/07/23/how-and-when-did-humans-discover-fire

6) Jennie Cohen, "Human Ancestors Tamed Fire Earlier Than Thought", 2018, https://www.history.com/news/human-ancestors-tamed-fire-earlier-than-thought

7) QS Supplies, "History of Heating Timeline", https://www.qssupplies.co.uk/history-of-heating-timeline.html

8) QS Supplies, "History of Heating Timeline"

9) William Smith, "About Roman baths", 2013, pp. 185 – 186, http://penelope.uchicago.edu/Thayer/E/Roman/Texts/secondary/SMIGRA*/Balneae.html

10) 김한종 외, "온돌", 한국사 사전, 책과함께어린이, https://terms.naver.com/list.nhn?cid=58669&categoryId=58670&so=st4.asc

11) About the Underfloor Heating, "History of Underfloor Heating", http://www.aboutunderfloorheating.co.uk/history-underfloor-heating/

12) The ACHR News, "An Early History Of Comfort Heating", 2001, https://www.achrnews.com/articles/87035-an-early-history-of-comfort-heating

13) Schiedel, "A Brief History Of Chimneys", https://www.schiedel.com/uk/a-brief-history-of-chimneys/

14) Orville R. Butler, "Smoke Gets In Your Eye: The Development Of The House Chimney", https://ultimatehistoryproject.com/chimneys.html

15) Britannica, "Fireplace", https://www.britannica.com/technology/fireplace#ref250646

16) The ACHR News, "An Early History Of Comfort Heating"

17) U.S. Patent No. 11,747. Stephen J. Gold, "Improvement in Warming Houses by Steam"

18) Radiant & Hydronics, "The Good Doctor's Radiator", https://www.pmmag.com/articles/102777-dan-holohan-the-good-doctors-radiator

19) 한국민족문화대백과, "부채", 한국학중앙연구원, https://terms.

naver.com/entry.nhn?docId=577641&cid=46671&category
Id=46671

20) Joseph Needham, "Science and Civilisation in China, Volume 4: Physics and Physical Technology, Part 2, Mechanical Engineering", Cambridge University Press. 1991, pp. 99, 134, 151, 233

21) Athene Bitting's Science, "Who Invented Air Conditioning?", https://sites.google.com/site/athenebittingscienceteacher/home/who-invented-air-conditioning

22) AIR PRO, "The History of HVAC", 2019, http://www.airprohawaii.com/2019/09/15/the-history-of-hvac/

23) Bernard Nagengast, "A History of Comfort Cooling Using Ice", ASHRAE Journal: 49, 1999, pp.48-57

24) 잭 챌리너, "죽기 전에 꼭 알아야 할 세상을 바꾼 발명품 1001; 에어컨", 마로니에북스, https://terms.naver.com/entry.nhn?docId=798809&cid=43121&categoryId=43121

25) Wikipedia, "Willis Carrier", https://en.wikipedia.org/wiki/Willis_Carrier

26) Wikipedia, "Ventilation", https://en.wikipedia.org/wiki/Ventilation_(architecture)#Mechanical_systems

27) Henrik Schoenefeldt, "The Historic Ventilation System of The House Of Commons", The Antiquaries Journal, Volume 98, 2018, pp. 245-295

28) Wikipedia, "St George's Hall, Liverpool", https://en.wikipedia.org/wiki/St_George%27s_Hall,_Liverpool#Plan

현대 건축을 가능케 하다 ... 건설기계와 장비

1) Britanica, "Shaduf", https://www.britannica.com/technology/shaduf

2) J. J. Coulton, "Lifting in Early Greek Architecture", The Journal of Hellenic Studies, 1974, pp.1–19

3) Wikipedia, "Crane(machine)", https://en.wikipedia.org/wiki/Crane_(machine)#CITEREFCoulton1974

4) David Dougan, "The Great Gun-Maker: The Story of Lord Armstrong", Sandhill Press Ltd., 1970

5) 문화원형백과, "화성의궤, 건설기기", 한국콘텐츠진흥원, https://terms.naver.com/entry.nhn?docId=1726874&cid=49387&categoryId=49387

6) History of Innovation, "1949: Tower Cranes", https://aehistory.wordpress.com/1949/10/04/1949-tower-cranes/

7) Don McLoud, "These are the forgotten inventors of the backhoe, new book claims", Equipment World, 2019, https://www.equipmentworld.com/book-claims-inventors-created-backhoe/

8) Lee Horton, "Wain-Roy and the Invention of the Backhoe", 2018, https://www.digrock.com/original-backhoe-2/

9) John Sinclair, "Quarrying Opencast and Alluvial Mining", Springer, 2012, pp. 1-2

10) Eric C. Orlemann, "Power Shovels: The World's Mightiest Mining and Construction Excavators", MotorBooks International, pp.11-12

11) Hannah Bounford, "A Brief History of Excavators", Plant Planet, 2019, https://www.plant-planet.co.uk/2019/09/04/a-brief-history-of-excavators/

12) Christopher McFadden, "9 Major Milestones in the Evolution of Heavy Construction Equipment", Interesting Engineering, 2020, https://interestingengineering.com/9-major-milestones-in-the-evolution-of-heavy-construction-equipment

13) Mary Bellis, "Famous Inventions: History of the Bulldozer", ThoughCo., https://www.thoughtco.com/history-of-the-bulldozer-1991353

14) Mary Herring, "The Invention of the Bulldozer: Its origin is not what you think", IronSolutions, 2020, https://ironsolutions.com/agriculture-equipment-value-guides/bulldozer/

건축의 발명

건축을 있게 한 작지만 위대한 시작

초판 1쇄 인쇄   2020년 11월 30일
초판 5쇄 발행   2023년 05월 02일

지은이   김예상
펴낸곳   (주)엠아이디미디어
펴낸이   최종현
기획   최종현 이휘주
편집   이휘주
교정   김한나
디자인   이창욱

주소   서울특별시 마포구 신촌로 162 1202호
전화   (02) 704-3448   **팩스** (02) 6351-3448
이메일 mid@bookmid.com   **홈페이지** www.bookmid.com
등록   제2011 - 000250호

ISBN   979-11-90116-32-9 (03540)